예제로 공부하는 웹 프로그래밍

# 자바스크립트
# + 제이쿼리 입문

**예제중심**

황재호 지음

http://codingschool.info

저자 1:1 질의응답 · 문제풀이 · 강의 PPT

# 자바스크립트 + 제이쿼리 입문
## 예제로 공부하는 웹 프로그래밍

초판 | 2021년 11월 1일
지은이  황재호
펴낸곳  인포앤북(주) | 전화  031-307-3141 | 팩스  070-7966-0703
주소  경기도 용인시 수지구 풍덕천로 89 상가 가동 103호
등록  제2019-000042호 | 979-11-92038-00-1
가격  25,000원 | 페이지  464쪽 | 책 규격  188 x 257mm

이 책에 대한 오탈자나 의견은 인포앤북(주) 홈페이지나 이메일로 알려주세요.
잘못된 책은 구입하신 서점에서 교환해 드립니다.

인포앤북(주) 홈페이지 http://infonbook.com | 이메일 book@infonbook.com

IT 또는 디자인 관련 분야에서 펴내고 싶은 아이디어나 원고가 있으시면
인포앤북(주) 홈페이지의 문의 게시판이나 이메일로 문의해 주세요.

# 다양한 예제로 자바스크립트와 jQuery를 정복하자!
# 웹 프로그래밍 초보를 위한 최선의 학습서!

최근 출간한 'PHP 프로그래밍 입문(개정 3판)'과 'HTML/CSS 입문'에 이어 신간으로 『자바스크립트 + 제이쿼리 입문』을 출간하게 되었습니다. 그 동안 다른 서적 집필과 강의 등으로 바빠 집필을 못하다가 드디어 이번에 책을 출간하게 되어 남다른 소회를 느낍니다.

이 책은 제가 집필한 다른 서적과 같이 문법보다는 예제를 중심으로 실습하면서 공부하다보면 자연스럽게 자바스크립트와 제이쿼리의 원리를 파악하여 실제 웹 사이트를 구축할 수 있는 능력을 갖추는 데 초점이 맞추어져 있습니다.

이 책은 다음과 같은 목적으로 집필되었습니다.

**1** 자바스크립트와 제이쿼리 기초 확립을 위한 독학서
**2** 대학 및 교육 기관의 웹 프로그래밍 교재
**3** 웹 프로그래밍에 관심있는 학생 및 일반인

이 책의 구성과 학습 내용은 다음과 같습니다.

## Part 1 자바스크립트

### 자바스크립트 기본 문법

비주얼 스튜디오 코드 프로그램과 크롬 브라우저를 이용하여 책의 예제들을 실습합니다. 변수, 연산자, 입력과 출력, 조건문, 반복문, 함수 등 자바스크립트의 기초 문법을 학습합니다.

## 자바스크립트 객체와 활용

자바스크립트의 모든 것이 객체를 기반으로 하고 있습니다. 문자열, 배열, 수학, 날짜 객체의 기본 개념과 사용법을 익힙니다. 그리고 브라우저 객체 모델(BOM)과 문서 객체 모델(DOM)의 구성 원리와 활용 메소드에 대해 공부합니다.

# Part 2 제이쿼리

## 제이쿼리 기초와 활용

제이쿼리의 동작 원리와 기초 문법에 대해 학습합니다. 이를 바탕으로 다양한 웹 위젯 제작, 애니메이션 효과 주기, 이벤트 처리하기 등 제이쿼리 활용법을 익힙니다. 마지막으로 실제 웹 사이트에 적용 가능한 이미지 갤러리, 드롭다운 메뉴, 데이트피커, 아코디언 패널 등을 제작하는 방법을 배웁니다.

집필 원고를 꼼꼼하게 리뷰하는 등 책 출간에 정성을 다해 주신 인포앤북 출판사 분들께 감사 드립니다. 그리고 사랑하는 아내와 딸을 비롯한 모든 가족들에게 사랑의 마음을 전합니다. 이 글을 읽는 모든 독자 분들도 건강하고 행복하길 기원합니다.

아무쪼록 독자 분들이 이 책을 통하여 웹 프로그래밍에 흥미를 느껴 웹 분야의 실력자가 되는 데 이 책이 조금이나마 도움이 되길 바랍니다. 감사합니다.

황재호 드림

**책의 예제 파일**  책에서 사용된 모든 예제 소스와 연습문제 정답 파일은 저자의 홈페이지(또는 인포앤북 출판사 홈페이지)에서 다운로드 받으실 수 있습니다.

저자 홈페이지  http://codingschool.info
인포앤북 출판사  http://infonbook.com

**연습문제 정답**  연습문제를 공부하다가 정답을 바로 확인할 수 있도록 책의 뒷 부분 부록에 연습문제 정답을 수록하였습니다. 또한 연습문제 정답에서 사용된 프로그램 소스도 위의 사이트에서 다운로드 받으실 수 있습니다.

**강의 PPT 원본**  대학 및 교육 기관에서 강의 교재로 사용하시는 경우 강의 교안 작성을 위해 PPT 원본이 필요하신 분은 저자 홈페이지나 이메일(goldmont@naver.com) 또는 인포앤북 홈페이지에서 요청하여 주시기 바랍니다.

# Part 1 자바스크립트

# Chapter 02
## 자바스크립트 기본 문법     49

# Chapter 03
## 조건문

91

# Chapter 04
## 반복문

123

# Chapter 05
## 함수                                                      155

# Chapter 06
## 자바스크립트 객체

# Chapter 07
## 내장 객체　　　　　　　　　　　　　　　229

# Part 2 제이쿼리

## Chapter 08
## 제이쿼리 기초 267

# Chapter 09
# 제이쿼리 선택자      307

# Chapter 10
## 이벤트와 효과       345

# Chapter 11
## 실전! 제이쿼리           383

# PART 1

# 자바스크립트

# Part 1  자바스크립트

# Chapter 01

# 자바스크립트와 개발 환경

자바스크립트는 HTML/CSS로 구성된 HTML 문서를 동적으로 만드는 데 사용되는 프로그래밍 언어이다. 이번 장에서는 자바스크립트의 역사와 역할에 대해 알아본다. 실습을 위해 크롬 브라우저와 비주얼 스튜디오 코드 프로그램을 설치하고 비주얼 스튜디오 코드를 사용하여 프로그램을 작성, 저장, 실행하는 방법을 익힌다.

## 웹 프로그래밍이란?

웹(WWW)은 인터넷에 연결된 컴퓨터를 통해 서로 정보를 공유하고 소통하는 사이버 공간을 말한다. 웹에서는 인터넷 익스플로러나 크롬과 같은 웹 브라우저가 중요한 역할을 한다. 웹에서 사용자들은 웹 브라우저를 통해 인터넷 상에 있는 원격의 컴퓨터 서버에서 제공되는 웹 서비스들을 이용하게 된다.

웹 프로그래밍은 웹에서 사용되는 회원 가입, 로그인, 쇼핑몰 장바구니, 온라인 결제, 온라인 예약, 스케줄 관리 등의 기능을 실제로 구현하는 작업을 의미한다. 참고로 웹 디자인은 웹 사이트에 들어가는 디자인적인 요소, 즉 텍스트, 이미지, 동영상, 음악 등의 콘텐츠를 디자인하는 것을 말한다.

웹에서는 다음 그림에서와 같이 정보를 이용하는 사용자, 즉 클라이언트(Client)와 정보를 제공하는 웹 서버(Web Server)가 존재한다.

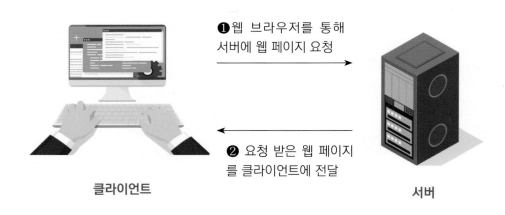

❶ 웹 브라우저를 통해 서버에 웹 페이지 요청

❷ 요청 받은 웹 페이지를 클라이언트에 전달

**클라이언트**

**서버**

그림 1-1 클라이언트와 웹 서버 개념도

그림 1-1에서와 같이 클라이언트와 서버는 두 단계에 걸쳐 서로 소통하게 된다.

❶ 클라이언트는 웹 브라우저의 주소 창에 해당 웹 페이지의 URL 주소를 입력하여 서버에 정보를 요청한다.

❷ 서버 컴퓨터는 요청 받은 해당 웹 페이지를 클라이언트에 전송해준다.

웹에서 클라이언트와 서버 간의 데이터 이동과 처리 과정을 도식화하면 다음과 같다.

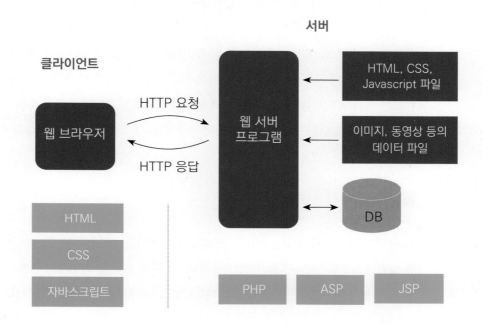

그림 1-2 웹에서 클라이언트와 서버의 동작 과정

그림 1-2에 나타난 클라이언트와 서버의 관계와 데이터 처리를 위한 프로그래밍 작업에 대해 설명하면 다음과 같다.

**1** 클라이언트

클라이언트에서는 웹 브라우저의 주소 창에 URL 주소를 입력하여 서버에게 HTTP 규약에 맞추어 해당 파일과 데이터를 전송해 줄 것을 요청한다. HTTP는 'HyperText Transfer Protocol'의 약어로서 하이퍼텍스트 전송 규약을 말한다. 웹에서는 이 HTTP에 따라 HTML 문서를 서로 주고 받는다.

예를 들어 웹 브라우저가 HTTP를 통해 서버에 웹 페이지(HTML 문서)나 이미지 정보를 요청하면, 서버는 이 요청에 응답하여 필요한 정보를 클라이언트, 즉 사용자의 웹 브라우저에 전달한다.

HTML은 웹 페이지의 기본 뼈대를 만들고, CSS는 HTML로 만들어진 요소들을 디자인적으로 꾸미고 화면에 배치하는 역할을 담당한다. 자바스크립트는 HTML과 CSS로 만들어진 정적인 웹 페이지를 동적으로 만드는 데 사용된다.

예를 들어 자바스크립트를 이용하면 웹 페이지에 있는 버튼을 클릭했을 때 팝업 창을 띄우거나 이미지에 마우스를 올렸을 때 다른 이미지가 나타나게 할 수 있다. 또한 자바스크립트는 웹 페이지의 메인 이미지나 배너 등에 애니메이션 기능을 추가할 수도 있다. 이 외에도 자바스크립트는 웹 브라우저의 화면에서 발생되는 다양한 효과를 연출할 수 있다.

### ❷ 웹 서버

웹 서버는 웹 사이트에 있는 HTML 문서에 관련된 파일들과 이미지, 동영상 등의 데이터를 보유하고 있다. 서버는 클라이언트로부터 HTTP를 통해 웹 페이지의 전송 요청을 받으면 해당 웹 페이지에 관련된 파일들과 데이터를 가공하여 클라이언트의 웹 브라우저에 전달한다.

클라이언트에서 웹 페이지의 동적인 처리를 위한 프로그래밍 언어로써 자바스크립트가 필요한 것과 마찬가지로 서버에서도 클라이언트의 요청에 따라 파일들과 데이터를 처리하는 프로그래밍 언어가 필요하다.

서버에서 필요한 웹 프로그래밍 언어로는 PHP, ASP, JSP 등이 있으며 또한 데이터를 효율적으로 저장하고 관리하기 위한 데이터베이스 프로그램이 필요하다.

우리가 흔히 사용하는 웹 사이트(Website)는 HTML, CSS, 자바스크립트(Javascript)의 세 가지 요소로 구성된다. HTML은 웹 페이지의 뼈대를 제공하고, CSS는 글자의 색상과 글자 크기 등을 변경하는 등 디자인적으로 꾸미는 데 사용된다.

자바스크립트는 HTML과 CSS로 구성된 웹 페이지를 동적으로 만드는 데 사용된다. 자바스크립트를 이용하면 이미지에 마우스를 올렸을 때 그 위치에 다른 이미지를 보여준다거나 버튼을 클릭했을 때 경고 창을 화면에 띄우는 등의 작업을 할 수 있다.

## 1.2.1 자바스크립트의 역사

1995년에는 넷스케이프 커뮤니케이션스(Netscape Communications) 사에서 만든 넷스케이프(Netscape)란 웹 브라우저가 가장 널리 쓰였다. 넷스케이프 커뮤니케이션스 사의 브랜든 아이크(Brendan Eich)는 HTML로 구성된 정적인 웹 페이지를 동적으로 작동시키기 위해 C 언어를 모태로 하여 모카(Mocha)란 프로그래밍 언어를 개발하였다.

모카는 나중에 '자바스크립트(Javascript)'로 이름이 변경되었다. 자바스크립트는 썬 마이크로시스템즈(Sun Microsystems) 사의 자바(Java)와는 명칭만 유사할 뿐 전혀 다른 언어이다. 이 자바스크립트는 그 당시 가장 인기있는 브라우저였던 넷스케이프 내비게이터(Netscape Navigator)에 사용되었다.

1996년에는 마이크로소프트(Microsoft) 사의 인터넷 익스플로러(Internet Explorer)가 넷스케이프 내비게이터 브라우저를 누르고 브라우저 시장의 점유율을 높여 간다. 이 때 인터넷 익스플로러에서 자바스크립트의 기능을 자신의 플랫폼에 추가시키면서 자바스크립트 언어는 대중적인 인기를 얻게 된다.

## 1.2.2 자바스크립트의 역할

자바스크립트의 역할을 이해하기 위해 HTML 문서에 자바스크립트 코드가 삽입된 다음의 예를 살펴보자.

01/demo.html

```
<!DOCTYPE html>
<html>
<head>
<script>
❶ function light_on() {
      document.getElementById('image').src = "light_on.png";
  }
❷ function light_off() {
      document.getElementById('image').src = "light_off.png";
  }
</script>
</head>
<body>
❸   <button onclick="light_on()">켜기</button>
❹   <button onclick="light_off()">끄기</button>
❺   <img id="image" src="light_off.png">
</body>
</html>
```

자바스크립트
코드

위의 HTML 문서, 즉 demo.html를 웹 브라우저에서 실행시키면 다음과 같다.

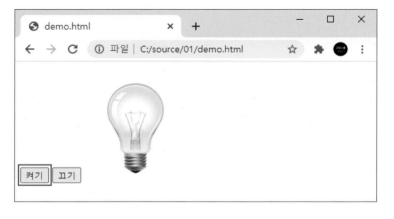

그림 1-3 demo.html의 브라우저 실행 결과

위의 그림 1-3에서 '켜기' 버튼을 클릭하면 브라우저는 다음과 같이 반응한다. 이와 같이 자바스크립트를 이용하면 마우스 클릭에 반응하여 해당 위치에 다른 이미지를 삽입할 수 있다.

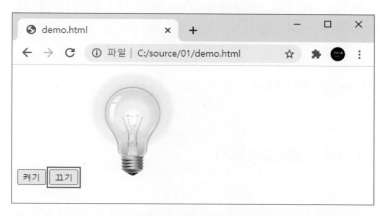

그림 1-4 demo.html의 브라우저 실행 결과('켜기' 버튼 클릭 후)

### ■ 전구 켜기

그림 1-3의 '켜기' 버튼을 클릭하면, ❸ 자바스크립트 함수 light_on()이 호출되어 ❶ light_on() 함수가 실행된다. ❺ ⟨img⟩ 태그의 파일명이 light_on.png로 교체된다. 이렇게 함으로써 그림 1-4에서와 같이 전구의 불이 켜진다.

### ■ 전구 *끄기*

전구 라이트 끄기 기능은 켜기와 같은 맥락에서 동작한다. 그림 1-4의 '끄기' 버튼을 클릭하면, ❹ light_off() 함수가 호출되어 ❷ light_off() 함수가 실행된다. 그림 1-3에서와 같이 전구 불이 꺼진다.

위의 예에서와 같이 자바스크립트는 사용자의 마우스 조작에 따라 해당 이미지를 교체하는 작업을 수행할 수 있다. 이외에도 자바스크립트는 이미지 애니메이션, 폼 양식 처리, 마우스나 키보드의 다양한 이벤트 처리 등 많은 역할을 수행할 수 있다.

※ 여기서는 자바스크립트의 역할에 대해서 대략적인 감만 잡으면 된다. 자바스크립트에 대한 자세한 것은 2장부터 차근차근 공부하면 자연스럽게 알게 될 것이다.

**자바스크립트 개발 환경**

자바스크립트 프로그램을 개발하기 위해서는 웹 브라우저와 텍스트 에디터(Text Editor) 두 가지가 필요하다. 이 책에서는 실습 웹 브라우저로 구글의 크롬(Chrome)을 사용하고 예제 프로그램 편집을 위한 텍스트 에디터로는 비주얼 스튜디오 코드(Visual Studio Code)를 사용한다.

## 1.3.1 크롬 브라우저

크롬 브라우저가 컴퓨터에 설치되어 있지 않다면 브라우저 창에 다음의 URL 주소를 입력하여 크롬을 다운로드 받는다.

http://google.co.kr/chrome/

그림 1-5 크롬 브라우저 사이트의 메인 화면

위 그림 1-5의 크롬 브라우저 메인 화면에서 '다운로드' 버튼을 클릭하여 설치 파일을 실행하여 프로그램을 설치한다. 설치 과정은 간단하기 때문에 자세한 설명은 생략한다.

## 1.3.2 비주얼 스튜디오 코드

자바스크립트 프로그램을 작성하고 편집하는 데 필요한 텍스트 에디터에는 에디트플러스(Editplus), 서브라임 텍스트(Sublime Text), 웹스톰(Webstorm), 비주얼 스튜디오 코드(Visual Studio Code) 등이 있다. 이 책에서는 비주얼 스튜디오 코드를 이용하여 모든 실습을 진행한다.

브라우저에서 다음의 URL 주소에 접속한 다음 설치 프로그램을 다운로드 받아 설치 파일을 실행하면 쉽게 비주얼 스튜디오 코드 프로그램을 설치할 수 있다.

http://code.visualstudio.com

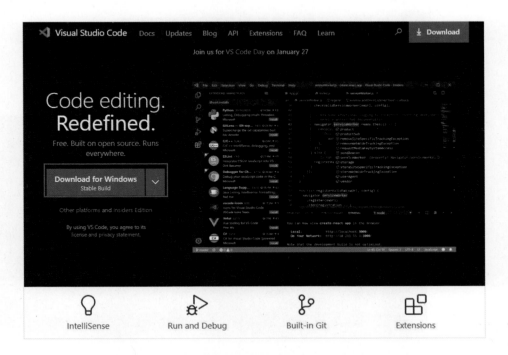

그림 1-6 비주얼 스튜디오 코드 사이트의 메인 화면

설치가 완료되어 비주얼 스튜디오 프로그램을 실행하면 다음과 같은 프로그램의 실행 화면이 나타난다.

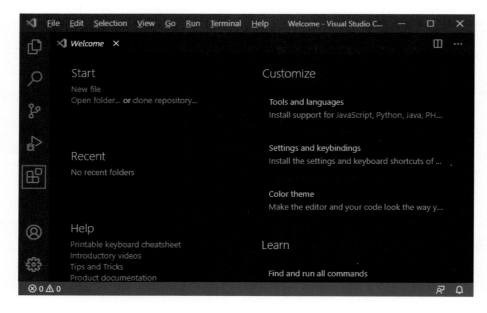

그림 1-7 비주얼 스튜디오 코드의 실행 화면

## 1 비주얼 스튜디오 코드 한글판으로 변경하기

메뉴를 한글로 표시하기 위해 위의 그림 1-7의 좌측의 빨간색 박스로 표시된 아이콘을 클릭한다.

그림 1-8 비주얼 스튜디오 코드의 한국어 팩 설치 화면

위 그림 1-8의 검색창에 korean이라고 입력하면 위의 그림 1-8에서와 같이 Korean Language Pack for Vi...이라는 메뉴가 나타나는 데 이 메뉴에 있는 install 버튼을 클릭하면 한국어 팩이 설치된다. 프로그램을 종료하고 다시 시작하면 다음과 같이 비주얼 스튜디오 코드의 메뉴가 한글로 변경된다.

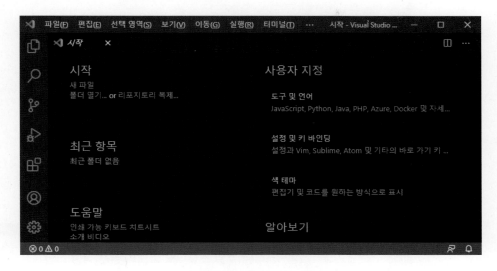

그림 1-9 비주얼 스튜디오 코드의 한글판

## 2 비주얼 스튜디오 코드 색상 변경하기

그림 1-9에 나타난 것과 같이 비주얼 스튜디오 코드의 기본 색상은 검정색이다. 이를 다른 색상으로 변경하려면 상단 메뉴에서 파일 〉 기본 설정 〉 색 테마를 선택한다.

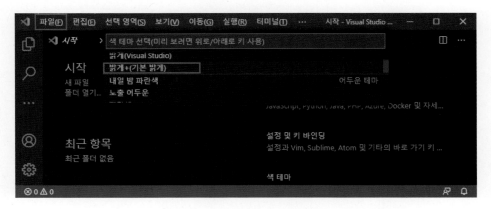

그림 1-10 비주얼 스튜디오 코드의 화면 색상 변경

원하는 색상을 선택한 다음 비주얼 스튜디오 코드를 종료하고 프로그램을 다시 시작한다. 만약 색상 테마를 '밝게+(기본 밝게)'를 선택하면 다음과 같이 비주얼 스튜디오 코드 화면이 밝은 색상으로 나타난다.

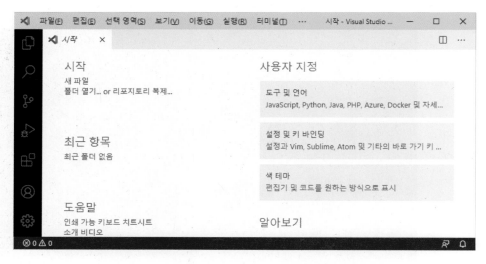

그림 1-11 비주얼 스튜디오 코드의 밝은 색상 화면

## 비주얼 스튜디오 코드 사용법

이번 절에서는 앞에서 설치한 비주얼 스튜디오 코드를 이용하여 실습 파일을 불러와서 편집한 다음 저장하고 크롬 브라우저에서 실행하는 방법에 대해 알아보자.

### 1.4.1 폴더 열기

저자 홈페이지(http://codingschool.info)에 접속하여 자료실에서 source.zip 압축 파일을 다운로드 받는다. 압축 파일을 풀면 생성되는 source 폴더를 C:(또는 D:, E:, ...) 드라이브에 원하는 폴더에 복사한다.

이 책에서는 source 폴더를 C: 드라이브에 저장했다는 가정하에 설명을 진행한다.

비주얼 스튜디오 코드에서 source 폴더를 불러오기 위해 그림 1-12에서 폴더 아이콘을 클릭한 다음 폴더 열기 버튼을 클릭한다.

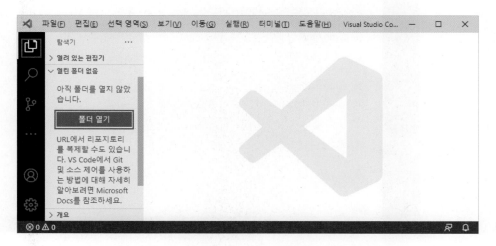

그림 1-12 비주얼 스튜디오 코드에서 폴더 열기

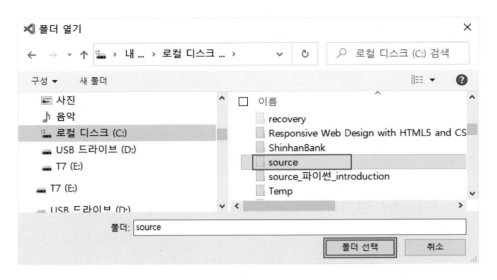

그림 1-13 탐색기에서 폴더 선택하기

위 그림 1-13에서 책의 예제 소스인 sourse 폴더를 클릭한 다음 '폴더 선택' 버튼을 클릭한다. 그러면 다음 그림 1-14에서와 같이 비주얼 스튜디오 코드 화면에 source 폴더 안에 있는 내용이 표시된다.

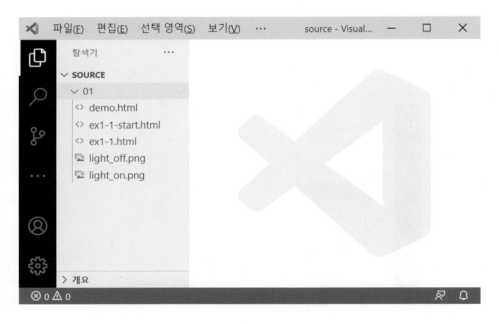

그림 1-14 비주얼 스튜디오 코드에서 source 폴더 보기

## 1.4.2 프로그램 작성하고 저장하기

비주얼 스튜디오 코드에서 새로운 프로그램을 작성하기 위해서 다음 그림에서 새 파일 아이콘을 클릭한 다음 파일명으로 hello.html을 입력하고 엔터 키를 눌러보자.

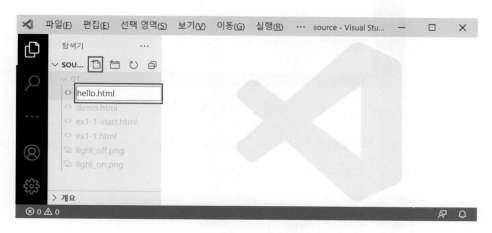

그림 1-15 새 파일 만들기

생성된 hello.html 파일에 다음의 내용을 입력해보자.

```
<!DOCTYPE html>
<html>
<head>
<meta charset="UTF-8">
</head>
<body>
<script>
        document.write("안녕하세요.");          자바스크립트 코드
</script>
<body>
</html>
```

위에서 초록색으로 표시된 부분이 자바스크립트 코드이다. 이와 같이 HTML 문서에 자바스트립트를 삽입할 때에는 <script>와 </script> 태그 사이에 자바스트립트 명령을 삽입한다.

document.write()는 괄호 안에 있는 '안녕하세요.'를 브라우저 화면에 출력한다.

※ document.write()는 나중에 52쪽에서 자세히 설명할 것이다.

그림 1-16 hello.html 파일 작성하기

위 그림 1-16에서와 같이 hello.html 파일의 내용을 다 입력하였으면 파일 〉 저장 또는
단축 키 Ctrl + S를 눌러 파일을 저장한다.

### 1.4.3 파일 실행하기

다음과 같이 파일 탐색기 프로그램에서 저장된 hello.html 파일을 찾아 파일 위에 마우스
우측 버튼을 클릭한 다음 연결 프로그램 〉 Chrome을 선택하여 hello.html 파일을 크롬
브라우저에서 실행해보자.

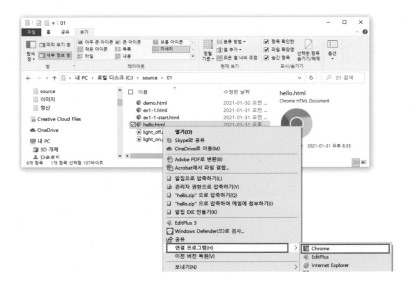

그림 1-17 파일 탐색기에서 hello.html 파일 실행하기

그림 1-18 크롬에서 hello.html 파일을 실행한 결과

위 그림 1-18은 hello.html 파일을 크롬 브라우저에서 실행한 결과 화면이다.

지금까지 비주얼 스튜디오 코드로 작성한 hello.html 파일을 파일 탐색기에서 찾아서 크롬 브라우저로 실행시키는 방법에 대해 알아보았다.

## 1.4.4 라이브 서버 확장 팩 설치하기

이번에는 비주얼 스튜디오 코드에서 HTML 파일을 직접 실행하기 위해 라이브 서버 확장 팩을 설치해보자.

다음 그림에 나타난 비주얼 스튜디오 코드 화면의 왼쪽 메뉴에서 확장 아이콘을 누른 다음 Live Server라고 입력하고 Live Server 확장 팩의 설치 버튼을 클릭한다.

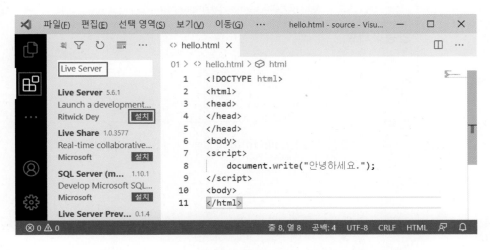

그림 1-19 비주얼 스튜디오 코드에 Live Server 확장 팩 설치하기

Live Server 확장 팩이 설치되면 다음 그림에서와 같이 탐색기에서 hello.html 파일 위에 우측 마우스를 클릭하면 Open with Live Server 메뉴가 생기는데, 이 메뉴를 선택하면 이 파일의 실행 결과를 웹 브라우저에서 볼 수 있다.

그림 1-20 Live Sever로 hello.html 파일 실행하기

위의 그림 1-20에서와 같이 hello.html 파일을 Live Server로 열어보면 다음 그림 1-21에서 보여지듯이 크롬 브라우저 창이 열리면서 hello.html 파일의 실행 결과가 브라우저 화면에 나타난다.

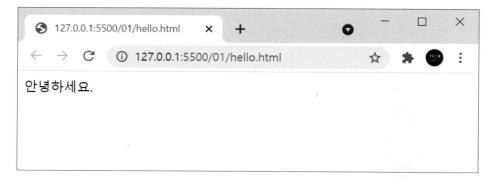

그림 1-21 hello.html 파일을 Live Server로 실행한 결과

이 책의 예제 파일들은 두 개가 한 쌍으로 구성되어 있다. 예를 들어 예제 1-1의 파일명은 다음과 같다.

■ 실습 완성 파일 : ex1-1.html
■ 실습 시작 파일 : ex1-1-start.html

이번 절에서는 위 두 개의 파일을 가지고 실습하는 방법에 대해 설명한다.

## 1.5.1 완성 파일 열고 실행하기

다운로드 받은 책의 예제 소스 파일들 중에서 01 폴더에 있는 ex1-1.html 파일을 비주얼 스튜디오 코드에서 연다.

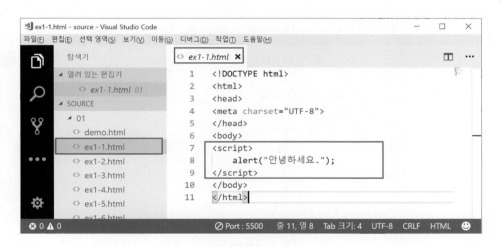

그림 1-22 비주얼 스튜디오 코드에서 ex1-1.html 열기

그림 1-22 ex1-1.html에서 자바스크립트 코드 부분을 살펴본 다음 그림 1-23에서와 같이 비주얼 스튜디오 코드의 Live Server로 파일을 실행한다.

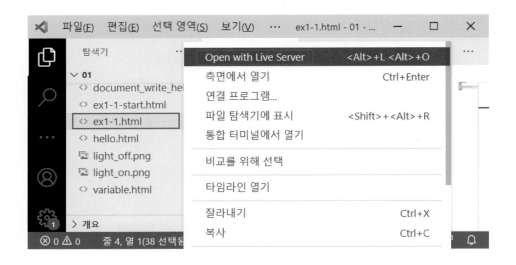

그림 1-23 비주얼 스튜디오 코드에서 ex1-1.html 실행하기

위 그림 1-23에서와 같이 파일명(ex1-1.html) 위에다 우측 마우스를 클릭한 뒤 'Open with Live Server' 메뉴를 선택하면 브라우저 화면에 실행 결과가 나타난다.

그림 1-24 ex1-1.html 실행 결과 화면

그림 1-22의 ex1-1.html에 있는 자바스크립트 문장 alert("안녕하세요.");는 그림 1-24에서와 같이 브라우저 화면에 경고창을 띄우고 그 창 안에 '안녕하세요.'를 출력한다.

## 1.5.2 시작 파일 열고 프로그램 작성하기

실습 시작 파일(ex1-1-start.html)을 비주얼 스튜디오 코드에서 열고 자바스크립트 프로그램을 작성해보자.

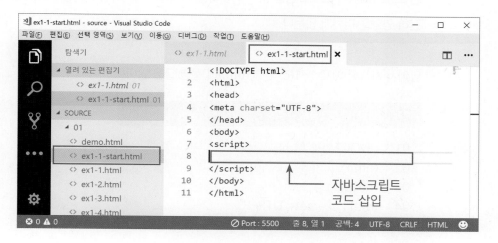

그림 1-25 ex1-1-start.html 파일 열기

위 그림 1-25에서 완성 파일(ex1-1.html) 또는 책을 참고하여 〈script〉와 〈/script〉 사이에 다음과 같은 자바스크립트 코드를 삽입한다.

```
〈script〉
        alert("안녕하세요.");
〈/script〉
```

위의 내용을 다 입력하였으면 Ctrl + S를 눌러 파일을 저장한다. 그리고 나서 그림 1-23에서와 같이 Live Server로 프로그램을 실행한 다음 그림 1-24에서와 같은 실행 결과가 나오는지 확인한다.

만약 오류가 발생하였다면 프로그램을 수정한 다음 다시 실행하여 제대로 된 결과가 나오도록 하여야 한다.

## 1.6 주석문

자바스크립트 주석문은 프로그램을 설명하는 데 사용된다. 프로그램에 주석문을 추가하면 프로그래머가 프로그램을 읽고 이해하는 데 도움이 된다. 주석문은 프로그램 실행에는 전혀 영향을 미치지 않는다.

앞에서 사용된 예제 1-1(ex1-1.html)에 설명 글을 달아보자.

| 예제 1-2. 자바스크립트 주석문 | ex1-2.html |
| --- | --- |

```
01   <!DOCTYPE html>
02   <html>
03   <head>
04   <meta charset="UTF-8">
05   </head>
06   <body>
07   <script>
08       /* alert()는 괄호 안에 있는
09          메세지를 알림 창에 출력
10       */
11       alert("안녕하세요.");       // '안녕하세요.'를 브라우저 화면에 출력
12   </script>
13   </body>
14   </html>
```

### 8~10행 여러 줄 주석처리

/*와 */은 프로그램에서 여러 줄의 주석에 사용된다. 설명 글 시작과 끝에 각각 /*와 */을 붙이면 된다. /*와 */ 사이에 있는 설명 글은 브라우저 실행 시 무시되기 때문에 그림 1-26에서와 같이 실행 결과는 예제 1-1과 동일하게 된다.

### 11행 한 줄 주석처리

//는 한 줄의 주석을 다는 데 사용된다.

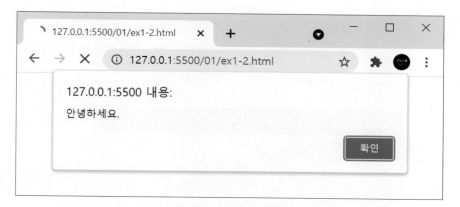

그림 1-26 ex1-2.html의 실행 결과

---

**TIP**  **HTML의 주석문** ─────────────────────────

참고로, HTML 코드 영역에서는 다음의 예제 1-3에서와 같이 주석문의 기호로 ⟨!--과 --⟩을 사용한다. ⟨!--과 --⟩ 사이에 있는 설명 글은 브라우저가 실행 시 무시한다.

---

예제 1-3. HTML 주석문                                          ex1-3.html

```
⟨!DOCTYPE html⟩
⟨html⟩
⟨head⟩
⟨meta charset="UTF-8"⟩      ⟨!-- UTF-8 : 문자셋 세계 표준 --⟩
⟨/head⟩
⟨body⟩
⟨!-- 자바스크립트 코드는 ⟨script⟩와 ⟨/script⟩ 사이에
    삽입한다.
--⟩
⟨script⟩
        alert("안녕하세요.");
⟨/script⟩
⟨/body⟩
⟨/html⟩
```

※ 실행 결과는 위 그림 1-26과 같다.

CSS의 주석문은 다음의 예제 1-4에서와 같이 /*와 */를 사용한다.

| 예제 1-4. CSS 주석문 | ex1-4.html |
| --- | --- |

```
01  <!DOCTYPE html>
02  <html>
03  <head>
04  <meta charset="UTF-8">
05  <style>
06  p {
07      background-color: yellow;    /* 배경 색상 : 노란색 */
08      /* border: solid 1px red; */
09  }
10  </style>
11  </head>
12  <body>
13      <h2>글 제목</h2>
14  <script>
15      document.write("<p>단락입니다.</p>");
16  </script>
17  </body>
18  </html>
```

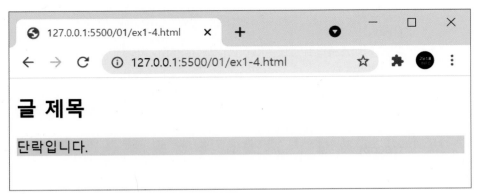

그림 1-27 ex1-4.html의 실행 결과

## 1.7 자바스크립트 위치

자바스크립트 코드를 삽입하는 데 사용되는 〈script〉 태그는 〈body〉 태그나 〈head〉 태그 내에서 사용된다.

다음은 〈body〉 태그 내에 자바스크립트 코드가 사용되는 예이다.

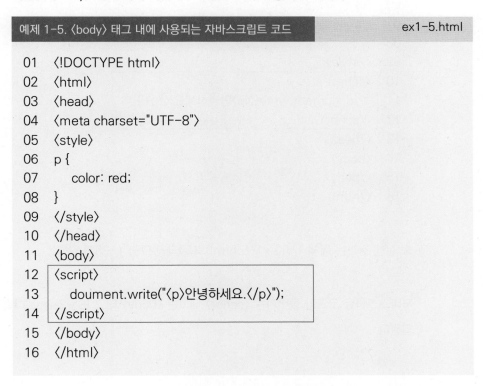

```
예제 1-5. 〈body〉 태그 내에 사용되는 자바스크립트 코드                    ex1-5.html
01   <!DOCTYPE html>
02   <html>
03   <head>
04   <meta charset="UTF-8">
05   <style>
06   p {
07       color: red;
08   }
09   </style>
10   </head>
11   <body>
12   <script>
13       doument.write("<p>안녕하세요.</p>");
14   </script>
15   </body>
16   </html>
```

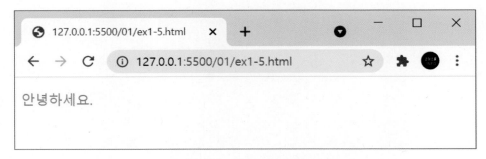

그림 1-28 ex1-5.html의 실행 결과

이번에는 자바스크립트 코드가 〈body〉 내에서 사용되는 다음의 예를 살펴보자.

예제 1-6. 〈head〉 태그 내에 사용되는 자바스크립트 코드　　　　　　ex1-6.html

```
01    <!DOCTYPE html>
02    <html>
03    <head>
04    <meta charset="UTF-8">
05    <style>
06    p {
07        color: red;
08    }
09    </style>
10    <script>
11        document.write("<p>안녕하세요.</p>");
12    </script>
13    </head>
14    <body>
15    </body>
16    </html>
```

※ 실행 결과는 예제 1-5(ex1-5.html)의 결과인 그림 1-28과 같다.

자바스크립트 코드가 들어가는 〈script〉 태그는 〈body〉 태그 또는 〈head〉 태그 내에 삽입된다.

**1-1.** 웹 사이트의 기능을 구현하는 데 사용되는 프로그래밍 언어가 아닌 것은?

　가. 자바스크립트　　　나. PHP　　　다. JSP　　　라. HTML

**1-2.** 클라이언트 쪽에서 사용되는 프로그래밍 언어로써 HTML과 CSS로 구성된 웹 페이지를 동적으로 만드는 데 사용되는 언어는?

　가. 자바　　　나. PHP　　　다. 자바스크립트　　　라. C++

**1-3.** 웹 브라우저 프로그램이 아닌 것은?

　가. 인터넷 익스플로러　　　나. 크롬　　　다. 사파리　　　라. 오라클

**1-4.** 자바스크립트 프로그램을 개발하기 위해 필요한 두 가지 필수 프로그램은?

　가. 웹 브라우저, 텍스트 에디터　　　나. 인터넷 익스플로러, 크롬
　다. 웹 브라우저, 파워포인트　　　라. 파워포인트, 엑셀

**1-5.** 비주얼 스튜디오 코드에서 작성된 프로그램을 파일로 저장하는 데 사용되는 단축 키는?

　가. Ctrl + S　　　나. Ctrl + N
　다. Ctrl + C　　　라. Ctrl + V

**1-6.** 비주얼 스튜디오 코드의 확장 팩 중에서 작성된 자바스크립트 프로그램을 실행하여 브라우저 화면에 보여주는 데 사용되는 것은?

　가. 라이브 쉐어　　　나. 라이브 서버
　다. 라이브 프리뷰　　　라. 라이브 코더

**1-7.** 자바스크립트에서 여러 줄의 주석 처리에 사용되는 기호는?

　가. /*, */　　　나. //, //
　다. 〈!--, --〉　　　라. #, #

# Chapter 02

# 자바스크립트 기본 문법

변수는 데이터를 저장하는 컴퓨터 메모리 공간을 의미한다. 이번 장에서는 변수의 개념과 변수에 데이터를 저장하는 방법을 익힌다. 그리고 변수나 데이터 값을 브라우저 화면에 출력하는 네 가지 방법에 대해 알아 본 다음 키보드로 입력되는 데이터를 저장하는 방법을 배운다. 또한 자바스크립트에서 사용되는 데이터 형과 연산자의 사용법에 대해 배운다.

**변수**

컴퓨터 메모리에는 정수, 실수, 문자 등 다양한 데이터들이 저장된다. 데이터를 메모리 공간에 저장하기 위해 자바스크립트, 파이썬, C 등의 프로그래밍 언어에서는 변수(Variable)란 개념을 사용한다.

변수는 데이터가 저장되는 메모리 공간을 의미한다. 다음 그림에서와 같이 변수 a는 3의 데이터 값을 저장하고 있는 메모리 공간을 지칭하는 데 사용된다.

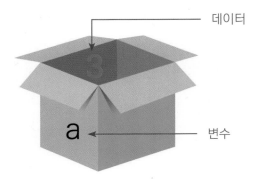

그림 2-1 변수와 데이터

이번에는 위 그림 2-1과 같이 변수 a에 3의 값을 저장한 다음 브라우저 화면에 출력하는 자바스크립트 프로그램을 작성해보자.

| 예제 2-1. 변수 선언과 변수에 값 저장 | 02/ex2-1.html |
| --- | --- |

```
01    <!DOCTYPE html>
02    <html>
03    <head>
04    <meta charset="UTF-8">
05    </head>
06    <body>
```

```
07   <script>
08      var a;
09      a = 3;
10      document.write(a);
11   </script>
12   </body>
13   </html>
```

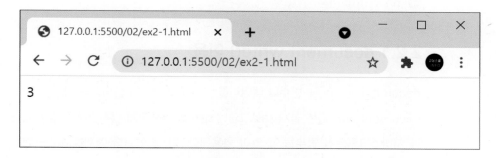

그림 2-2 ex2-1.html의 실행 결과

8행 **var a;**

변수 a를 선언한다. var는 변수를 의미하는 'variable'의 약어로 자바스크립트에서 변수를 선언할 때 사용한다. 문장의 마지막에 있는 세미콜론(;)은 한 개의 문장이 끝남을 의미한다.

9행 **a = 3;**

3을 변수 a에 저장

기호 =는 자바스크립트 언어를 포함한 모든 프로그래밍 언어에서 우측의 데이터 값이나 변수 값을 좌측의 변수에 저장한다는 의미로 사용된다. 여기서는 3의 값을 변수 a에 저장하게 된다.

10행 **document.write(a)**

document.write()는 괄호 안에 있는 변수나 데이터 값을 브라우저 화면에 출력한다. 여기서는 그림 2-2의 실행 결과에서와 같이 변수 a의 값인 3을 화면에 출력한다.

자바스크립트를 이용하여 웹 브라우저 화면에 변수나 데이터를 출력하는 데에는 네 가지 방법이 있다.

❶ document.write() 이용

❷ window.alert() 이용

❸ console.log() 이용

❹ innerHtml 이용

## 2.2.1 document.write() 이용

document.write()는 변수나 데이터를 브라우저 화면에 출력하는 가장 간단한 방법이다. document.write()는 실제 프로그램에서는 잘 사용되지 않지만 사용법이 간단하기 때문에 자바스크립트를 공부할 때 많이 활용된다. 이 책의 실습 예제들에서도 변수나 데이터 값을 화면에 출력할 때 document.write()를 많이 사용한다.

다음은 두 수의 합을 구한 다음 document.write()를 이용하여 브라우저 화면에 출력하는 예제이다.

| 예제 2-2. document.write()를 이용한 출력 | 02/ex2-2.html |
|---|---|

```
07   ⟨script⟩
08      var a = 10;
09      var b = 20;
10      c = a + b;
11      document.write(c);
12   ⟨/script⟩
```

✿ 위 예제 2-2에서와 같이 프로그램 설명에 필요하지 않은 일부 프로그램 코드는 생략한다. 생략된 행에 있는 코드는 코딩스쿨(http://codingschool.info) 사이트에서 다운로드 받은 ex2-2.html 파일 내용을 참고하기 바란다.

그림 2-3 ex2-2.html의 실행 결과

8행  **var a = 10;**

10을 변수 a에 저장

변수 a를 선언하고 10의 값을 변수 a에 저장한다.

9행  **var b = 20;**

변수 b를 선언하고 20의 값을 변수 b에 저장한다.

10행  **c = a + b;**

변수 a(값:10)와 변수 b(값:20)를 더한 값 30을 변수 c에 저장한다.

11행  **document.write(c);**

document.write()를 이용하여 변수 c의 값 30을 그림 2-3에서와 같이 출력한다.

## 2.2.2 window.alert() 이용

변수나 데이터를 출력하는 두 번째 방법은 window.alert()를 이용하는 것이다.
window.alert()는 웹 브라우저의 경고 창에 데이터를 출력하는 데 사용된다.

다음의 예제를 통하여 window.alert()의 사용법을 익혀보자.

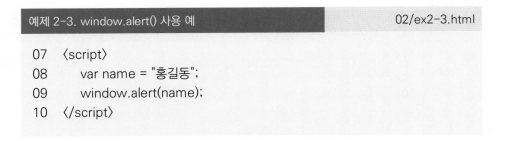

예제 2-3. window.alert() 사용 예          02/ex2-3.html

```
07    <script>
08        var name = "홍길동";
09        window.alert(name);
10    </script>
```

그림 2-4 ex2-3.html의 실행 결과

8행 var **name = "홍길동";**

"홍길동"을 변수 name에 저장

"홍길동"과 같은 문자를 프로그래밍 언어에서는 문자열(String)이라 부른다. name이라는 변수를 선언하고 "홍길동"을 변수 name에 저장한다.

---

TIP  문자열이란? ───────────────────

문자열(String)은 하나 또는 여러 개의 문자를 의미한다. 문자열은 문자의 앞과 뒤에 쌍 따옴표(")  또는 단 따옴표(')를 붙인다.

※ 문자열에 대해서는 62쪽에서 자세히 설명한다.

---

**9행** **window.alert(name);**

window.alert(name)은 변수 name의 값인 "홍길동"을 그림 2-4에서와 같이 경고 창에 나타낸다.

window.alert()에서 키워드 window는 생략될 수 있다. 따라서 9행을 다음과 같이 간단하게 표현할 수 있다.

```
alert(name);
```

## 2.2.3 console.log() 이용

console.log()는 일반적으로 프로그램의 오류를 찾는 디버깅(Debugging)을 목적으로 변수나 데이터 값을 콘솔(Console)에 출력하는 데 사용된다.

다음 예제를 통하여 console.log()의 사용법을 익혀보자.

예제 2-4. console.log() 사용 예             02/ex2-4.html

```
07    〈script〉
08        console.log(10 + 20);
09    〈/script〉
```

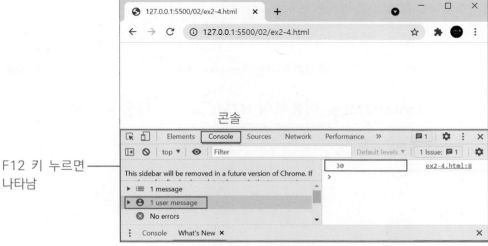

그림 2-5 ex2-4.html의 실행 결과

**8행** **console.log(10 + 20);**

console.log(10 + 20)은 그림 2-5의 하단에 나타난 것과 같이 10과 20을 더한 결과인 30을 콘솔 창에 출력한다. 콘솔 창은 브라우저에서 F12 키를 누르면 나타난다.

## 2.2.4 innerHTML 이용

데이터를 출력하는 마지막 방법은 innerHTML을 이용하는 것이다. innerHTML은 HTML 요소에 내용을 삽입하는 데 사용된다.

먼저 다음의 예를 통하여 innerHTML을 이용하여 HTML 요소에 내용을 삽입하는 방법에 대해 알아보자.

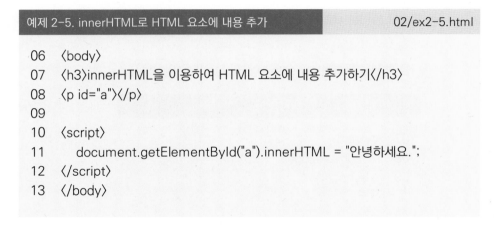

| 예제 2-5. innerHTML로 HTML 요소에 내용 추가 | 02/ex2-5.html |

```
06   <body>
07   <h3>innerHTML을 이용하여 HTML 요소에 내용 추가하기</h3>
08   <p id="a"></p>
09
10   <script>
11      document.getElementById("a").innerHTML = "안녕하세요.";
12   </script>
13   </body>
```

그림 2-6 ex2-5.html의 실행 결과

**11행 document.getElementById("a").innerHTML = "안녕하세요.";**

document.getElementById("a")는 HTML 문서에서 아이디 a의 요소, 즉 8행의 〈p〉 요소에 접근하는 데 사용된다. innerHTML은 해당 요소의 내용물을 의미한다.

document.getElementById("a").innerHTML = "안녕하세요.";는 〈p〉 요소의 내용물에 "안녕하세요."를 추가한다. 이 결과 그림 2-6에서와 같이 "안녕하세요."가 브라우저 화면에 출력된다.

이번에는 innerHTML을 이용하여 HTML 요소의 내용을 변경하는 다음의 예를 살펴보자.

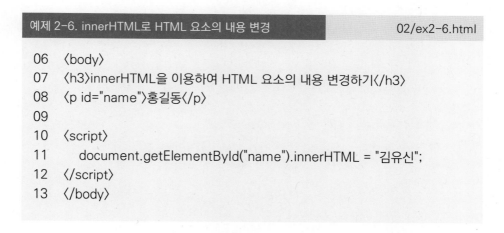

| 예제 2-6. innerHTML로 HTML 요소의 내용 변경 | 02/ex2-6.html |
|---|---|

```
06  〈body〉
07  〈h3〉innerHTML을 이용하여 HTML 요소의 내용 변경하기〈/h3〉
08  〈p id="name"〉홍길동〈/p〉
09
10  〈script〉
11      document.getElementById("name").innerHTML = "김유신";
12  〈/script〉
13  〈/body〉
```

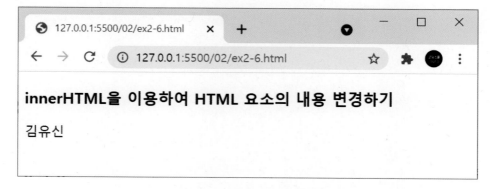

그림 2-7 ex2-6.html의 실행 결과

**11행  document.getElementById("name").innerHTML = "김유신";**

document.getElementById("name")는  8행의 아이디 name을 의미하는 〈p〉 요소를 선택한다. 그리고 document.getElementById("a").innerHTML = "김유신";은 〈p〉 요소의 내용물을 원래의 '홍길동' 대신에 '김유신'으로 변경한다. 따라서 그림 2-7에서와 같은 결과가 화면에 나타난다.

자바스크립트에서는 prompt()를 이용하여 사용자가 키보드로 입력하는 데이터를 변수에
저장할 수 있다.

다음 예제를 통하여 prompt()의 사용법을 익혀보자.

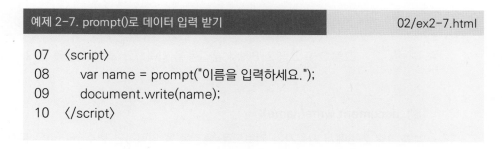

```
예제 2-7. prompt()로 데이터 입력 받기                          02/ex2-7.html
07   〈script〉
08     var name = prompt("이름을 입력하세요.");
09     document.write(name);
10   〈/script〉
```

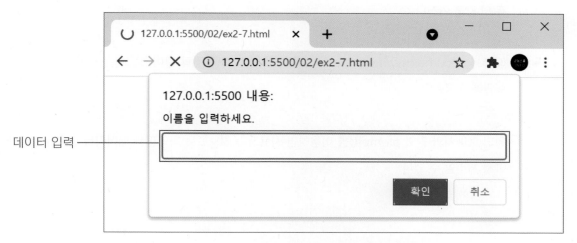

데이터 입력

그림 2-8 ex2-7.html의 실행 결과

8행  name = prompt("이름을 입력하세요.");

prompt("이름을 입력하세요.")는 그림 2-8에서와 같이 팝업 창을 띄운 다음 '이름을 입
력하세요.'를 화면에 출력하고 사용자가 키보드로 데이터를 입력하길 기다린다.

만약 위 그림 2-9의 데이터 입력 창에 '홍길동'을 입력하고 '확인' 버튼을 클릭하면 '홍길
동'이 변수 name에 저장된다.

그림 2-9 그림 2-8에서 '홍길동'을 입력하고 '확인' 버튼을 클릭

9행 **document.write(name);**

앞의 그림 2-8에서 사용자가 키보드로 '홍길동'을 입력하면 변수 name은 문자열 '홍길동'의 값을 가진다.

따라서 document.write(name)은 그림 2-9에 나타난 것과 같이 '홍길동'을 브라우저 화면에 출력한다.

위의 예에서와 같이 prompt()를 이용하면 사용자가 키보드로 타이핑한 데이터를 입력받아서 처리할 수 있다.

자바스크립트의 변수는 다음에서와 같이 숫자, 문자열, 배열, 불, 객체 등의 데이터 형을 가질 수 있다.

```
var age = 20;                                        // 숫자
var email = "goldmont@naver.com";                    // 문자열
var colors = ["빨강", "파랑", "노랑"]                  // 배열
var ok = true;                                       // 불(Boolean)
var member = {name:"홍길동", age:30, address:"인천"}   // 객체
```

## 2.4.1 숫자

자바스크립트에서 숫자(Number)는 정수형(Integer)과 실수형(Floating Point) 두 가지가 있다.

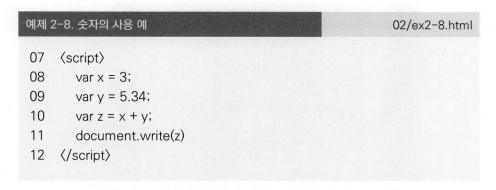

| 예제 2-8. 숫자의 사용 예 | 02/ex2-8.html |
| --- | --- |

```
07   <script>
08      var x = 3;
09      var y = 5.34;
10      var z = x + y;
11      document.write(z)
12   </script>
```

그림 2-10 ex2-8.html의 실행 결과

**8행**  **var x = 3;**

변수 x에 3을 저장한다. 따라서 변수 x의 데이터 형은 정수형이 된다.

**9행**  **var y = 5.34;**

변수 y는 5.34의 값을 가진다. 여기서 변수 y의  데이터 형은 실수형이다.

**10행**  **var z = x + y;**

변수 x(값:3)와 y(값:5.34)의 합인 8.34를 변수 z에 저장한다. 이 때 변수 z의 데이터 형은 실수형이 된다.

## 2.4.2 문자열

문자열(String)은 하나 또는 여러 개의 문자를 말한다. "안녕하세요", "a", "abc", "나는 행복합니다", 'x', 'y', '반갑습니다.' 등은 모두 문자열이다. 문자열에서는 해당 문자를 쌍 따옴표(")  또는 단 따옴표(')로 감싸게 된다.

문자열이 사용되는 다음의 예를 살펴보자.

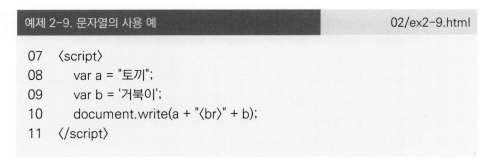

```
07   〈script〉
08      var a = "토끼";
09      var b = '거북이';
10      document.write(a + "〈br〉" + b);
11   〈/script〉
```

그림 2-11 ex2-9.html의 실행 결과

**8, 9행**  var a = "토끼";

　　　var b = '거북이';

"토끼"와 '거북이'에서와 같이 문자열에는 쌍 따옴표(")  또는 단 따옴표(')를 사용하여야 한다.

**10행**  document.write(a + "⟨br⟩" + b);

a + "⟨br⟩" + b에서와 같이 문자열을 서로 연결하는 데에는 덧셈 기호(+)가 사용된다. document.write(a + "⟨br⟩" + b)는 document.write("토끼⟨br⟩거북이")가 된다. 또한 ⟨br⟩은 HTML에서 줄 바꿈을 나타내는 태그이다. 따라서 그림 2-11에서와 같이 '토끼'와 '거북이'가 두 줄에 걸쳐 출력된다.

문자열을 사용할 때 쌍 따옴표(") 안에 쌍 따옴표(")가 사용되면 오류가 발생된다. 이와 같은 오류가 발생하는 다음의 예제를 살펴보자.

| 예제 2-10. 쌍 따옴표(") 안에 쌍 따옴표(")를 사용하는 경우 | 02/ex2-10.html |
|---|---|

```
07   ⟨script⟩        쌍 따옴표(") 안에 쌍 따옴표(")가 사용됨
08      var x = "나는 ⌐홍길동⌐입니다.";
09      document.write(x);
10   ⟨/script⟩
```

F12 키 누름 ──

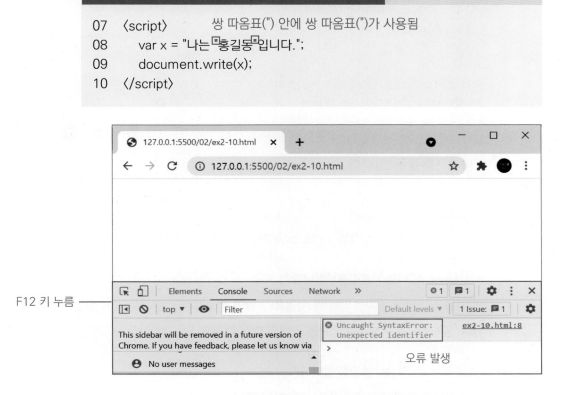

그림 2-12 ex2-10.html의 실행 결과

**8, 9행 var x = "나는 "홍길동"입니다.";**

문자열에서 쌍 따옴표(")  안에 쌍 따옴표(")가 사용되면 오류가 발생한다. 그림 2-12에서와 같이 F12 키를 눌러 콘솔 창을 열어 보면 발생된 오류를 확인할 수 있다.

예제 2-10에서와 같이 쌍 따옴표 안에 쌍 따옴표를 사용하여 오류가 발생하는 경우에는 다음과 같은 방법으로 문제를 해결할 수 있다.

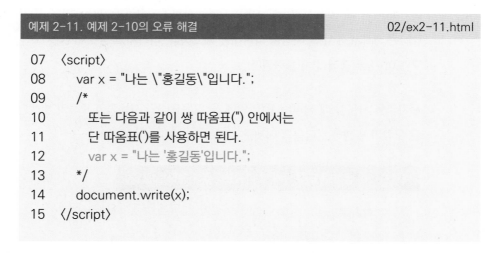

```
07  〈script〉
08    var x = "나는 \"홍길동\"입니다.";
09    /*
10      또는 다음과 같이 쌍 따옴표(") 안에서는
11      단 따옴표(')를 사용하면 된다.
12      var x = "나는 '홍길동'입니다.";
13    */
14    document.write(x);
15  〈/script〉
```

나는 "홍길동"입니다.

**그림 2-13** ex2-11.html의 실행 결과

**8행 var x = "나는 \"홍길동\"입니다.";**

쌍 따옴표(") 안에서 사용되는 쌍 따옴표(")  앞에 역슬래쉬(\)를 붙여 \"와 같이 사용해야 한다. 일반적으로 역슬래쉬 입력은 키보드 엔터 키 위에 있는 ₩ 키를 누르면 된다.

**12행 var x = "나는 '홍길동'입니다.";**

쌍 따옴표(") 안에서 단 따옴표(')는 그대로 사용할 수 있다. 8행 대신 12행의 문장이 사용되면 브라우저 화면에는 나는 '홍길동'입니다.가 출력된다.

## 2.4.3 불

불(Boolean) 데이터 형은 true 또는 false의 값 중 하나를 가진다. 여기서 true는 참, false는 거짓을 의미한다.

다음 예제를 통하여 불 데이터 형의 사용법을 익혀보자.

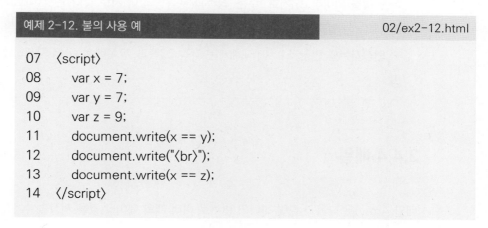

```
07   ⟨script⟩
08      var x = 7;
09      var y = 7;
10      var z = 9;
11      document.write(x == y);
12      document.write("⟨br⟩");
13      document.write(x == z);
14   ⟨/script⟩
```

예제 2-12. 불의 사용 예                                    02/ex2-12.html

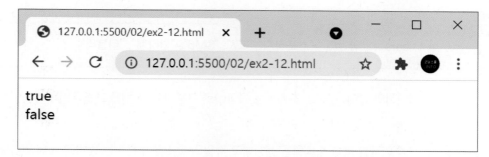

그림 2-14 ex2-12.html의 실행 결과

8, 9, 10행 변수 x, y, z에 각각 7, 7, 9의 값을 저장한다.

11행 **document.write(x == y);**

x == y는 'x는 y와 같다'란 의미이다. 여기서 변수 x(값:7)와 변수 y(값:7)는 서로 값은 값을 가지기 때문에 그 결과는 참인 true가 된다. 따라서 그림 2-14의 첫 번째 줄에서와 같이 true가 출력된다.

**13행 document.write(x == z);**

x(값:7)와 z(값:9)는 서로 다른 값을 가지고 있기 때문에 그 결과는 거짓이다. 따라서 그림 2-14의 두 번째 줄에서와 같이 false가 출력된다.

---

**TIP**   = 과 ==

기호 =는 앞의 51쪽에서 설명한 것과 같이 우측의 데이터 값을 좌측의 변수에 저장하는 것을 의미하고, 기호 ==은 '좌측과 우측의 값이 서로 같다.'란 의미로 사용된다. 즉 =는 할당 연산자이고 ==는 비교 연산자이다.

※ 연산자 =와 연산자 ==에 대해서는 각각 73쪽과 77쪽에서 좀 더 자세히 설명한다.

---

## 2.4.4 배열

배열(Array)은 다음과 같이 하나의 변수로 여러 개의 데이터 값을 저장할 수 있는 데이터형이다.

```
cars = ["아반떼", "스포티지", "K7", "SM6", "싼타페", "티볼리"]
```

위에서와 같이 배열의 각 항목은 콤마(,)로 구분하고, 전체를 대괄호([])로 감싼다.

다음 예제를 통하여 배열을 생성하고 배열의 요소를 추출하는 방법에 대해 알아보자.

| 예제 2-13. 배열의 사용 예 | 02/ex2-13.html |
|---|---|

```
07   <script>
08      var colors = ["빨강", "노랑", "파랑"]          // colors 배열 생성
09      document.write(colors);                    // colors 배열 출력
10      document.write("<br>");
11      document.write(colors[0]);                 // 첫 번째 요소 출력
12      document.write("<br>");
13      document.write(colors[1]);                 // 두 번째 요소 출력
14   </script>
```

그림 2-15 ex2-13.html의 실행 결과

8행 **var colors = ["빨강", "노랑", "파랑"]**

배열 colors를 생성한다. colors는 '빨강', '노랑', '파랑'의 요소를 가진다.

11행 **document.write(colors[0]);**

colors[0]은 배열 colors의 첫 번째 요소인 '빨강'을 의미한다. 여기서 사용된 숫자 0과 같은 것을 배열에서 '인덱스'라고 부른다.

¤ 배열에서 인덱스는 0부터 시작된다는 점을 꼭 기억하기 바란다.

13행 **document.write(colors[1]);**

colors[1]은 배열 colors의 두 번째 요소인 '노랑'을 의미한다. 인덱스가 0부터 시작하기 때문에 인덱스 1은 배열의 두 번째 요소를 가리킨다.

※ 배열에 대한 자세한 내용은 뒤의 7장을 참고하기 바란다.

## 2.4.5 객체

객체(Object)는 다음과 같이 각 요소가 키(Key)와 값(Value)으로 구성된다. 그리고 요소들을 중괄호({})로 감싼다.

```
members = {name: "홍길동", age:25, email:"hong@korea.com"}
```

위에서 name, age, email과 같은 것을 키라고 하고, 각 키에 대응되는 "홍길동", 25, "hong@korea.com"을 값이라고 한다.

다음은 객체를 이용하여 국어, 영어, 수학 세 과목 성적의 합계와 평균을 구하는 프로그램이다.

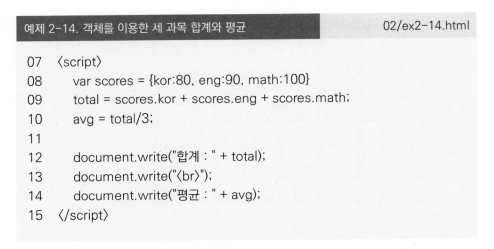

| 예제 2-14. 객체를 이용한 세 과목 합계와 평균 | 02/ex2-14.html |
| --- | --- |

```
07    <script>
08        var scores = {kor:80, eng:90, math:100}
09        total = scores.kor + scores.eng + scores.math;
10        avg = total/3;
11
12        document.write("합계 : " + total);
13        document.write("<br>");
14        document.write("평균 : " + avg);
15    </script>
```

합계 : 270
평균 : 90

그림 2-16 ex2-14.html의 실행 결과

8행  **var scores = {kor:80, eng:90, math:100}**

객체 scores를 생성한다. 여기서 kor, eng, math는 키를 의미한다. 그리고 80, 90, 100은 해당 키에 대응되는 값을 의미한다.

9행  **total = scores.kor + scores.eng + scores.math;**

scores.kor에서 kor은 객체 scores의 속성(Property)이라고 부른다. 여기서 scores.kor는 80의 값을 가진다. 같은 맥락에서 scores.eng와 scores.math는 각각 90, 100의 값을 가진다. 따라서 변수 total은 세 과목 점수의 합계인 270의 값을 가진다.

※ 객체에 대한 자세한 내용은 뒤의 6장을 참고하기 바란다.

10행  **avg = total/3;**

변수 avg는 세 과목의 합계를 3으로 나눈 값인 점수의 평균을 의미한다.

12~14행  **합계와 평균 출력**

document.write()를 이용하여 그림 2-16에서와 같이 세 과목 합계와 평균을 브라우저 화면에 출력한다.

# 2.5 연산자

자바스크립트의 연산자에는 산술 연산자(Arithmetic Operator), 할당 연산자(Assignment Operator), 문자열 연산자(String Operator), 비교 연산자(Comparison Operator), 논리 연산자(Logical Operator) 등이 있다.

## 2.5.1 산술 연산자

산술 연산자는 다음 표에서와 같이 숫자의 산술 연산에 사용되는 연산자이다.

표 2-1 산술 연산자

| 연산자 | 의미 |
|:---:|:---|
| + | 덧셈 |
| − | 뺄셈 |
| * | 곱셈 |
| / | 나눗셈 |
| % | 나머지 계산 |
| ** | 거듭제곱 계산 |
| ++ | 1 증가 |
| -- | 1 감소 |

위 표 2-1에서 +, −, *, /는 각각 덧셈, 뺄셈, 곱셈, 나눗셈의 사칙연산을 나타낸다. 그리고 %는 나머지를 계산하는 데 사용된다. 예를 들어 10%4는 '10을 4로 나눈 나머지'를 의미하기 때문에 그 결과는 2가 된다.

**, ++, --는 각각 숫자의 거듭제곱, 1 증가, 1 감소를 하는 데 사용된다. 구체적인 사용 예시는 뒤에서 살펴보도록 한다.

먼저 다음 예제를 통해 사칙 연산을 연습해보자.

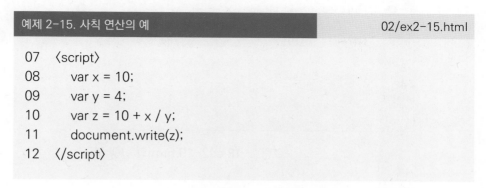

예제 2-15. 사칙 연산의 예    02/ex2-15.html

```
07   <script>
08       var x = 10;
09       var y = 4;
10       var z = 10 + x / y;
11       document.write(z);
12   </script>
```

그림 2-17 ex2-15.html의 실행 결과

10행  **var z = 10 + x / y;**

일반 사칙연산과 마찬가지로 자바스크립트에서도 나눗셈인 x/y가 덧셈보다 먼저 계산된
다. 따라서 10 + 2.5의 결과인 12.5를 변수 z에 저장한다.

이번에는 나머지 연산자 %의 사용법을 익혀보자.

예제 2-16. 나머지 연산자 %의 사용 예    02/ex2-16.html

```
07   <script>
08       var x = 15;
09       var y = 4;
10       var z = x % y;
11       document.write(z);
12       document.write("<br>");
13       z = y % x;
14       document.write(z);
15   </script>
```

그림 2-18 ex2-16.html의 실행 결과

**10행  var z = x % y;**

x % y는 15 % 4가 된다. 즉, 15를 4로 나눈 나머지인 3을 변수 z에 저장한다.

**13행  var z = y % x;**

이번에는 x와 y의 순서를 바꾸어 나머지 연산자를 사용해 보았다. y % x는 4 % 15가 된다. 4를 15로 나누면 몫이 0이 되고 나머지는 4가 된다. 따라서 변수 z의 값은 4가 된다.

이번에는 거듭제곱, 증가, 감소 연산자의 사용법을 익혀보자.

| 예제 2-17. 거듭제곱, 증가, 감소 연산자의 사용 예 | 02/ex2-17.html |
| --- | --- |

```
07    <script>
08      var x = 3;
09      var y = x ** 2;
10      document.write(y);
11      document.write("<br>");
12      y++;
13      document.write(y);
14      document.write("<br>");
15      x--;
16      document.write(x);
17    </script>
```

그림 2-19 ex2-17.html의 실행 결과

9행  **var y = x ** 2;**

x** 2는 3 ** 2가 된다. 3 ** 2는 '3의 2승'을 의미하는 $3^2$이 된다. 따라서 그 결과인 9를를 변수 y에 저장한다.

12행  **y++;**

y++는 변수 y의 값을 1 증가시킨다. 따라서 y는 9행에서 얻은 y의 값인 9를 1만큼 증가시킨 10의 값을 가진다.

15행  **x--;**

x--는 변수 x의 값을 1 감소시킨다. 따라서 x는 8행에서 얻은 x의 값 3을 1만큼 감소시킨 2의 값을 가지게 된다.

## 2.5.2 할당 연산자

할당 연산자는 다음 표에서와 같이 데이터나 변수 값을 변수에 저장, 즉 메모리 공간에 할당하는 역할을 수행한다.

표 2-2 할당 연산자

| 연산자 | 예 | 동일한 표현 | 의미 |
|---|---|---|---|
| = | x = 2 | | 2를 변수 x에 저장 |
| += | x += 2 | x = x + 2 | 현재 x의 값에 2를 더해서 얻은 값을 다시 x에 저장 |
| -= | x -= 2 | x = x - 2 | 현재 x의 값에서 2를 뺀 값을 다시 x에 저장 |
| *= | x *= 2 | x = x * 2 | 현재 x의 값에 2를 곱해서 얻은 값을 다시 x에 저장 |

| | | | |
|---|---|---|---|
| /= | x /= 2 | x = x / 2 | 현재 x의 값을 2로 나누어서 얻은 값을 다시 x에 저장 |
| %= | x %= 2 | x = x % 2 | 현재 x의 값을 2로 나눈 나머지를 다시 x에 저장 |

다음 예제를 통하여 할당 연산자의 사용법에 대해 알아보자.

| 예제 2-18. 할당 연산자의 사용 예 | 02/ex2-18.html |
|---|---|

```
07   <script>
08       var x = 10;                    // x에 10을 저장
09       x += 2;                        // x = x + 2와 동일
10       document.write(x);
11       document.write("<br>");
12
13       x -= 4;                        // x = x - 4와 동일
14       document.write(x);
15       document.write("<br>");
16
17       x /= 2;                        // x = x / 2와 동일
18       document.write(x);
19       document.write("<br>");
20
21       x %= 3;                        // x = x % 3과 동일
22       document.write(x);
23       document.write("<br>");
24   </script>
```

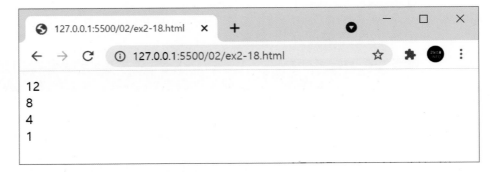

그림 2-20 ex2-18.html의 실행 결과

8행  **var x = 10;**

변수 x에 10을 저장한다.

9행  **x += 2;**

현재 변수 x의 값 10에 2를 더한 값을 다시 변수 x에 저장한다. 따라서 변수 x의 값은 12
가 된다.

13행  **x -= 4;**

현재 변수 x의 값 12에서 4를 뺀 값을 다시 변수 x에 저장한다. 결과적으로 변수 x의 값
은 8이 된다.

13행  **x /= 2;**

현재 변수 x의 값 8을 2로 나누어서 얻은 결과 값을 다시 변수 x에 저장한다. 따라서 변수
x의 값은 4가 된다.

13행  **x %= 3;**

현재 변수 x의 값 4를 3으로 나눈 나머지를 다시 변수 x에 저장한다. 따라서 변수 x의 값
은 1이 된다.


## 2.5.3 문자열 연결 연산자

산술 연산자의 덧셈에 사용되는 + 기호가 문자열에 사용되면 문자열이 서로 연결되어 하
나의 문자열이 된다.

표 2-3 문자열 연결 연산자

| 연산자 | 예 | 의미 |
| :---: | :---: | --- |
| + | "안녕" + " 하세요" | 문자열 "안녕"과 문자열 " 하세요"를 하나로 연결한 "안녕하세요"를 생성 |

다음 예제를 통하여 문자열 연결 연산자의 사용법을 익혀보자.

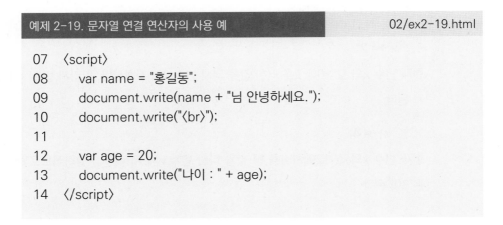

```
07   ⟨script⟩
08     var name = "홍길동";
09     document.write(name + "님 안녕하세요.");
10     document.write("⟨br⟩");
11
12     var age = 20;
13     document.write("나이 : " + age);
14   ⟨/script⟩
```

**그림 2-21** ex2-19.html의 실행 결과

9행 **document.write(name + "님 안녕하세요.");**

변수 name은 문자열 '홍길동'의 값을 가진다. name + "님 안녕하세요."는 문자열 name과 "님 안녕하세요."를 하나로 연결하여 만들어진 문자열 '홍길동님 안녕하세요.'가 된다.

13행 **document.write("나이 : " + age);**

"나이 : " + age에서 "나이 : "는 문자열이고, age(값:20)는 정수형 숫자이다. 자바스크립트에서 문자열과 숫자를 덧셈 기호(+)로 연결하면 그 결과는 문자열이 된다.

따라서 그림 2-21의 두 번째 줄에 나타난 것과 같이 문자열 '나이 : 20'이 화면에 출력된다.

## 2.5.4 비교 연산자

비교 연산자는 두 개의 데이터(또는 변수)의 값을 서로 비교하는 데 사용된다.

표 2-4 비교 연산자

| 연산자 | 의미 | 예 | 결과 | 설명 |
|---|---|---|---|---|
| == | 같다 | 3 == 3; | true | '3은 3과 같다', true가 됨 |
| | | "3" == 3; | true | "3"은 문자열, 데이터 형이 달라도 true가 됨 |
| === | 값과 데이터 형이 같다 | 3 === 3; | true | '3은 3과 같다(데이터형도 같다)', true가 됨 |
| | | "3" === 3; | false | 데이터 형이 다르기 때문에 false가 됨 |
| != | 다르다 | 3 != 3; | false | '3은 3과 다르다', false가 됨 |
| | | "3" != 3; | false | "3"과 3을 같은 것으로 다루기 때문에 false가 됨 |
| !== | 값과 데이터 형이 다르다 | 3 !== 3; | false | '3은 3과 다르다', false가 됨 |
| | | "3" !== 3; | true | "3"과 3은 데이터 형이 다르기 때문에 true가 됨 |
| 〉 | 크다 | 5 〉 3 | true | '5는 3보다 크다', true가 됨 |
| 〈 | 작다 | 5 〈 3 | false | '5는 3보다 작다', false가 됨 |
| 〉= | 크거나 같다 | 5 〉= 5 | true | '5는 5보다 크거나 같다', true가 됨 |
| 〈= | 작거나 같다 | 5 〈= 5 | true | '5는 5보다 작거나 같다', true가 됨 |

위의 비교 연산자는 두 개의 데이터(또는 변수)의 값을 비교하여 참인지 거짓인지를 판별하는 데 사용된다. 비교 연산자는 주로 3장과 4장의 조건문과 반복문의 조건식에서 사용된다.

다음 예제를 통하여 표 2-4의 비교 연산자 사용법에 대해 알아보자.

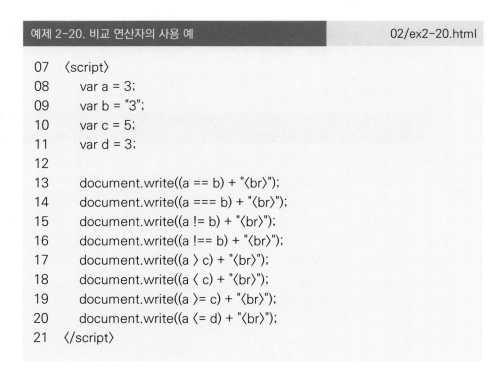

예제 2-20. 비교 연산자의 사용 예      02/ex2-20.html

```
07   <script>
08      var a = 3;
09      var b = "3";
10      var c = 5;
11      var d = 3;
12
13      document.write((a == b) + "<br>");
14      document.write((a === b) + "<br>");
15      document.write((a != b) + "<br>");
16      document.write((a !== b) + "<br>");
17      document.write((a > c) + "<br>");
18      document.write((a < c) + "<br>");
19      document.write((a >= c) + "<br>");
20      document.write((a <= d) + "<br>");
21   </script>
```

그림 2-22 ex2-20.html의 실행 결과

13행 **a == b**

변수 a(값:3)와 변수 b(값:"3")는 데이터 형이 다르지만 연산자 ==에서는 같은 것으로 간주하여 그 결과는 true가 된다.

### 14행  **a === b**

연산자 ===인 경우에는 두 변수의 데이터 형도 같아야지만 true가 된다. 여기서는 두 변수의 데이터 형이 다르기 때문에 그 결과는 false가 된다.

### 15행  **a != b**

연산자 !=은 연산자 ==의 결과의 반대로 생각하면 된다. 연산자 == 인 경우에 true가 되기 때문에 !=의 결과는 false가 된다.

### 16행  **a !== b**

연산자 !==은 연산자 ===의 결과의 반대로 생각하면 된다. 연산자 === 인 경우에 false가 되기 때문에 !==의 결과는 true가 된다.

### 17~20행

부등호 연산자 〉, 〈, 〉=, 〈=는 그 결과를 쉽게 알 수 있기 때문에 설명을 생략한다.

## 2.5.5 논리 연산자

컴퓨터는 논리 연산을 통해 상황을 판단하고 명령을 수행한다. 논리 연산자에는 다음 표에서와 같이 &&, ||, ! 연산자가 있다. &&, ||, ! 는 각각 AND, OR, NOT 연산을 의미한다.

표 2-5 논리 연산자

| 논리 연산자 | 연산 | 설명 |
|---|---|---|
| && | AND | 두 조건이 모두 true일 경우에만 최종 결과가 true가 됨 |
| \|\| | OR | 두 조건 중 하나만 true가 되어도 최종 결과는 true가 됨 |
| ! | NOT | 결과가 true인 경우에는 false로 변경하고 반대로 false인 경우에는 true로 변경함 |

표 2-5의 논리 연산자는 3장과 4장에서 배우는 조건문과 반복문의 조건식에서 많이 사용된다. 다음 예제를 통하여 논리 연산자의 동작 원리를 이해하여 보자.

예제 2-21. 논리 연산자의 사용 예       02/ex2-21.html

```
07  〈script〉
08      var x = 10;
09      var y = 60;
10
11      document.write((x>30 && y>50) + "〈br〉");
12      document.write((x>30 || y>50) + "〈br〉");
13      document.write(!(x == y) + "〈br〉");
14  〈/script〉
```

false
true
true

그림 2-23 ex2-21.html의 실행 결과

11행 **x〉30 && y〉50**

표 2-5에서 설명한 것과 같이 and 연산자에서는 두 결과가 모두 true인 경우에만 전체 결과는 true이다. 따라서 여기서는 x〉30의 결과가 false이기 때문에 전체 결과는 false 이다.

12행 **x〉30 && y〉50**

표 2-5에서 설명한 것과 같이 or 연산자에서는 두 결과 중 하나만 true이어도 true가 된 다. 따라서 y〉50의 결과가 true이기 때문에 전체 결과는 true이다.

13행 **!(x == y)**

표 2-5에서 설명한 것과 같이 not 연산자는 논리 연산 결과를 반대로 변경한다. 따라서 x == y의 결과는 false 이지만 not 연산자에 의해 최종 결과가 true가 된다.

# 거스름돈 계산하기

다음은 물건 가격, 구매 개수, 지불 금액에 따라 거스름돈을 계산하는 프로그램이다. 밑줄
친 부분을 채우시오.

거스름돈 = 지불금액 − 물건가격 * 개수

¤ 브라우저 실행 결과

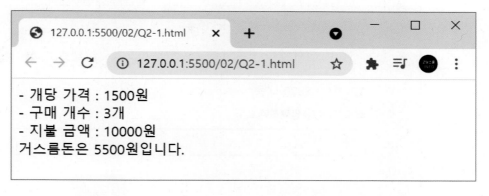

```
〈script〉
    var price = 1500;   // price : 개당 가격
    var num = 3;        // num : 구매 개수
    var pay = 10000;    // pay : 지불 금액

    var change = ①_____ – price * num;

    document.write("- 개당 가격 : " + price + "원〈br〉");
    document.write("- 구매 개수 : " + ②_____ + "개〈br〉");
    document.write("- 지불 금액 : " + pay + "원〈br〉");
    document.write("거스름돈은 " + ③_____ + "원입니다.");
〈/script〉
```

정답은 86쪽에서 확인하세요.

# 일교차 구하기

다음은 키보드로 최고 기온과 최저 기온을 입력받아 일교차를 구하는 프로그램이다. 밑줄 친 부분을 채우시오.

일교차 = 최고 기온 − 최저 기온

¤ 브라우저 실행 결과

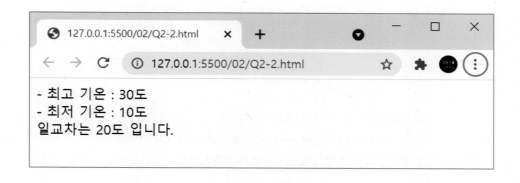

- 최고 기온 : 30도
- 최저 기온 : 10도
일교차는 20도 입니다.

```
<script>
    var high = Number(prompt("최고 기온을 입력하세요."));
    var ①_____ = Number(prompt("최저 기온을 입력하세요."));

    var diff = high − low;

    document.write("- 최고 기온 : " + ②_____ + "도<br>");
    document.write("- 최저 기온 : " + low + "도<br>");
    document.write("일교차는 " + ③_____ + "도 입니다.");
</script>
```

정답은 86쪽에서 확인하세요.

※ 위의 프로그램 소스에서 최고 기온과 최저 기온을 입력 받을 때 prompt() 앞에 사용된 Number()는 키보드로 입력 받은 데이터인 문자열을 숫자로 변경하는 역할을 수행한다.

**TIP** 키보드로 입력한 데이터의 형 ─────────────────

컴퓨터에서 키보드로 입력되는 모든 데이터는 문자열로 처리된다. 그런데 위의 프로그램에서와 같이 입력 받은 최고 기온과 최저 기온에 따라 일교차를 구하기 위해서는 숫자 연산이 필요하다. 따라서 문자열을 숫자로 바꿔주어야 한다.

자바스크립트에서는 문자열을 숫자 데이터 형으로 변경하는 데 Number()를 사용한다.

정수형 숫자 2 vs. 문자열 "2"

2

정수형 숫자 2는 컴퓨터에서는 이진수로 표현되어 00000010와 같은 값을 가진다.

"2"

문자열 "2"는 "2"에 대한 아스키(ASCII) 코드인 00110010의 값을 가진다. ASCII 코드는 'American Standard Code for Information Interchange'의 약어로서 키보드에서 입력되는 문자를 컴퓨터에서 표현하는 데 사용되는 컴퓨터 코드이다.

따라서 컴퓨터에서 정수 2와 문자열 "2"는 전혀 다른 값을 가진 데이터라는 것을 꼭 기억하기 바란다.

# 삼각형 넓이 구하기

다음은 키보드로 삼각형의 밑변의 길이와 높이를 입력받아 넓이를 구하는 프로그램이다.
밑줄 친 부분을 채우시오.

삼각형의 넓이 = 밑변길이 * 높이 / 2

¤ 브라우저 실행 결과

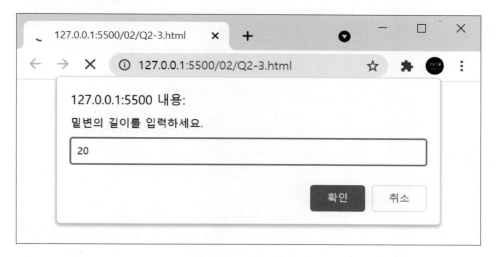

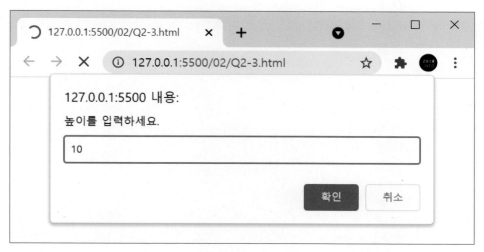

- 밑변의 길이 : 20cm
- 높이 : 10cm
삼각형의 넓이는 100cm2 입니다.

---

```
<script>
    var width = ①_____(prompt("밑변의 길이를 입력하세요."));
    var height = ②_____(prompt("높이를 입력하세요."));

    var ③_____ = width * height / 2;

    document.write("- 밑변의 길이 : " + width + "cm<br>");
    document.write("- 높이 : " + ④_____ + "cm<br>");
    document.write("넓이는 " + area + "cm2 입니다.");
</script>
```

---

정답은 86쪽에서 확인하세요.

| 응용문제 정답 | | | |
|---|---|---|---|
| Q2-1 | ① pay | ② num | ③ change |
| Q2-2 | ① low | ② high | ③ diff |
| Q2-3 | ① Number | ② Number | ③ area ④ height |

2-1. 다음은 배열의 특정 요소를 브라우저 화면에 출력하는 프로그램이다. 실행 결과는 무엇인가?

```
<script>
    var flowers = ["제비꽃", "패랭이", "개나리", "라일락"];
    document.write(flowers[2]);
</script>
```

실행 결과 : _____

2-2. 다음은 산술 연산자에 관한 문제이다. 프로그램의 실행 결과는?

```
<script>
    var x = 1;
    var y = 2;
    var z = 10 + x * y;
    z = z % 10;
    document.write(z);
</script>
```

실행 결과 : _____

2-3. 다음은 할당 연산자에 관한 프로그램이다. 프로그램의 실행 결과는?

```
<script>
    var a = 3;
    var b = 4;
    var c = 5;
    var d;
```

```
    a += 2;
    b %= 2;
    c *= 5;

    d = a + b + c;
    document.write(d);
〈/script〉
```

실행 결과 : _____


2-4. 키보드로 센티미터를 입력받아 인치로 환산하는 프로그램을 작성하시오.

※ 인치 = 센티미터 x 2.54

☼ 브라우저 실행 결과

## 2-5. 키보드로 반지름을 입력받아 원의 넓이를 구하는 프로그램을 작성하시오.

※ 원의 넓이 = 반지름 x 반지름 x 3.14

¤ 브라우저 실행 결과

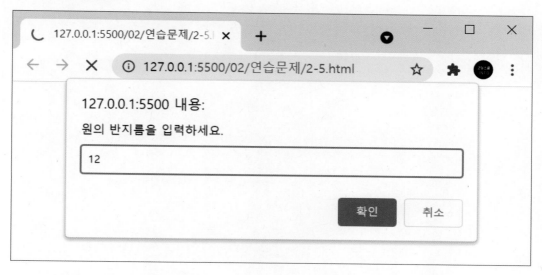

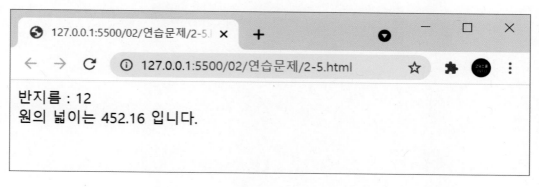

# Chapter 03

# 조건문

조건문은 조건식의 참/거짓에 따라 실행하는 프로그램 코드를 달리 할 때 사용된다. 자바스크립트의 조건문에는 if문과 switch문이 있다. if문은 주어진 조건 상황에 따라 if~ 구문, if~ else~ 구문, if~ else if~ else~ 구문의 세 가지 유형이 존재한다. 이번 장에서는 이 세 가지 if 구문의 기본 구조와 활용법을 익힌다. 또한 switch문의 기본 문법과 활용 방법에 대해서도 배운다.

if문은 조건식이 참인지 거짓인지에 따라 실행하는 코드를 달리하고자 할 때 사용한다.

if문에는 다음과 같은 세 가지 유형의 구문이 존재한다.

❶ if~ 구문

❷ if~ else~ 구문

❸ if~ else if~ else~ 구문

## 3.1.1 if~ 구문

if~ 구문은 조건문에서 if만 사용되는 경우로써 다음과 같은 형태로 사용된다.

```
if (조건식) {
        문장1;
        문장2;
        …
}
```

if 다음에 있는 조건식이 참이면 중괄호({}) 안에 있는 문장1, 문장2, … 들을 수행하게 된다. 반대로 조건식이 거짓인 경우에는 해당 문장들을 수행하지 않는다.

이와 같이 조건문은 조건식의 참 거짓 여부에 따라 특정 코드들이 수행되게 할 수도 있고 수행되지 않게 할 수도 있다.

다음은 if~ 구문을 사용하여 나이에 따라 성인인지를 판별하는 프로그램이다.

```
01  <!DOCTYPE html>
02  <html>
03  <head>
04  <meta charset="UTF-8">
05  </head>
06  <body>
07  <script>
08      var age = 25;
09
10      if (age >= 19) {
11          document.write("성인입니다.");
12      }
13  </script>
14  </body>
15  </html>
```

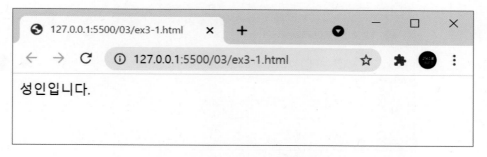

그림 3-1 ex3-1.html의 실행 결과

8행  **var age = 25;**

변수 age에 25를 저장한다.

10~12행   **if (age >= 19) {**

**　　　　　document.write("성인입니다.");**

**　　　}**

변수 age가 25의 값을 가지기 때문에 if문의 조건식 25 >= 19는 참이 된다.

따라서 중괄호({}) 안에 있는 11행의 문장이 실행되어 그림 3-1에서와 같이 '성인입니다.'의 메시지가 브라우저 화면에 출력된다.

정리하면 11행의 문장은 10행의 조건식이 참인 경우에만 수행된다.

만약 다음 예제 3-2에서와 같이 age가 10의 값을 가지는 경우에는 11행의 문장이 수행되지 않는다.

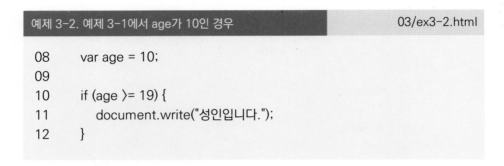

```
08      var age = 10;
09
10      if (age >= 19) {
11          document.write("성인입니다.");
12      }
```
예제 3-2. 예제 3-1에서 age가 10인 경우     03/ex3-2.html

그림 3-2 ex3-2.html의 실행 결과

8행 **var age = 10;**

변수 age에 10을 저장한다.

10~12행 변수 age가 10의 값을 가지기 때문에 조건식 10 >= 19는 거짓이 된다. 조건식이 거짓인 경우에는 중괄호({}) 안에 있는 11행의 문장이 실행되지 않는다.

따라서 그림 3-2에서와 같이 브라우저 화면에는 아무것도 출력되지 않는다.

이번에는 웹 사이트에서 관리자로 판단되는 경우에만 공지 게시판의 글쓰기를 가능하게 하는 방법에 대해 알아보자.

공지게시판에 관리자만 글쓰기를 가능하게 하기 위해 관리자 아이디가 입력되었을 경우에만 글쓰기 버튼을 화면에 보여준다. 반대로 관리자 아이디 외에는 화면에 글쓰기 버튼을 감추어 글쓰기를 불가능하게 만든다.

다음 예제에서는 if문을 이용하여 입력된 아이디가 'admin'인 경우에만 글쓰기 버튼을 보여주고 있다.

| 예제 3-3. 관리자인 경우에만 화면에 글쓰기 버튼 보여주기 | 03/ex3-3.html |
|---|---|

```
01  <!DOCTYPE html>
02  <html>
03  <head>
04  <meta charset="UTF-8">
05  </head>
06  <body>
07  <div id="btn"></div>
08
09  <script>
10    var id = prompt("아이디를 입력하세요.");
11    if (id == "admin") {
12      document.getElementById("btn").innerHTML =
            "<button>글쓰기</button>";
13    }
14  </script>
15  </body>
16  </html>
```

그림 3-3 ex3-3.html의 실행 결과

그림 3-4 그림 3-3에서 admin을 입력한 경우

그림 3-5 그림 3-3에서 'admin' 외의 모든 경우

10행 아이디를 입력받아 변수 id에 저장한다.

11~13행 그림 3-3에서와 같이 'admin'을 입력한 경우에는 if의 조건식이 참이 되어 12
행의 문장이 수행된다. 따라서 그림3-4에서와 같이 브라우저 화면에 글쓰기 버튼이 보여
지게 된다.

※ 12행의 getElementById()와 innerHTML을 이용하여 데이터를 화면에 출력하는 것
에 대해서는 56쪽을 참고하기 바란다.

만약 그림 3-3에서 아이디로 'admin' 외의 다른 아이디가 입력되는 경우에는 if의 조건
식이 거짓이 되어 12행의 문장이 수행되지 않는다. 이러한 경우에는 그림 3-5에서와 같
이 화면에 글쓰기 버튼이 나타나지 않는다.

## 3.1.2 if~ else~ 구문

if~ else~ 구문은 짝수/홀수, 합격/불합격, 수신/비수신, 회원/비회원 등에서와 같이 두
가지 요소의 조건이 존재할 때 사용된다.

if~ else~ 구문의 사용 형식은 다음과 같다.

```
if (조건식) {
        문장1;
        문장2;
        ...
}
else {
        문장A;
        문장B;
        ...
}
```

if의 조건식이 참이면 문장1, 문장2, ...를 수행하고 그렇지 않고 조건식이 거짓이면 else
에 있는 문장A, 문장B, ... 를 수행한다.

if~ else~ 구문을 이용하여 입력된 수가 짝수인지 홀수인지를 판별하는 프로그램을 작성
해 보자.

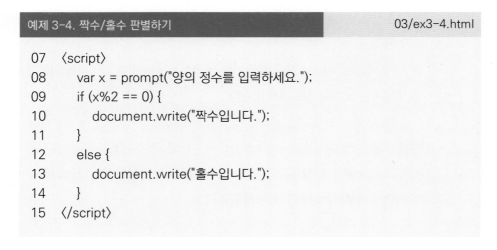

예제 3-4. 짝수/홀수 판별하기          03/ex3-4.html

```
07  <script>
08    var x = prompt("양의 정수를 입력하세요.");
09    if (x%2 == 0) {
10      document.write("짝수입니다.");
11    }
12    else {
13      document.write("홀수입니다.");
14    }
15  </script>
```

그림 3-6 ex3-4.html의 실행 결과

그림 3-7 그림 3-6에서 12를 입력한 경우

8행 양의 정수를 입력받아 변수 x에 저장한다.

9행 **if (x%2 == 0)**

조건식 x%2 == 0은 x를 2로 나눈 나머지가 0인지, 즉 x가 짝수인지를 체크한다. 그림 3-6에서와 같이 입력된 수가 짝수인 경우에는 10행의 문장이 수행되어 그림 3-7에서와 같이 '짝수입니다.'가 화면에 출력된다.

그렇지 않고 9행의 조건식(x%2 == 0)이 거짓인 경우에는 13행의 문장에 의해 '홀수입니다.'가 화면에 출력된다.

위 예에서와 같이 if~ else~ 구문은 조건이 홀수 또는 짝수 두 가지로 나눠지는 경우에 사용된다.

이번에는 '글쓰기 버튼을 화면에 보여줄까요?' 란 물음에 'y'를 입력하면 화면에 '글쓰기' 버튼을 보여주고 그렇지 않은 경우에는 '글수정' 버튼을 보여주는 예제이다.

| 예제 3-5. '글쓰기' 버튼 또는 '글수정' 버튼 보여주기 | 03/ex3-5.html |
|---|---|

```html
06  <body>
07  <div id="btn"></div>
08
09  <script>
10      var show = prompt("글쓰기 버튼을 보여줄까요?");
11      if (show == "y") {
12          document.getElementById("btn").innerHTML =
                "<input type='button' value='글쓰기'>";
13      }
14      else {
15          document.getElementById("btn").innerHTML =
                "<input type='button' value='글수정'>";
16      }
17  </script>
18  </body>
```

그림 3-8 ex3-5.html의 실행 결과

그림 3-9 그림 3-8에서 y를 입력한 경우

그림 3-10 그림 3-8에서 y 외의 값을 입력한 경우

10행  그림 3-8에서와 같이 '글쓰기 버튼을 보여줄까요?' 메시지 다음에 입력되는 값을
변수 show에 저장한다.

11~16행  show의 값이 'y'인 경우에는 12행의 문장을 수행하여 그림 3-9에서와 같이
글쓰기 버튼을 보여준다.

그렇지 않고 'y' 이외의 값이 입력된 경우에는 else에 소속된 15행의 문장이 수행되어 그
림 3-10에서와 같이 글수정 버튼이 화면에 나타나게 된다.

## 3.1.3 if~ else if~ else~ 구문

if~ else if~ else~구문은 2개 이상의 조건이 필요할 때 사용되며 사용 서식은 다음과 같
다.

```
if (조건식1) {
        문장1;
        문장2;
        ...
}
else if (조건식2) {
        문장I;
        문장II;
        ...
}
else if (조건식3) {
        문장i;
        문장ii;
        ...
}
...
else {
        문장A;
        문장B;
        ...
}
```

if의 조건식1이 참이면 문장1, 문장2, ...를 수행하고 if문을 빠져 나간다. 그렇지 않고 else if의 조건식2가 참이면 문장I, 문장II, ... 를 수행하고 if문을 빠져 나간다. 그렇지 않고 else if의 조건식3이 참이면 문장i, 문장ii, ... 를 수행하고 if문을 빠져 나간다.

if와 else if에 주어진 모든 조건식(조건식1, 조건식2, ...)이 거짓이라면 else에 속한 문장들인 문장A, 문장B, ... 를 수행하게 된다.

이와 같이 if~ else if~ else~ 구문은 조건식1, 조건식2, ... 에서와 같이 2개 이상의 조건식이 필요할 때 사용된다.

다음은 if~ else if~ else~ 구문을 이용하여 점수에 따른 학점(표 3-1 참고)을 계산하는 프로그램이다.

**표 3-1** 점수에 따른 학점

| 점수 | 95~100 | 90~94 | 85~89 | 80~84 | 75~79 | 70~74 | 65~69 | 60~64 | 0~59 |
|------|--------|-------|-------|-------|-------|-------|-------|-------|------|
| 학점 | A+ | A | B+ | B | C+ | C | D+ | D | F |

| 예제 3-6. 점수에 따른 학점 표시하기 | 03/ex3-6.html |
|---|---|

```
07   〈script〉
08      var score = prompt("점수를 입력하세요.");
09      if (score〈0 || score〉100) {
10         document.write("점수가 잘못 입력되었습니다!");
11      }
12      else if (score〉=95) {
13         grade = "A+";
14         document.write("점수 : " + score + ", 등급 : " + grade);
15      }
16      else if (score〉=90) {
17         grade = "A";
18         document.write("점수 : " + score + ", 등급 : " + grade);
19      }
```

```
20      else if (score>=85) {
21          grade = "B+";
22          document.write("점수 : " + score + ", 등급 : " + grade);
23      }
24      else if (score>=80) {
25          grade = "B";
26          document.write("점수 : " + score + ", 등급 : " + grade);
27      }
28      else if (score>=75) {
29          grade = "C+";
30          document.write("점수 : " + score + ", 등급 : " + grade);
31      }
32      else if (score>=70) {
33          grade = "C";
34          document.write("점수 : " + score + ", 등급 : " + grade);
35      }
36      else if (score>=65) {
37          grade = "D+";
38          document.write("점수 : " + score + ", 등급 : " + grade);
39      }
40      else if (score>=60) {
41          grade = "D";
42          document.write("점수 : " + score + ", 등급 : " + grade);
43      }
44      else {
45          grade = "F";
46          document.write("점수 : " + score + ", 등급 : " + grade);
47      }
48  </script>
```

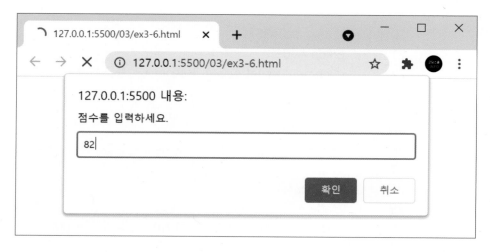

그림 3-11 ex3-6.html의 실행 결과

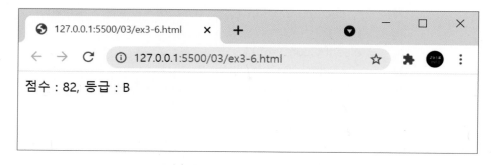

그림 3-12 그림 3-11에서 82를 입력한 경우

8행  점수를 입력받아 변수 score에 저장한다.

9~11행  입력된 점수 score가 0 미만인지 또는 100을 초과하는지를 체크, 즉 점수가 0~100 이외의 값이 입력된 경우에는 10행으로 점수가 잘못 입력되었다는 메시지를 출력한다.

12~43행  else if의 조건식들에서는 60~100 점의 점수에 대해 해당 등급(A+, A, ... D)을 변수 grade에 저장한 다음 그림 3-12에서와 같이 그 결과를 화면에 출력한다.

44~47행  else에 속한 문장(45행과 46행)은 앞에서 사용된 조건식들이 모두 거짓, 즉 점수가 0~59점에 해당되는 경우에 수행된다. 따라서 F 학점에 대한 메시지가 화면에 출력된다.

이번에는 if~ else if~ else~ 구문을 이용하여 월을 입력받아 계절을 표시해주는 프로그램을 작성하여 보자.

표 3-2 월에 따른 계절

| 월 | 3/4/5월 | 6/7/8월 | 9/10/11월 | 12/1/2월 |
|---|---|---|---|---|
| 계절 | 봄 | 여름 | 가을 | 겨울 |

예제 3-7. 월에 따라 계절 표시하기                                    03/ex3-7.html

```
07  <script>
08      var month = Number(prompt("월을 입력하세요."));
09      if (month<1 || month>12) {
10          document.write("월이 잘못 입력되었습니다!");
11      }
12      else if (month>=3 && month<=5) {
13          document.write(month + "월은 봄입니다");
14      }
15      else if (month>=6 && month<=8) {
16          document.write(month + "월은 여름입니다");
17      }
18      else if (month>=9 && month<=11) {
19          document.write(month + "월은 가을입니다");
20      }
21      else {
22          document.write(month + "월은 겨울입니다");
23      }
24  </script>
```

8행  월을 입력받아 숫자로 변환하여 변수 month에 저장한다. Number()는 키보드로 입력되는 데이터를 숫자로 변환하는 데 사용된다.

※ 키보드로 입력되는 데이터는 문자열로 처리되는 데 입력 데이터를 숫자로 처리하려면 Number() 함수를 사용하면 된다. 이에 대해서는 83쪽과 84쪽을 참고하기 바란다.

9~11행  if의 조건식에서는 month의 값이 1미만이거나 12를 초과하게되면 10행을 수행하여 '월이 잘못 입력되었습니다!'란 메시지를 화면에 출력한다.

12~23행  else if와 else를 이용하여 입력된 월에 따른 해당 계절을 출력한다.

그림 3-13 ex3-7.html의 실행 결과

그림 3-14 그림 3-13에서 5를 입력한 경우

**if문의 중첩**

앞의 if문의 세 가지 구문(if~, if~ else~, if~ else if~ else~)은 단독으로 사용될 수도 있지만 경우에 따라서는 이 구문들을 중첩하여 사용하기도 한다.

웹 사이트에서 회원 아이디와 회원 레벨에 따라 콘텐츠에 접근 가능한지를 판정하는 다음과 같은 시나리오를 생각해보자.

> (1) 회원 아이디를 입력 받는다.
> (2) 아이디가 'admin'일 경우에는 콘텐츠에 접근 가능하다는 메시지를 출력하고 프로그램을 종료한다.
> (3) 그렇지 않을 경우에는 회원 레벨을 입력받는다.
> (4) 회원 레벨이 1~7이라면 콘텐츠 접근 가능 메시지를 출력하고 프로그램을 종료한다.
> (5) 그렇지 않을 경우에는 콘텐츠 접근 불가능 메시지를 출력하고 프로그램을 종료한다.

**예제 3-8. if문의 중첩 사용 예**                                    03/ex3-8.html

```
07  <script>
08      var userid = prompt("아이디를 입력하세요.");
09      if (userid == "admin") {
10          document.write("해당 콘텐츠 이용이 가능합니다!");
11      }
12      else {
13          level = level = Number(prompt("회원 레벨을 입력해 주세요 ."));
14          if (level)=1 && level<=7) {
15              document.write("해당 콘텐츠 이용이 가능합니다!");
16          }
17          else {
18              document.write("해당 콘텐츠에 접근할 수 없습니다!");
19          }
20      }
21  </script>
```

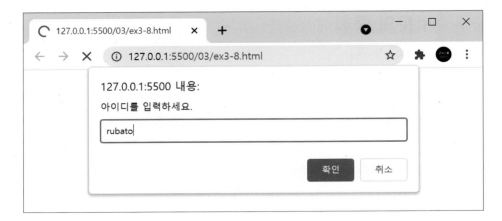

그림 3-15 ex3-8.html의 실행 결과

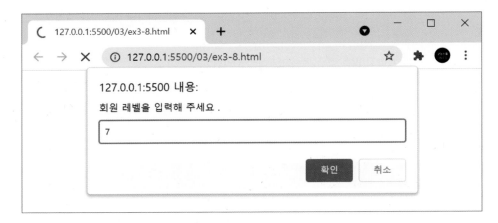

그림 3-16 그림 3-15에서 rubato를 입력한 경우

그림 3-17 그림 3-16에서 7을 입력한 경우

8행  아이디를 입력받아 userid에 저장한다.

9,12행  if~ else~ 구문으로 userid가 'admin'이면 10행의 문장으로 콘텐츠 이용 가능 메시지를 출력하고 그렇지 않으면 13행~19행의 문장들을 수행한다.

13행  회원 레벨을 입력받아 숫자로 변환하여 level에 저장한다.

14~19행  if~ else~ 구문으로 level이 1에서 7사이(7 포함)에 있으면 15행으로 콘텐츠 이용 가능 메시지를 출력하고, 그렇지 않으면 18행으로 콘텐츠 접근 불가능 메시지를 출력한다.

# 영어 소문자 모음/자음 판별하기

다음은 영문 소문자가 모음인지 자음인지를 판별하는 프로그램이다. 밑줄 친 부분을 채우시오.

¤ 브라우저 실행 결과

---

```
<body>
<div id="result"></div>

<script>
   var  ①_____ = "m";
   if (char == "a" || char == "e"  || char == "i"  || char == "o" || char == "u" ) {
       document.getElementById("result").innerHTML = ②_____ + " 은(는)
모음입니다.";
   }
   ③_____ {
       document.getElementById("result").innerHTML = ④_____+ "은(는)
자음입니다.";
   }
</script>
</body>
```

---

정답은 113쪽에서 확인하세요.

# 아르바이트 급료 계산하기

다음은 아르바이트 주간 또는 야간 근무와 근무 시간에 따라 아르바이트 급료를 계산하는 프로그램이다. 밑줄 친 부분을 채우시오.

¤ 브라우저 실행 결과

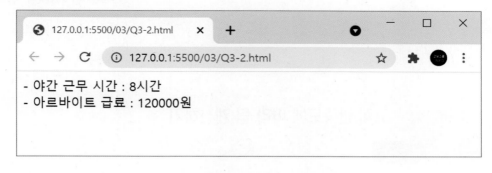

```
<body>
<div id="result"></div>

<script>
    var hour_pay = 10000;   // 시간당 급료
    var ①_____  = 8;     // 근무 시간
    var time = 2;           // 1: 주간 근무, 2: 야간 근무
    var day_night;          // "주간" 또는 "야간"

    if (②_____ == 1) {
        day_night = "주간";
        total_pay = hour_pay * work_time;
    }
    ③_____ {
        day_night = "야간";
        total_pay = hour_pay * work_time * 1.5;
    }
```

```
        var message;
        message = "- " + day_night + " 근무 시간 : " + work_time + "시간<br>";
        message += "- 아르바이트 급료 : " + total_pay + "원";

        document.getElementById("result").innerHTML = message;
    </script>
</body>
```

정답은 113쪽에서 확인하세요.

## 고객 만족도에 따라 팁 계산하기

다음은 음식점 직원 서비스에 대한 고객 만족도에 따라 팁을 계산하는 프로그램이다. 밑줄 친 부분을 채우시오.

※ 팁 계산
- 매우 만족 : 15%
- 만족 : 10%
- 불만족 : 5%

¤ 브라우저 실행 결과

```
<body>
<div id="result"></div>

<script>
    var price = 30000;  // 음식 값
    var service = 2;    // 1: 매우 만족, 2: 만족, 3: 불만족

    if (service == 1) {
        service_result = "매우 만족";
        tip = price * 0.15;
    }
    ①_____ (service == 2) {
        service_result = "만족";
        tip = price * 0.1;
    }
    ②_____ {
        service_result = "불만족";
        tip = price * 0.05;
    }

    var message;
    ③_____ = "- 음식값 : " + price + "원<br>";
    message += "- 서비스 만족도 : " + service_result + "<br>";
    message += "- 팁 : " + tip + "원";

    document.getElementById("④_____").innerHTML = message;
</script>
</body>
```

정답은 113쪽에서 확인하세요.

| 응용문제 정답 | |
|---|---|
| Q3-1 | ① char ② char ③ else ④ char |
| Q3-2 | ① work_time ② time ③ else |
| Q3-3 | ① else if ② else ③ message ④ result |

## 3.3 switch문

switch문은 if문과 같은 류의 조건문인데 변수 값이나 표현식에 따라 수행해야할 코드를 달리할 때 사용한다.

switch문의 사용 형식은 다음과 같다.

```
switch (변수) {
        case 값1 :
                문장1;
                문장2;
                ...
                break;
        case 값2 :
                문장I;
                문장II;
                ...
                break;
        ...
        default :
                문장A;
                문장B;
                ...
}
```

위에서 switch 오른쪽 괄호 안에 있는 변수의 값이 값1이면 문장1, 문장2 , ... 를 수행하고 break에 의해 switch문을 빠져나온다. 만약 변수의 값이 값2이면 문장I, 문장II, ...를 수행하게 된다.

그 외 나머지 모든 경우에는 default에 있는 문장A, 문장B, ...를 수행한다.

다음은 switch문을 이용하여 변수 x가 1인지 2인지를 판별하는 프로그램이다.

예제 3-9. switch문으로 x가 1인지 2인지를 판별하기          03/ex3-9.html

```
07    〈script〉
08      var x = 2;
09
10      switch (x) {
11        case 1:
12          document.write("x의 값은 1입니다.");
13          break;
14        case 2:
15          document.write("x의 값은 2입니다.");
16          break;
17        default:
18          document.write("x의 값은 1 또는 2가 아닙니다.");
19      }
20    〈/script〉
```

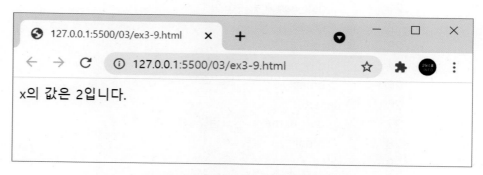

그림 3-18 ex3-9.html의 실행 결과

8행 변수 x에 2를 저장한다.

10~20행 변수 x의 값이 1인 경우에는 12행의 문장을 수행하여 'x의 값은 1입니다.'를 출력하고 switch문을 빠져나간다. x의 값이 2인 경우에는 15행의 문장을 수행하여 'x의 값은 2입니다.'를 출력하고 switch문을 빠져나간다.

변수 x의 값이 1 또는 2 외의 값을 가진 경우에는 17행의 default: 다음에 있는 'x의 값은 1 또는 2가 아닙니다.'를 출력하고 switch문을 빠져나가게 된다.

이번에는 switch문을 이용하여 1~7의 숫자에 대응되는 요일을 표시해주는 프로그램을 작성해보자.

| 예제 3-10. 숫자에 대응되는 요일 표시하기 | 03/ex3-10.html |
|---|---|

```
07  <script>
08    var day = 2;
09    var day_name;
10    switch (day) {
11      case 1:
12        day_name = "일요일";
13        break;
14      case 2:
15        day_name = "월요일";
16        break;
17      case 3:
18        day_name = "화요일";
19        break;
20      case 4:
21        day_name = "수요일";
22        break;
23      case 5:
24        day_name = "목요일";
25        break;
26      case 6:
27        day_name = "금요일";
28        break;
29      case 7:
30        day_name = "토요일";
31        break;
32      default:
33        day_name = "입력 오류";
34    }
35    document.write(day_name + "입니다.");
36  </script>
```

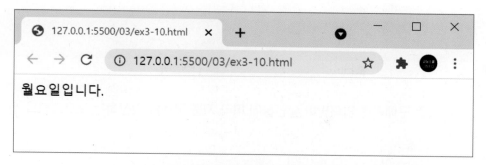

**그림 3-19** ex3-10.html의 실행 결과

10~34행 day의 값에 따라 '일요일', '월요일', '화요일', ... 의 해당 요일을 day_name에 저장한다. 그러나 만약 day의 값이 1~7이 아닌 경우에는 33행의 문장에 의해 '입력 오류'가 day_name에 저장된다.

35행 그림 3-19에서와 같이 해당 요일의 메시지를 화면에 출력한다.

3-1. 물건 구매가를 입력받아 할인율에 따라 지불 금액을 계산하는 프로그램을 작성하시오.

　　※ 할인율
　　- 10000원 이상~50000원 미만 : 5%
　　- 50000원 이상~300000원 미만 : 7.5%
　　- 300000원 이상 : 10%

　　※ 할인 금액
　　할인 금액 = 구매 금액 × (할인율 / 100)

¤ 브라우저 실행 결과

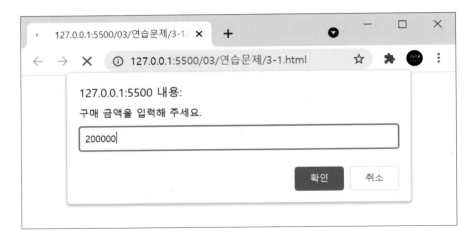

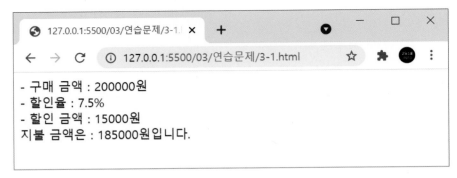

3-2. 물의 온도를 나타내는 단위(섭씨 또는 화씨)와 온도를 입력받아 섭씨 온도에 따라 물 상태를 판별하는 프로그램을 작성하시오.

※ 화씨/섭씨 온도 환산식
섭씨 = (화씨 − 32) x 5/9

※ 물의 상태
- 섭씨 온도 100도 이상 : 기체
- 섭씨 온도 0도 초과 ~ 100도 미만 : 액체
- 섭씨 온도 0도 이하 : 고체

☼ 브라우저 실행 결과

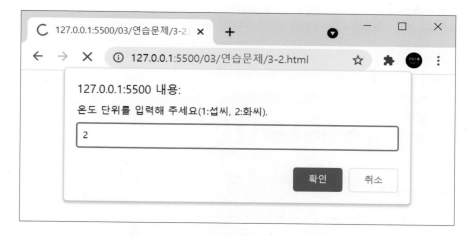

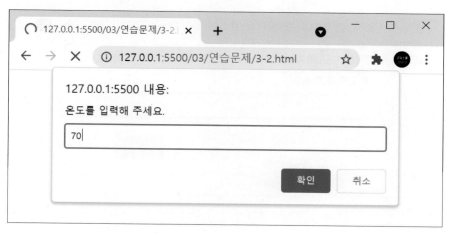

물의 섭씨 온도 : 21.11111111111111도
물의 상태는 액체입니다.

3-3. 키와 몸무게를 입력받아 다이어트 유무를 판정하는 프로그램을 작성하시오.

※ 판정 기준
std = (몸무게 − 100) * 0.9

※ 출력 메시지
– 몸무게가 std 보다 큰 경우
'다이어트가 필요할 수 있습니다!'를 화면에 출력
– 그렇지 않은 경우
'표준(또는 마른) 체형입니다!'를 화면에 출력

☼ 브라우저 실행 결과

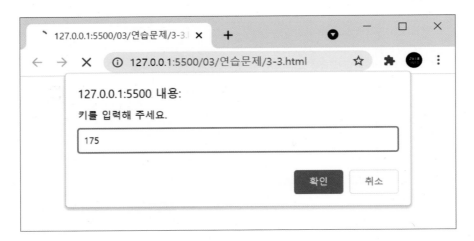

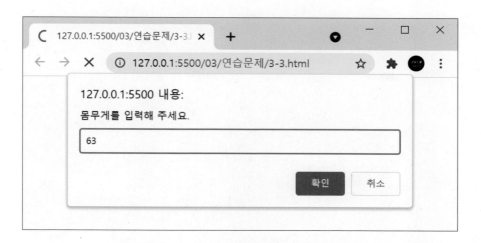

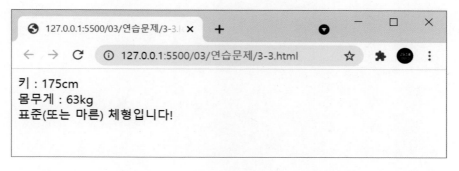

# Chapter 04

# 반복문

반복문은 특정 문장을 반복해서 수행할 때 사용된다. 자바스크립트의 반복문에는 while문, do while문, for문 등이 있다. 이번 장에서는 이러한 반복문들의 기본 구조와 활용법을 익힌다. 반복문이 이중으로 사용되는 이중 for문에 대해서도 배운다. 또한 반복 루프가 진행되는 도중에 루프를 빠져나가게 하는 break문과 해당 반복 수행을 건너뛰는 continue문의 사용법에 대해서도 배운다.

자바스크립트에서 많이 사용하는 반복문에는 while문과 for문이 있다. 먼저 while문의 사용 형식은 다음과 같다.

```
while (조건식) {
        문장1;
        문장2;
        ...
}
```

while문은 조건식이 참인 동안 문장1, 문장2, .... 를 반복 수행한다.

while문의 동작 원리를 알아보기 위해 '안녕하세요.'를 다섯 번 반복 수행하는 다음의 예제를 살펴보자.

| 예제 4-1. '안녕하세요.' 다섯 번 반복 수행 | 04/ex4-1.html |
|---|---|

```
07  <script>
08    var x = 1;              // 초깃값
09
10    while (x <= 5) {        // 조건식
11        document.write("안녕하세요.<br>");
12        x++;                // 증가 또는 감소
13    }
14  </script>
```

8행  **var x = 1;**

변수 x에 1을 저장한다.

10~13행  **while (x <= 5)**

조건식 x <= 5가 참인 동안 중괄호({}) 안에 있는 11행과 12행의 문장을 반복 수행한다. 즉, 각 반복 루프마다 11행의 문장을 수행하여 '안녕하세요.'를 화면에 출력하고 줄 바꿈 한 다음 12행을 수행한다.

그림 4-1 ex4-1.html의 실행 결과

12행  **x++;**

변수 x의 값을 1 증가시킨다.

while문에서는 위 예에서와 같이 조건식에 사용된 변수 x는 그 값이 변화해야 한다. 그렇지 않으면 무한 루프에 빠질 수 있다. 이 점을 꼭 기억하기 바란다.

위의 예제 4-1의 동작을 이해하기 위해 반복 루프에서의 10~13행의 동작 상황을 표로 정리해 보면 다음과 같다.

표 4-1 예제 4-1(10~13행)의 반복 루프

| 반복 루프 | 조건식 : x <= 5 | x++ | 설명 |
|---|---|---|---|
| 1번째 | 1 <= 5 : 참 | 2 | 11행으로 '안녕하세요'를 출력 |
| 2번째 | 2 <= 5 : 참 | 3 | 11행으로 '안녕하세요'를 출력 |
| 3번째 | 3 <= 5 : 참 | 4 | 11행으로 '안녕하세요'를 출력 |
| 4번째 | 4 <= 5 : 참 | 5 | 11행으로 '안녕하세요'를 출력 |
| 5번째 | 5 <= 5 : 참 | 6 | 11행으로 '안녕하세요'를 출력 |
| 6번째 | 6 <= 5 : 거짓 | x의 값이 6일 때 조건식이 거짓이 되어 반복 루프를 빠져 나감 | |

이번에는 while문을 이용하여 1에서 10까지의 정수 합계를 구하는 프로그램을 작성하여 보자.

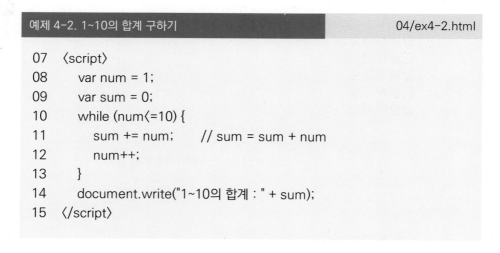

```
07   ⟨script⟩
08      var num = 1;
09      var sum = 0;
10      while (num⟨=10) {
11         sum += num;       // sum = sum + num
12         num++;
13      }
14      document.write("1~10의 합계 : " + sum);
15   ⟨/script⟩
```

그림 4-2 ex4-2.html의 실행 결과

8행 변수 num에 1을 저장한다.

9행 누적 합계를 나타내는 변수 sum의 값을 0으로 초기화한다.

10행 num이 10보다 작거나 같은 동안 11행과 12행을 반복 수행한다.

11행 sum에 num의 값을 더해서 누적합을 구한다.

12행 num의 값을 1 증가시킨다.

14행 앞에서 배운 문자열 연결 연산자를 이용하여 최종 누적 합계 sum의 값을 그림 4-2에서와 같이 출력한다.

if문과 while문을 이용하여 1~100까지의 정수 중에서 3의 배수인 수의 합계를 구하는 다음의 예제를 살펴보자.

| 예제 4-3. 3의 배수의 합계 구하기 | 04/ex4-3.html |
|---|---|

```
07   <script>
08      var num = 1;
09      var sum = 0;
10      while (num<=100) {
11         if (num%3 == 0) {
12            sum += num;      // sum = sum + num
13         }
14         num++;
15      }
16      document.write("1~100의 3의 배수의 합계 : " + sum);
17   </script>
```

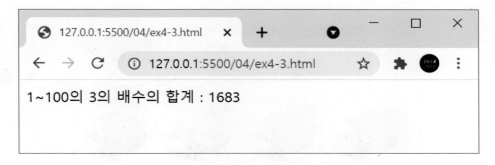

그림 4-3 ex4-3.html의 실행 결과

위의 예제 4-3은 예제 4-2와 같은 방식으로 동작하는데 3의 배수의 합계를 구하기 위해 11~13행에서 if문이 사용된다.

11~13행 if문의 조건식 num%3==0이 참일 때만 12행에 의해 sum에 num 값을 더한다. 즉, if문을 이용하여 num이 3의 배수일 경우에만 누적 합계를 구하게 된다.

while문을 이용하여 웹 페이지에 이미지를 반복해서 네 장 삽입하는 다음의 프로그램을 살펴보자.

| 예제 4-4. 이미지 반복 삽입하기 | 04/ex4-4.html |
| --- | --- |

```
06  <body>
07  <div id="result"></div>
08  <script>
09    var contents = "";
10    var n = 1;
11    while (n<=4) {
12      contents += "<img src='img/fish1.jpg'>";
13      n++;
14    }
15    document.getElementById("result").innerHTML = contents;
16  </script>
17  </body>
```

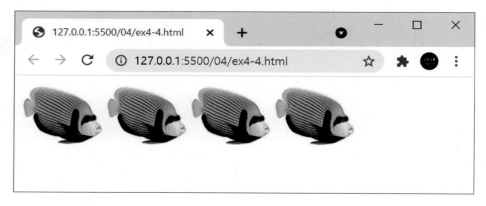

그림 4-4 ex4-4.html의 실행 결과

9행 12행에서 이미지를 삽입할 때 사용되는 문자열 contents을 빈 문자열, 즉 ""로 초기화한다.

빈 문자열 ""는 컴퓨터 용어로 'NULL'이라고 한다.

<span></span>

**TIP** 널(NULL)이란?

컴퓨터에서 NULL은 값이 없는 것을 의미한다. NULL은 ""(쌍 따옴표(")를 공백없이 붙여씀)의 표기를 사용한다.

NULL은 0이나 공백(" ")과는 다르다. 0은 정수 0의 값을 가진다는 것을 의미하고, 공백(" ")은 키보드의 스페이스 바로 입력하는 공백 문자를 의미한다.

---

**11~14행** while 루프에서 n은 1~4의 값을 가진다. 따라서 반복 루프에서 12행과 13행을 네 번 수행한다.

**12행** 문자열 contents에 이미지를 삽입하는 코드인 〈img src='img/fish1.jpg'〉를 붙여서 연결하여 다시 contents에 저장한다.

이렇게 함으로써 while 반복루프가 끝나면 contents는 다음과 같은 값을 가지게 된다.

> 〈img src='img/fish1.jpg'〉〈img src='img/fish1.jpg'〉〈img src='img/fish1.jpg'〉〈img src='img/fish1.jpg'〉

**15행** 7행의 아이디 result에 이미지를 삽입하는 HTML 코드 값을 가지고 있는 contents를 삽입한다. 따라서 그림 4-4에서와 같이 웹 페이지에 이미지(fish1.jpg)가 네 번 삽입된다.

**TIP** 따옴표 안에 따옴표 사용하기

예제 4-4의 12행에서와 같이 따옴표(" 또는 ') 안에 따옴표를 사용할때에는 다음과 같은 세 가지 방법 중에 하나를 사용하면 된다.

(1) "〈img src='img/fish1.jpg'〉"

(2) "〈img src=\"img/fish1.jpg\"〉"

(3) '〈img src="img/fish1.jpg"〉'

---

그림 4-4에서는 while문을 이용하여 웹 페이지에 이미지를 네 번 반복 삽입하는 방법에 대해 공부하였다. 이번에는 두 장의 이미지를 교대로 삽입하는 방법에 대해 알아보자.

| 예제 4-5. 이미지 교대로 반복 삽입하기 | 04/ex4-5.html |
|---|---|

```
<body>
07  <div id="result"></div>
08  <script>
09    var contents = "";
10    var n = 1;
11    while (n<=6) {
12      if (n%2 == 1) {
13        contents += "<img src='img/image1.png'>";
14      }
15      else {
16        contents += "<img src='img/image2.png'>";
17      }
18      n++;
19    }
20    document.getElementById("result").innerHTML = contents;
21  </script>
22  </body>
```

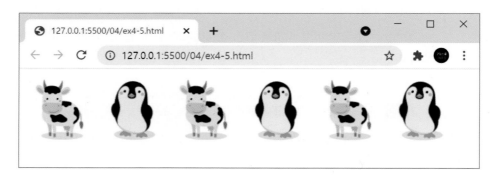

그림 4-5 ex4-5.html의 실행 결과

예제 4-5는 예제 4-4와 거의 동일한데 12~17행에서 if~ else~ 구문을 이용하여 n의 값이 홀수인 경우, 즉 n%2가 1인 경우에는 image1.png를 삽입하고 그렇지 않은 경우에는 image2.png를 삽입한다.

이번에는 while문과 〈table〉 태그를 이용하여 웹 페이지에 게시판 글 목록을 만드는 방법을 익혀보자.

| 예제 4-6. 게시판 글 목록 만들기 | 04/ex4-6.html |
| --- | --- |

```
06  <body>
07  <div id="result"></div>
08  <script>
09    var contents = "";
10    contents +="<table border='1'>";
11    contents +="<tr><th>번호</th><th>제목</th><th>일자</th></tr>";
12
13    var n = 1;
14    while (n<=3) {
15      contents +="<tr><td>"+ n + "</td>
                    <td>안녕하세요.</td><td>12-07</td></tr>";
16      n++;
17    }
18
19    contents +="</table>";
20    document.getElementById("result").innerHTML = contents;
21  </script>
22  </body>
```

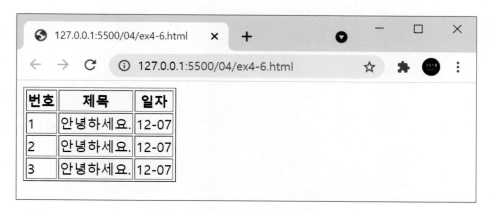

그림 4-6 ex4-6.html의 실행 결과

9행 contents를 빈 문자열("")로 초기화한다.

10,11행 contents에 표의 상단에 들어가는 다음의 HTML 코드를 문자열로 연결하여
저장한다.

```
<table border='1'>
<tr><th>번호</th><th>제목</th><th>일자</th></tr>
```

14~17행 while 루프에서 n은 1에서 3의 값을 가지며 15행과 16행이 세 번 반복 수행
된다.

15행 문자열 contents에 다음과 같은 문자열을 덧붙여서 연결한다.

```
"<tr><td>"+ n + "</td><td>안녕하세요.</td><td>12-07</td></tr>"
```

20행 7행의 아이디 result에 contents를 삽입한다.

이렇게 함으로써 그림 4-6에서와 같이 웹 페이지에 게시판 글 목록을 표시할 수 있다.

## 이미지 파일 자동 삽입하기

다음은 while문을 이용하여 다섯 개의 이미지 파일(image1.png, image2.png, image3.png, image4.png, image5.png)을 웹 페이지에 자동으로 삽입하는 프로그램이다. 밑줄 친 부분을 채우시오.

¤ 브라우저 실행 결과

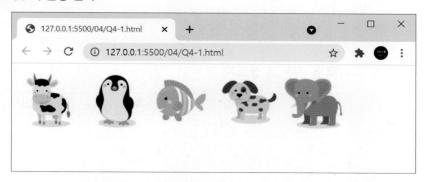

```
<body>
<div id="result"></div>
<script>
    var contents = "";
    var num = 1;
    var file_name;

    while (num<=5) {
        file_name = "img/image" + ①_____ + ".png";
        contents += "<img src='" + ②_____ + "'>";
        num++;
    }
    document.getElementById("result").innerHTML = ③_____;
</script>
</body>
```

정답은 150쪽에서 확인하세요.

# 지역별 기온과 일교차 표 만들기

다음은 while문을 이용하여 지역별 기온과 일교차를 나타내는 표를 만드는 프로그램이다.
밑줄 친 부분을 채우시오.

¤ 브라우저 실행 결과

```
<body>
<div id="result"></div>
<script>
    var city =["서울", "부산",  "인천", "대전", "광주"];
    var low_temp =[10, 11, 12, 10, 13];
    var high_temp =[27, 26, 28, 28, 26];

    var contents = "";
    contents += "<h3>지역별 기온과 일교차</h3>"
    contents +="<table>";
    contents +="<tr><th>지역</th><th>최저기온</th><th>최고기온</th><th>일교차
</th></tr>";
```

```
    var i = 0;
    while (i<=①_____ ) {
        diff  = high_temp[i] - ②_____;

        contents +="<tr>";
        contents += "<td>"+ city[i] + "</td>";
        contents += "<td>"+ low_temp[i] + "</td>";
        contents += "<td>"+ high_temp[i] + "</td>";
        contents += "<td>"+ diff + "</td>";
        contents +="</tr>";

        i++;
    }

    contents +="</table>";
    document.getElementById("result").innerHTML = ③_____;
</script>
</body>
```

정답은 150쪽에서 확인하세요.

※ 위 프로그램 소스에서 사용된 변수 city, low_temp, high_temp는 배열이라고 부른다. 배열에 대해서는 66쪽과 67쪽의 설명을 참고하기 바란다. 그리고 high_temp[i]는 배열 high_temp에서 i번째 인덱스가 가리키는 요소를 의미한다.

배열을 다루는 Array 객체에 대해서는 7장의 237~246쪽에서 자세히 설명할 것이다.

**do while문**

do while문은 while문과는 달리 조건식이 중괄호 다음에 위치한다.

```
do {
        문장1;
        문장2;
        ...
} while (조건식)
```

do의 중괄호({}) 다음에 있는 문장1, 문장2, .... 를 수행한다. 그리고 나서 while의 조건식이 참인 동안 문장1, 문장2, ... 를 반복 수행한다.

do while문과 while문의 차이점을 알면 쉽게 do while문을 이해할 수 있다. 다음의 예제 4-7(while문 사용)과 예제 4-8(do while문 사용)의 프로그램을 서로 비교해보자.

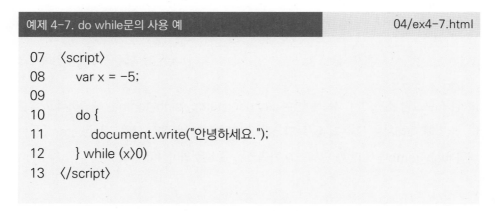

| 예제 4-7. do while문의 사용 예 | 04/ex4-7.html |

```
07   <script>
08     var x = -5;
09
10     do {
11        document.write("안녕하세요.");
12     } while (x>0)
13   </script>
```

그림 4-7 ex4-7.html의 실행 결과

위의 do while문에서는 11행이 무조건 한 번 이상은 수행된다. 그리고나서 12행의 조건식, 즉 −5〉0이 거짓이기 때문에 do while문의 루프를 빠져나온다.

따라서 그림 4-7에서와 같이 '안녕하세요.'가 화면에 한 번 출력된다.

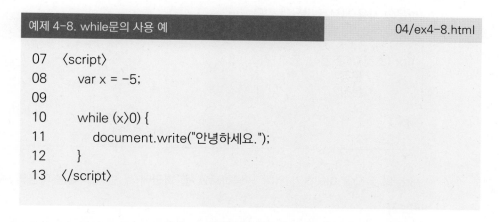

예제 4-8. while문의 사용 예                                    04/ex4-8.html

```
07  <script>
08    var x = -5;
09
10    while (x>0) {
11      document.write("안녕하세요.");
12    }
13  </script>
```

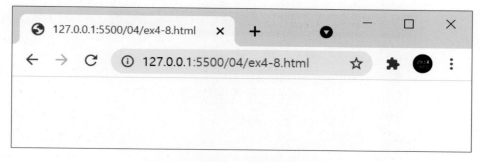

그림 4-8 ex4-8.html의 실행 결과

위의 while문에서 조건식, 즉 −5〉0이 거짓이기 때문에 11행의 문장은 수행되지 않는다. 따라서 그림 4-8에 나타난 것과 같이 화면에 아무것도 출력되지 않는다.

정리하면 do while문에서는 조건식의 참/거짓과 관련없이 do 다음에 소속된 문장들이 무조건 한번 이상은 수행된다는 점이 while문과 다르다.

## 4.3 for문

for문은 while문과 마찬가지로 프로그램에서 많이 사용된다.

for문의 사용 서식은 다음과 같다.

```
for (초깃값; 조건식; 증가_감소;) {
        문장1;
        문장2;
        …
}
```

for문의 동작을 이해하기 위해 '안녕하세요.'를 화면에 세 번 출력하는 다음의 예제를 살펴보자.

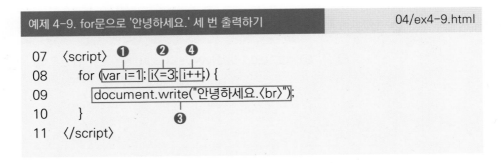

그림 4-9 ex4-9.html의 실행 결과

❶ i의 값을 1로 초기화한다.

❷ 조건식 i<=3에서 i는 1의 값을 가진다. 즉, 1<=3는 참이된다. 따라서 ❸의 문장을 수행한다.

❸ 그림 4-9의 첫 번째 줄에 '안녕하세요.'를 출력한다.

❹ i의 값을 1 증가시킨다. i의 값이 2가 된다.

❷ 2<=3는 참이 된다. ❸의 문장을 수행한다.

❸ 그림 4-9의 두 번째 줄에 '안녕하세요.'를 출력한다.

❹ i의 값이 1 증가하여 3이 된다.

❷ 3<=3는 참이 된다. ❸의 문장을 수행한다.

❸ 그림 4-9의 세 번째 줄에 '안녕하세요.'를 출력한다.

❹ i의 값이 1 증가하여 4가 된다.

❷ 4<=3는 거짓이기 때문에 for 루프를 빠져나간다.

for문의 진행 순서는 다음과 같다.

❶ → ❷ → ❸ → ❹ → ❷ → ❸ → ❹ → ❷ → ❸ → ❹

정리하면 ❶의 변수 초기화는 한 번만 수행되고 ❷ ~ ❹가 반복 수행된다. for 루프가 진행되는 동안 ❷의 조건식이 거짓이 되는 순간 반복 루프를 빠져나간다.

이번에는 for문을 이용하여 1~100의 짝수 합계를 구하는 프로그램을 작성해보자.

| 예제 4-10. for문으로 1~100의 짝수 합계 구하기 | 04/ex4-10.html |
|---|---|

```
07  <script>
08    var sum = 0;
09    for (var i=1; i<=100; i++) {
10      if (i%2 == 0) {
11        sum += i;
12      }
13    }
14    document.write("1~100의 짝수 합계 : " + sum);
15  </script>
```

그림 4-10 ex4-10.html의 실행 결과

9행  i는 1부터 100까지 1씩 증가하면서 10~12행의 문장들을 반복적으로 수행한다.

10~12행  i가 짝수, 즉 i%2가 0일 때만 11행에 의해 누적 합계를 구한다.

14행  그림 4-10에서와 같이 1~100의 짝수 합계를 나타내는 변수 sum의 값을 출력한다.

이번에는 for문과 CSS를 이용하여 글자를 다양한 색상으로 꾸미는 방법에 대해 알아보자.

| 예제 4-11. for문으로 글자 색상 꾸미기 | 04/ex4-11.html |
|---|---|

```
07   <script>
08     var color = ["red", "green", "blue", "yellow", "skyblue"]
09     for (var i=0; i<=4; i++) {
10       document.write("<span style='color:" + color[i] + "'>안녕하세요.
            </span>");
11     }
12   </script>
```

그림 4-11 ex4-11.html의 실행 결과

**8행** 변수 color를 "red", "green", "blue", "yellow", "skyblue"를 요소로 하는 배열로 만든다.

**9행** for 루프에서 i는 0부터 4까지의 값(1씩 증가)을 가진다. 변수 i는 10행의 배열 color의 인덱스로써 사용된다. 예를 들어 i의 값이 0일 때 color[i]는 color[0]이 되어 8행에서 생성된 color 배열의 첫 번째 요소 값 'red'를 의미한다.

※ 배열에 대한 자세한 설명은 66쪽과 67쪽의 설명을 참고하기 바란다. 배열을 다루는 Array 객체에 대해서는 7장의 237~246쪽에서 자세히 설명할 것이다.

**10행** 첫 번째 반복에서의 i 값은 0이다. 따라서 document.write() 안에 있는 문자열은 다음과 같다.

〈span style='color:" + color[0] + "'〉안녕하세요.〈/span〉
　　　　　　　　　　　　　｜
　　　　　　　　　　　　 red

color[0]의 값은 "red"이기 때문에 위의 문자열은 다음과 같다.

〈span style='color:red'〉안녕하세요.〈/span〉

따라서 그림 4-11의 빨간색 '안녕하세요.'를 화면에 출력한다.

같은 방식으로 for 루프에서 i의 값이 1, 2, 3, 4일 때 10행의 color[i]는 각각 'green', 'blue', 'yellow', 'skyblue'의 값을 가지게 되어 그림 4-11의 나머지 네 가지 색의 '안녕하세요.' 가 화면에 출력된다.

## 4.4 이중 for문

for문은 종종 for 루프 안에 또 다른 for 루프를 포함하기도 한다. 이를 이중 for문이라고 한다. 다음의 구구단표를 만드는 과정을 통하여 이중 for문의 사용법을 익혀보자.

| 예제 4-12. 이중 for문으로 구구단표 만들기 | 04/ex4-12.html |
|---|---|

```
07    〈script〉
08      for (var i=2; i〈=9; i++) {
09        for (var j=1; j〈=9; j++) {
10          document.write(i + " x " + j + " = " + (i*j) + "〈br〉");
11        }
12      }
13    〈/script〉
```

화면이 잘렸으나 실제
는 9단까지 출력됨

**그림 4-12** ex4-12.html의 실행 결과

8행에서 i의 초깃값은 2이다. 조건식 2〈=9는 참이기 때문에 내부 for 루프인 9~11행이 수행된다. 이 내부 for 루프에서 그림 4-12에 나타난 2단 구구단표를 출력한다. 그리고 다시 8행으로 돌아간다.

이번에는 8행이 수행될 때 i의 값은 1만큼 증가한 3의 값을 가진다. 여기서도 9~11행의 내부 for문에 의해 3단 구구단표가 출력된다.

이와 같은 방식으로 그림 4-12에서와 같이 전체 구구단표를 화면에 표시한다.

이번에는 이중 for문으로 다음과 같은 별표(*)를 화면에 찍는 프로그램을 작성해보자.

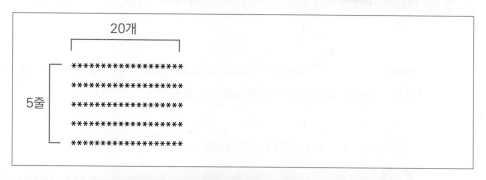

예제 4-13. 이중 for문으로 별표(*) 찍기             04/ex4-13.html

```
07   <script>
08     for (var i=1; i<=5; i++) {
09       for (var j=1; j<=20; j++) {
10         document.write("*");
11       }
12       document.write("<br>");
13     }
14   </script>
```

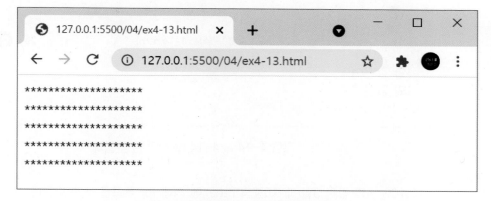

그림 4-13 ex4-13.html의 실행 결과

8행의 변수 i는 그림 4-13에서 각각의 줄을 의미한다. 그리고 9~11행의 내부 for 루프에서 j는 각 줄에 별표(*) 20개를 찍는 데 사용된다.

12행의 document.write("<br>")은 하나의 줄에서 별표(*) 20개를 다 찍으면 줄 바꿈을 해주는 역할을 한다.

## 4.5 break문

break문을 이용하면 while문이나 for문과 같은 반복문에서 반복 루프를 수행되는 도중 특정 조건을 만족시킬 때 루프를 빠져나갈 수 있다.

다음의 예를 통해 break문의 동작 원리를 이해하여 보자.

| 예제 4-14. break문의 사용 예 | 04/ex4-14.html |
|---|---|

```
07  〈script〉
08    for (var i=1; i<=5; i++) {
09      if (i == 3) {
10        break;
11      }
12      document.write("i의 값은 " + i + "〈br〉");
13    }
14  〈/script〉
```

그림 4-14 ex4-14.html의 실행 결과

9,10행  i의 값이 3일 때 10행의 break에 의해 for 루프를 빠져 나간다. 따라서 그림 4-14에 나타난 것과 같이 12행에 의해 출력되는 i의 값은 2까지만 화면에 표시된다.

## 4.6 continue문

continue문은 while이나 for문과 같은 반복문에서 반복 루프를 진행 중에 특정 조건을 만족하면 하나의 반복을 건너 뛰고 그 다음 반복 루프를 그대로 진행하는 데 사용된다.

다음은 앞의 break문 예제와 유사한 프로그램이다. 여기서는 break 대신 continue가 사용되고 있다.

| 예제 4-15. continue문의 사용 예 | 04/ex4-15.html |
|---|---|

```
07  <script>
08    for (var i=1; i<=5; i++) {
09      if (i == 3) {
10        continue;
11      }
12      document.write("i의 값은 " + i + "<br>");
13    }
14  </script>
```

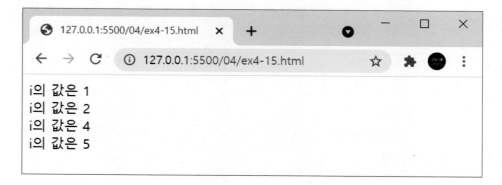

그림 4-15 ex4-15.html의 실행 결과

9,10행  i의 값이 3일 때는 continue에 의해 12행을 수행하지 않고 반복 루프가 진행되기 때문에 그림 4-15에 나타난 것과 같이 i의 값이 3인 경우에는 그 값이 화면에 출력되지 않는다.

# 길이 단위 환산표 만들기

다음은 for문을 이용하여 길이 단위 환산표를 만드는 프로그램이다. 밑줄 친 부분을 채우시오.

¤ 브라우저 실행 결과

| 센터미터(cm) | 미리(mm) | 미터(m) | 인치(inch) |
|---|---|---|---|
| 10 | 100.00 | 0.10 | 3.94 |
| 20 | 200.00 | 0.20 | 7.87 |
| 30 | 300.00 | 0.30 | 11.81 |
| 40 | 400.00 | 0.40 | 15.75 |
| 50 | 500.00 | 0.50 | 19.68 |

```
<body>
<div id="result"></div>
<script>
    var contents;
    var cm, mm, m, inch;

    contents = "<h3>길이 단위 환산표</h3>"
    contents += "<table>";
    contents += "<tr><th>센터미터(cm)</th><th>미리(mm)</th>";
    contents += "<th>미터(m)</th><th>인치(inch)</th></tr>";
```

```
for (①_____; ②_____; ③_____) {
    mm = cm * 10.0;
    m  = cm * 0.01;
    inch = cm * 0.3937;

    mm = mm.toFixed(2);
    m = m.toFixed(2);
    inch = inch.toFixed(2);

    contents += "〈tr〉";
    contents += "〈td〉" + cm + "〈/td〉";
    contents += "〈td〉" + mm + "〈/td〉";
    contents += "〈td〉" + m + "〈/td〉";
    contents += "〈td〉" + inch + "〈/td〉";
    contents += "〈/tr〉";
}
contents +="④_____";

document.getElementById("result").innerHTML = ⑤_____;
〈/script〉
〈/body〉
```

정답은 150쪽에서 확인하세요.

---

**TIP**  toFixed() 함수 ──────────────────────────────

위의 프로그램에서 변수 mm, m, inch에 대해 사용된 toFixed() 함수는 실수 값에서 소수점 이하 특정 자리수까지의 값을 구하는 데 사용된다. toFixed(2)는 소수점 둘째 자리(소수점 셋째 자리에서 반올림)까지의 값을 구한다.

따라서 mm.toFixed(2), m.toFixed(2), inch.toFixed(2)는 각각 변수 mm, m, inch의 실수 값에서 소수점 이하 둘째 자리까지 구한다.

---

# 별표(*)로 역삼각형 모양 만들기

다음은 이중 for문을 이용하여 별표(*)로 역삼각형 모양을 만드는 프로그램이다. 밑줄 친 부분을 채우시오.

¤ 브라우저 실행 결과

```
127.0.0.1:5500/04/Q4-4.html        ×    +

←  →  C      ①  127.0.0.1:5500/04/Q4-4.html        ☆  ﹡

********
 *******
  ******
   *****
    ****
     ***
      **
       *
```

```
<body>
<div id="result"></div>
<script>
    var contents = "";

    for (var i=1; i<=10; i++) {
        for (var j=1; j<=①_____; j++) {
            contents += " ";   //   는 공백(" ")을 나타냄
        }
        for (var j=1; j<=②_____; j++) {
            contents += "*";
        }
        contents += "<br>";
    }
```

```
    document.getElementById("result").innerHTML = contents;
〈/script〉
〈/body〉
```

정답은 150쪽에서 확인하세요.

## 이중 for문으로 구구단표 만들기

다음은 이중 for문을 이용하여 구구단표를 만드는 프로그램이다. 밑줄 친 부분을 채우시오.

¤ 브라우저 실행 결과

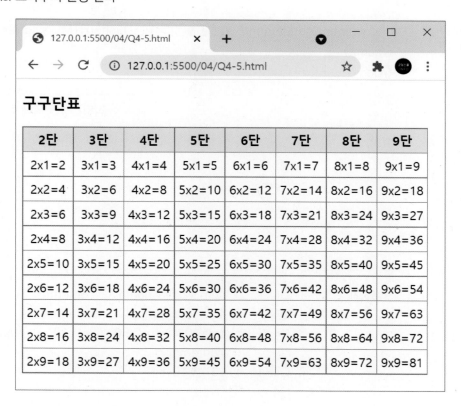

구구단표

| 2단 | 3단 | 4단 | 5단 | 6단 | 7단 | 8단 | 9단 |
|------|------|------|------|------|------|------|------|
| 2x1=2 | 3x1=3 | 4x1=4 | 5x1=5 | 6x1=6 | 7x1=7 | 8x1=8 | 9x1=9 |
| 2x2=4 | 3x2=6 | 4x2=8 | 5x2=10 | 6x2=12 | 7x2=14 | 8x2=16 | 9x2=18 |
| 2x3=6 | 3x3=9 | 4x3=12 | 5x3=15 | 6x3=18 | 7x3=21 | 8x3=24 | 9x3=27 |
| 2x4=8 | 3x4=12 | 4x4=16 | 5x4=20 | 6x4=24 | 7x4=28 | 8x4=32 | 9x4=36 |
| 2x5=10 | 3x5=15 | 4x5=20 | 5x5=25 | 6x5=30 | 7x5=35 | 8x5=40 | 9x5=45 |
| 2x6=12 | 3x6=18 | 4x6=24 | 5x6=30 | 6x6=36 | 7x6=42 | 8x6=48 | 9x6=54 |
| 2x7=14 | 3x7=21 | 4x7=28 | 5x7=35 | 6x7=42 | 7x7=49 | 8x7=56 | 9x7=63 |
| 2x8=16 | 3x8=24 | 4x8=32 | 5x8=40 | 6x8=48 | 7x8=56 | 8x8=64 | 9x8=72 |
| 2x9=18 | 3x9=27 | 4x9=36 | 5x9=45 | 6x9=54 | 7x9=63 | 8x9=72 | 9x9=81 |

```
<body>
<div id="result"></div>
<script>
    var contents = "";
    contents += "<h3>구구단표</h3>"
    contents +="①_____";
    contents +="<tr><th>2단</th><th>3단</th><th>4단</th><th>5단</th>";
    contents +="<th>6단</th><th>7단</th><th>8단</th><th>9단</th></tr>";

    for (var j=1; j<=9; j++) {
        contents +="<tr>";
        for (var i=2; i<=9; i++) {
            contents += "<td>"+ i + "x" + j + "=" + (②_____) + "</td>";
        }
        contents +="③_____";
    }
    contents +="</table>";

    document.getElementById("④_____").innerHTML = contents;
</script>
</body>
```

정답은 150쪽에서 확인하세요.

| 응용문제 정답 | | |
|---|---|---|
| Q4-1 | ① num ② file_name ③ contents | |
| Q4-2 | ① 4 ② low_temp[i] ③ contents | |
| Q4-3 | ① cm=10 ② cm<=50 ③ c+=10 ④ </table> | |
| | ⑤ contents | |
| Q4-4 | ① 10 ② 10-i | |
| Q4-5 | ① <table> ② i*j ③ </tr> ④ result | |

4-1. for문을 이용하여 섭씨에서 화씨로 변환하는 프로그램을 작성하시오.

※ 섭씨/화씨 환산식
화씨 = 섭씨 x 9/5 + 32

¤ 브라우저 실행 결과

4-2. 1번과 동일한 프로그램을 while문을 이용하여 프로그램을 작성하시오.

※ 웹 브라우저 실행 결과는 1번의 결과와 동일함.


4-3. while문을 이용하여 1에서 100까지의 정수 중에서 홀수 합계를 구하는 프로그램을 작성하시오.

¤ 브라우저 실행 결과

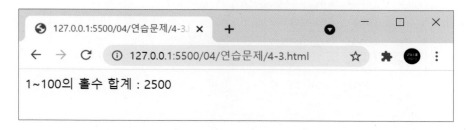

4-4. for문을 이용하여 100에서 120까지의 정수 중에서 3의 배수가 아닌 수의 누적 합계를
출력하는 프로그램을 작성하시오.

○ 브라우저 실행 결과

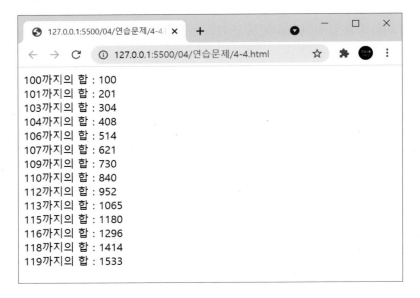

4-5. for문을 이용하여 무게 단위 환산표를 만드는 프로그램을 작성하시오.

　　※ 무게 단위 환산식
　　　　그램 = 킬로그램 x 1000;
　　　　파운드 = 킬로그램 x 2.204623;
　　　　온스 = 킬로그램 x 35.273962;

　　○ 브라우저 실행 결과

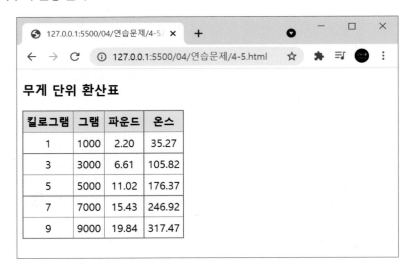

4-6. 이중 for문을 이용하여 별표(*)로 평행사변형 모양을 만드는 프로그램을 작성하시오.

　　♀ 브라우저 실행 결과

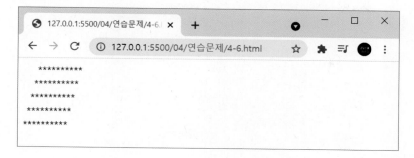

4-7. 이중 for문을 이용하여 숫자를 다음과 같은 형태로 출력하는 프로그램을 작성하시오.

　　♀ 브라우저 실행 결과

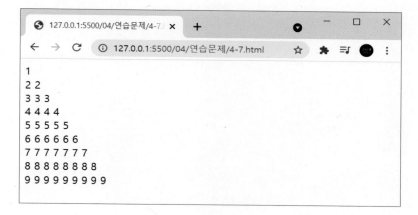

4-8. 7번과 유사한 프로그램인데 역삼각형 형태로 출력하는 프로그램을 작성하시오.

　　♀ 브라우저 실행 결과

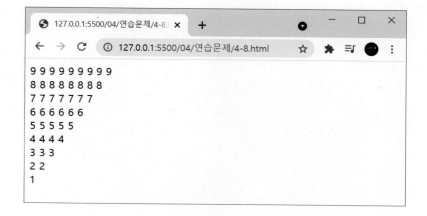

# Chapter 05

# 함수

자바스크립트 함수는 그 기능이 자체에 내장되어 있는 내장 함수와 사용자가 직접 함수를 정의하여 사용하는 사용자 함수로 나뉜다. 이 장에서는 사용자 함수를 정의하고 호출하는 방법에 대해 알아본다. 호출하는 함수에서 변수나 데이터를 정의 함수에 전달하는 매개변수와 정의 함수에서 얻어진 결과 값을 호출 함수에 돌려주는 방법에 대해서도 익힌다. 마지막으로 지역 변수와 전역 변수의 개념을 이해하고 실제 프로그램에서 활용하는 방법을 익힌다.

컴퓨터 프로그래밍 언어에서 함수는 영어로 'function'이라고 한다. function은 '기능', '역할'이라는 의미이다. 쉽게 말해 함수는 어떤 역할을 수행하는 것을 말한다.

이미 앞선 장에서 여러 함수를 사용하였다. 예를 들어 2장에서는 키보드로 데이터를 입력받을 때 prompt() 함수를 사용하였다. prompt() 함수는 자바스크립트에서 키보드로 입력되는 데이터를 변수에 저장하는 역할을 한다. 그리고 alert() 함수는 컴퓨터 화면에 경고 창을 띄우는 역할을 한다.

또한 2장에서 키보드에서 입력 받은 문자열을 숫자 데이터로 변환하는 데 사용한 Number() 함수는 문자열을 숫자 데이터 형으로 변환하는 역할을 한다.

그리고 4장까지의 많은 예제들에서 사용하였던 document 객체의 write() 함수, 즉 document.write() 함수는 웹 페이지(브라우저 화면)에 메시지를 출력하는 역할을 수행한다.

> **TIP** Document 객체
>
> 자바스크립트는 객체(Object)를 기반으로 하는 언어이다. Document 객체는 웹 페이지 자체를 의미한다. 웹 페이지에 존재하는 HTML 요소에 접근할 때에는 반드시 Document 객체를 사용하게 된다.
>
> ※ 자바스크립트 객체에 대해서는 6장과 7장에서 자세히 설명할 것이다.

위에서 설명한 prompt(), alert(), write(), Number() 등의 함수는 자바스크립트 자체에서 그 기능을 내장하고 있기 때문에 내장 함수(Built-in Function)라고 부른다. 따라서 이러한 내장 함수들은 함수를 정의하지 않고 필요할 때 함수를 호출하여 사용한다.

경우에 따라서는 사용자가 스스로 새로운 함수를 정의해서 사용할 필요가 있다. 이와 같이 사용자가 함수를 정의한 다음 필요 시 정의된 함수를 호출하여 사용하는 함수를 사용자 정의 함수(User-defined Function)라고 한다.

사용자 정의 함수는 축약하여 사용자 함수(User Function)라고도 부른다.

사용자 함수에서 함수를 정의하고 호출하는 서식은 다음과 같다.

```
function 함수명() {                          ┐
       문장1;                                │
       문장2;                                ├── 함수 정의
       ...                                   │
}                                            ┘

...

함수명();                    ──────────────────── 함수 호출
....
```

키워드 function으로 함수를 정의한 다음 함수명()으로 함수를 호출하여 사용한다.

다음 예제를 통하여 실제로 사용자 함수를 정의하고 호출하는 방법에 대해 알아보자.

| 예제 5-1. 함수의 정의와 호출 예 | 05/ex5-1.html |
|---|---|

```
01    <!DOCTYPE html>
02    <html>
03    <head>
04    <meta charset="UTF-8">
05    <script>
06      function hello() {               ┐
07        document.write("안녕하세요.<br>")  ├── 함수 정의
08      }                                 ┘
09
10      hello();          ──────────────────── 함수 호출
11      hello();          ──────────────────── 함수 호출
12      hello();          ──────────────────── 함수 호출
13    </script>
14    </head>
15    <body>
16    </body>
17    </html>
```

그림 5-1 ex5-1.html의 실행 결과

6~8행 **함수 정의**

사용자 함수 hello()를 정의한다. 정의된 hello() 함수는 7행에 의해 '안녕하세요.'를 화면에 출력하는 역할을 수행한다.

10행 **함수 호출**

hello();는 6~8행에 정의된 hello() 함수를 호출한다. hello() 함수가 호출되면 6~8행의 hello() 함수를 실행하여 그림 5-1의 첫 번째 줄에 '안녕하세요.'를 출력한다.

11행 **함수 호출**

hello();는 10행에서와 같이 6~8행에 정의된 hello() 함수를 재호출한다. 그림 5-1의 두 번째 줄에 '안녕하세요.'를 출력한다.

12행 **함수 호출**

hello();는 앞에서와 같은 방법으로 또 다시 hello() 함수를 호출한다. 5-1의 세 번째 줄에 '안녕하세요.'를 출력한다.

위의 예에서 알 수 있듯이 6~8행에서와 같이 함수를 한번 정의해 놓으면 10~12행에서와 같이 언제든지 함수를 호출하여 사용할 수 있다.

이번에는 웹 페이지에서 버튼을 클릭하면 정의된 사용자 함수를 실행하는 다음의 예를 살펴보자.

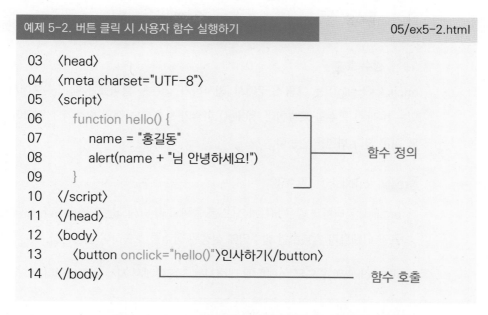

예제 5-2. 버튼 클릭 시 사용자 함수 실행하기 　　　　　　　　　05/ex5-2.html

```
03   <head>
04   <meta charset="UTF-8">
05   <script>
06     function hello() {
07         name = "홍길동"                    함수 정의
08         alert(name + "님 안녕하세요!")
09     }
10   </script>
11   </head>
12   <body>
13     <button onclick="hello()">인사하기</button>
14   </body>                                   함수 호출
```

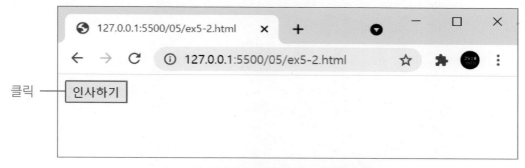

클릭 ── 인사하기

그림 5-2 ex5-2.html의 실행 결과

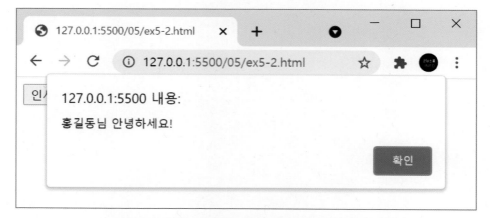

127.0.0.1:5500 내용:

홍길동님 안녕하세요!

확인

그림 5-3 그림 5-2에서 '인사하기' 버튼을 클릭했을 때

### 6~9행 **함수 정의**

사용자 함수 hello()를 정의한다. 정의된 hello() 함수는 7행과 8행에 의해 그림 5-3에서 와 같이 윈도우 경고 창에 '홍길동님 안녕하세요!'를 출력하는 역할을 수행한다.

### 13행 **함수 호출**

onclick="hello()"는 그림 5-2에서 '인사하기' 버튼을 클릭했을 때 6~9행에서 정의되어 있는 hello() 함수를 호출한다. hello() 함수가 호출되면 정의 함수가 실행되어 그림 5-3 와 같은 결과 화면을 얻는다.

> **TIP**  onclick = "함수명" ──────────────
>
> onclick은 버튼과 같은 HTML 요소를 클릭할 때 발생되는 이벤트이다. 해당 요소에 클릭 이벤트가 발생하면 함수명에 설정된 함수를 호출하여 실행한다.
>
> ※ onclick과 윈도우 이벤트에 대해서는 349쪽에서 자세히 설명한다.

## 5.2 매개변수

함수에는 매개변수(Parameter)란 것이 있는데 이를 이용하면 호출하는 함수에서 특정 데이터를 정의된 함수로 전달할 수 있다.

다음 예제를 통하여 함수에서 사용되는 매개변수의 사용법을 익혀보자.

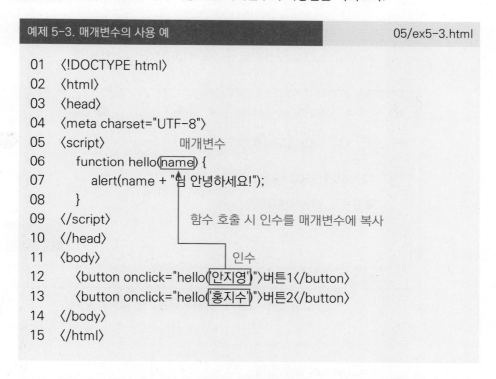

```
01  <!DOCTYPE html>
02  <html>
03  <head>
04  <meta charset="UTF-8">
05  <script>              매개변수
06    function hello(name) {
07      alert(name + "님 안녕하세요!");
08    }
09  </script>            함수 호출 시 인수를 매개변수에 복사
10  </head>
11  <body>                          인수
12    <button onclick="hello('안지영')">버튼1</button>
13    <button onclick="hello('홍지수')">버튼2</button>
14  </body>
15  </html>
```

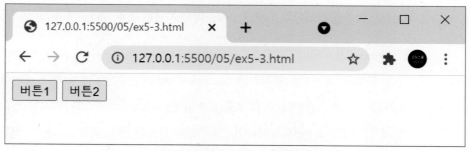

그림 5-4 ex5-3.html의 실행 결과

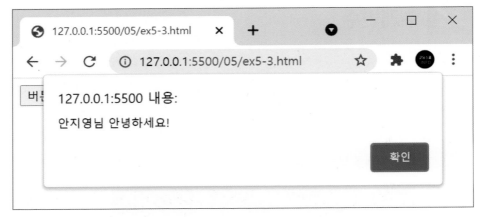

그림 5-5 그림 5-4에서 '버튼1'을 클릭했을 때

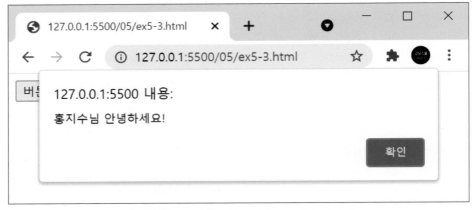

그림 5-6 그림 5-4에서 '버튼2'를 클릭했을 때

### 6~8행  hello(name) 함수 정의

hello() 함수를 정의한다. hello(name)에서 사용된 변수 name을 매개변수라고 부른다.

### 12행  onclick="hello('안지영')"

그림 5-4의 '버튼1'을 클릭하면 onclick="hello('안지영')"에 의해 6~8행에서 정의된 hello() 함수를 호출한다. 이때 호출 함수의 인수(Argument), 즉 '안지영'은 hello() 함수의 매개변수인 name에 복사되어 7행의 문장이 수행된다. 따라서 그림 5-5에서와 같이 '안지영님 안녕하세요!'가 경고 창에 출력된다.

### 13행 onclick="hello('홍지수')"

그림 5-4의 '버튼2'을 클릭하게 되면 onclick="hello('홍지수')"에 의해 6~8행에서 정의된 hello() 함수가 호출된다. 이 때는 문자열 '홍지수'가 hello() 함수의 매개변수인 name에 복사된다. 7행의 문장이 수행되어 그림 5-6에서와 같이 '홍지수님 안녕하세요!'가 경고 창에 출력된다.

이번에는 사용자 함수로 두 수의 합을 구하여 그 결과를 출력하는 프로그램을 살펴보자.

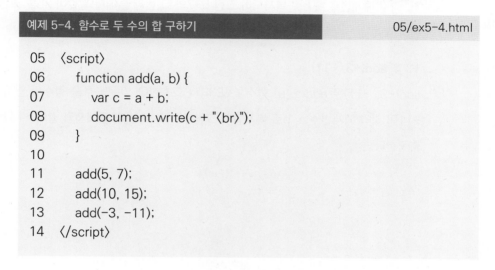

| 예제 5-4. 함수로 두 수의 합 구하기 | 05/ex5-4.html |
|---|---|

```
05    <script>
06      function add(a, b) {
07        var c = a + b;
08        document.write(c + "<br>");
09      }
10
11      add(5, 7);
12      add(10, 15);
13      add(-3, -11);
14    </script>
```

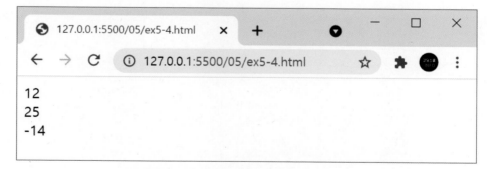

```
12
25
-14
```

그림 5-7 ex5-4.html의 실행 결과

### 6~9행 add(a, b) 함수의 정의

add(a, b) 함수를 정의한다. 나중에 11~13행에서 add() 함수가 호출될 때 인자의 값들이 매개변수 a, b로 복사된다.

### 11행 add(5, 7)

add(5, 7)은 6~9행에서 정의된 함수 add(a, b)를 호출한다. 이 때 호출 함수의 인자인 5와 7이 각각 매개변수 a, b로 복사된다. 따라서 7행과 8행이 수행되어 그림 5-7의 첫 번째 줄에서와 같이 12를 화면에 출력한다.

### 12행 add(10, 15)

add(10, 15)는 6~9행의 add(a, b)를 다시 호출한다. 이 때 호출 함수의 인자인 10과 15가 각각 매개변수 a, b로 복사되어 그림 5-7의 두 번째 줄에서와 같이 25를 화면에 출력한다.

### 13행 add(-3, -11)

add(-3, -11)은 add(a, b) 함수를 또 다시 호출한다. 이 때 호출 함수의 인자인 -3과 -11이 각각 매개변수 a, b로 복사되어 그림 5-7의 세 번째 줄에서와 같이 -14를 화면에 출력한다.

## 5.3 함수 값의 반환

자바스크립트에서 사용되는 함수는 변수와 마찬가지로 함수 자체가 값을 가질 수 있다. 이것은 '함수 값의 반환'을 통해서 이루어진다.

다음 예제는 앞 절의 예제 5-4에 '함수 값의 반환'의 개념을 적용하여 다시 프로그램을 작성해 본 것이다.

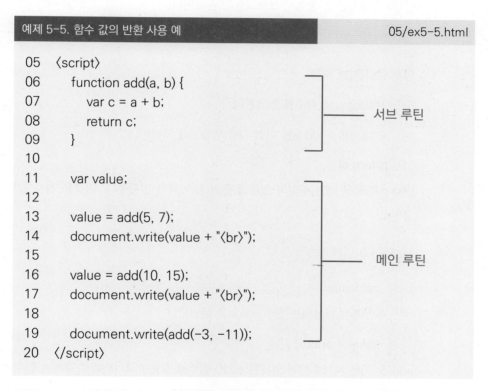

예제 5-5. 함수 값의 반환 사용 예 · 05/ex5-5.html

```
05  <script>
06      function add(a, b) {
07          var c = a + b;
08          return c;
09      }
10
11      var value;
12
13      value = add(5, 7);
14      document.write(value + "<br>");
15
16      value = add(10, 15);
17      document.write(value + "<br>");
18
19      document.write(add(-3, -11));
20  </script>
```

서브 루틴 (lines 06–09)
메인 루틴 (lines 11–19)

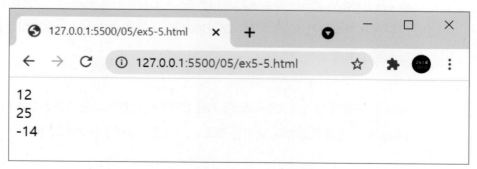

127.0.0.1:5500/05/ex5-5.html

127.0.0.1:5500/05/ex5-5.html

```
12
25
-14
```

그림 5-8 ex5-5.html의 실행 결과

메인 루틴과 서브 루틴 ────────────────────────

자바스크립트를 포함한 프로그래밍 언어에서 메인 루틴은 서브 루틴, 즉 함수 정의
와 같이 프로그램의 부가적인 영역을 제외한 프로그램 흐름의 중심이 되는 부분을
의미한다.

프로그램은 메인 루틴의 처음에서 시작되어 메인 루틴의 마지막에서 종료하게 된다.
예제 5-5의 경우에 메인 루틴의 시작인 11행에서 프로그램이 시작되고  메인 루틴
의 마지막인 19행에서 프로그램이 종료된다.

───────────────────────────────────────────────

### 함수 정의(서브 루틴)

6~9행  add(a, b) 함수를 정의한다.

7행  두 매개변수 a와 b를 더한 다음 변수 c에 저장한다.

8행  **return c;**

변수 c의 값을 메인 루틴에 있는 호출한 함수 측에 반환한다. 이것을 '함수 값의 반환'이라
고 한다.

### 메인 루틴

11행  **var value;**

메인 루틴에서 사용되는 변수 value를 선언한다.

13행  **value = add(5, 7);**

add(5, 7)은 서브루틴에 정의된 add() 함수를 호출한다. 이 때 호출하는 함수의 인수인 5
와 7은 6행에서 정의된 함수 add()의 매개변수 a, b에 각각 복사된다. 7행에 5와 7의 합
이 구해져 변수 c(값:12)에 저장된다. 8행의 return c에 의해 변수 c의 값이 13행의 우측
에 있는 호출 함수에 반환된다.

따라서 13행의 우측에 있는 add(5,7)은 8행에서 반환된 값인 12의 값을 가지며 변수
value에 그 값을 저장한다. 이러한 결과로 value는 12의 값을 가지게 된다.

```
value = add(5, 7)
        ↑_____|

        반환된 함수 값(12)을 value에 저장
```

**14행** **document.write(value + "⟨br⟩");**

변수 value의 값인 12를 그림 5-8의 첫 번째 줄에 표시한다.

**16,17행** 13행과 14행에서와 같은 방법으로 add() 함수를 호출하여 두 수의 합인 25를 얻은 다음 그 값을 그림 5-8의 두 번째 줄에 표시한다.

**19행** **document.write(add(-3, -11));**

document.write() 함수의 괄호 안에 호출 함수를 직접 사용하는 것도 가능하다. 그림 5-8의 세 번째 줄에 -3과 -11의 합인 -14가 출력된다.

# 함수로 원의 넓이와 둘레 구하기

다음은 사용자 함수를 이용하여 원의 넓이와 둘레의 길이를 구하는 프로그램이다. 밑줄 친 부분을 채우시오.

¤ 브라우저 실행 결과

---

```
<script>
    function ①_____(r) {
        result = r * r * 3.14;
        return result;
    }

    function get_length(②_____) {
        result = r * 2 * 3.14;
        return ③_____;
    }

    var radius = 30;    // 반지름
    var area;           // 원의 넓이
    var length;         // 원의 둘레

    area = get_area(radius);
    length = ④_____(radius);
```

```
        document.write("반지름 : " + radius + "<br>");
        document.write("원의 넓이 : " + area + "<br>");
        document.write("원의 둘레 : " + length);
    </script>
```

정답은 171쪽에서 확인하세요.

## 함수로 정수의 합계 구하기

다음은 사용자 함수를 이용하여 정수의 합계를 구하는 프로그램이다. 밑줄 친 부분을 채우시오.

¤ 브라우저 실행 결과

```
<script>
    function sum_int(①_____, ②_____) {
        var sum = 0;
        for(var i=a; i<=b; i++) {
            sum += i;
        }
        return ③_____;
    }
```

```
var start = 100;   // 시작 수
var end = 300;  // 끝 수
var value;

④_____ = sum_int(start, end);

document.write(start +"에서 " + end + "까지의 합계 : " + value);
</script>
```

정답은 171쪽에서 확인하세요.

## 함수로 5의 배수 판별하기

다음은 사용자 함수를 이용하여 어떤 수가 5의 배수인지 아닌지를 판별하는 프로그램이다.
밑줄 친 부분을 채우시오.

¤ 브라우저 실행 결과

```
<script>
  function is_besu5(①_____) {
    var str;
    if (n%5 == 0) {
      str = n + "은(는) 5의 배수이다.";
    }
    else {
      str = n + "은(는) 5의 배수가 아니다.";
    }
    return ②_____;
  }

  var num = 15;
  var message;

  message = is_besu5(③_____);
  document.write(④_____);
</script>
```

정답은 171쪽에서 확인하세요.

| 응용문제 정답 | | |
|---|---|---|
| Q5-1 | ① get_area ② r ③ result ④ get_length | |
| Q5-2 | ① a ② b ③ sum ④ value | |
| Q5-3 | ① n ② str ③ num ④ message | |
| Q5-4 | ① sum_avg ② avg ③ sum ④ eng | |
| Q5-5 | ① cal_change ② pay ③ num ④ change | |

# 함수로 합계/평균 구하기

**응용문제 Q5-4**

다음은 사용자 함수를 이용하여 세 과목 성적의 합계와 평균을 계산하는 프로그램이다. 밑줄 친 부분을 채우시오.

¤ 브라우저 실행 결과(버튼 클릭 전)

¤ 브라우저 실행 결과(버튼 클릭 후)

```
<!DOCTYPE html>
<html>
<head>
<meta charset="UTF-8">
<script>
    function ①_____(kor, eng, math) {
       var sum, avg;

       sum = kor + eng + math;
       ②_____ = sum/3;

       document.getElementById("kor").innerHTML = kor;
       document.getElementById("eng").innerHTML = eng;
       document.getElementById("math").innerHTML = math;
       document.getElementById("sum").innerHTML = ③_____;
       document.getElementById("avg").innerHTML = avg;
    }
</script>
</head>
<body>
   <div style="border: solid 1px gray; padding: 10px; margin-bottom: 10px;">
      - 국어 : <span id="kor"></span>점<br>
      - 영어 : <span id="④_____"></span>점<br>
      - 수학 : <span id="math"></span>점<br><br>
      ■ 합계 : <span id="sum"></span>점<br>
      ■ 평균 : <span id="avg"></span>점
   </div>
   <button onclick="sum_avg(80, 90, 100)">세 과목 성적 합계/평균 구하기</button>
</body>
</html>
```

정답은 171쪽에서 확인하세요.

## 함수로 거스름돈 계산하기

다음은 사용자 함수를 이용하여 물건 가격, 구매 개수, 지불 금액에 따라 거스름돈을 계산
하는 프로그램이다. 밑줄 친 부분을 채우시오.

¤ 브라우저 실행 결과(버튼 클릭 전)

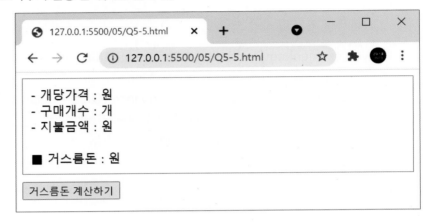

¤ 브라우저 실행 결과(버튼 클릭 후)

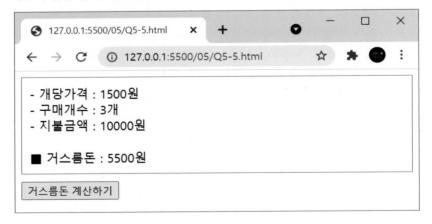

```html
<!DOCTYPE html>
<html>
<head>
<meta charset="UTF-8">
<script>
   function ①_____() {
      var price = 1500;   // price : 개당 가격
      var num = 3;        // num : 구매 개수
      var pay = 10000;    // pay : 지불 금액
      var change;         // change : 거스름돈

      change = ②_____ - price * num;

      document.getElementById("price").innerHTML = price;
      document.getElementById("num").innerHTML = ③_____;
      document.getElementById("pay").innerHTML = pay;
      document.getElementById("change").innerHTML = ④_____;
   }
</script>
</head>
<body>
   <div style="border: solid 1px gray; padding: 10px; margin-bottom:
10px;">
      - 개당가격 : <span id="price"></span>원<br>
      - 구매개수 : <span id="num"></span>개<br>
      - 지불금액 : <span id="pay"></span>원<br><br>
      ■ 거스름돈 : <span id="change"></span>원
   </div>
   <button onclick="cal_change()">거스름돈 계산하기</button>
</body>
</html>
```

정답은 171쪽에서 확인하세요.

사용자 함수 내에서 사용되는 변수를 지역 변수(Local variable)라 하고, 메인 루틴에서 사용되는 변수를 전역 변수(Global variable)라고 한다. 이 지역 변수와 전역 변수의 개념을 혼동하면 프로그래밍을 할 때 문법 오류 또는 논리적 오류를 발생시킬 수 있다.

### 5.4.1 지역 변수

다음은 메인 루틴에서 지역 변수를 사용하여 오류가 발생되는 경우이다.

| 예제 5-6. 메인 루틴에 지역 변수 사용 시 오류 | 05/ex5-6.html |
|---|---|

```
05   〈script〉
06      function func() {
07         var x = 10;     // 변수 x는 지역 변수        func() 함수 영역
08         document.write(x + "〈br〉");
09      }
10
11      func();                    // func() 함수 호출
12      document.write(x + "〈br〉");    // 변수 x가 정의되지 않음      메인 루틴
13   〈/script〉
```

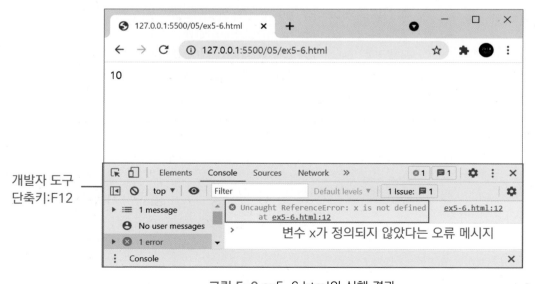

그림 5-9 ex5-6.html의 실행 결과

크롬 브라우저 화면에서 F12를 누르면 그림 5-8의 하단에 빨간색 박스로 표시된 개발자 도구 창이 열린다.

개발자 도구는 HTML, CSS, 자바스크립트를 이용하여 웹 프로그램을 개발할 때 오류를 확인하여 문제를 해결, 즉 프로그램을 디버깅(Debugging)하는 데 많이 사용된다.

11행  func() 함수를 호출하여 6~9행에서 정의된 func() 함수를 실행한다.

7행  변수 x를 정의하고 10을 저장한다. 변수 x func() 함수 내에서 사용되는 지역 변수이다. 여기서의 변수 x와 같은 지역 변수는 func() 함수 내에서만 유효하다.

8행  변수 x의 값 10을 그림 5-9에 나타난 것과 같이 화면에 출력한다.

12행  12행은 메인 루틴의 범위에 있다. 여기서 사용된 변수 x는 반드시 메인 루틴 내에서 정의되어야 한다. 현재 메인 루틴에서 변수 x가 정의되지 않았기 때문에 오류가 발생한 것이다.

결론적으로 7행에서 정의된 변수 x는 지역 변수이기 때문에 12행에서와 같이 메인 루틴에서는 변수 x를 사용할 수 없다.

다음 절에서는 메인 루틴에서 유효한 값을 가지는 전역 변수에 대해 공부해보자.

## 5.4.2 전역 변수

이번에는 앞의 예제 5-6에서 사용된 지역 변수 x 대신 변수 x를 전역 변수로 정의하여 사용해보자.

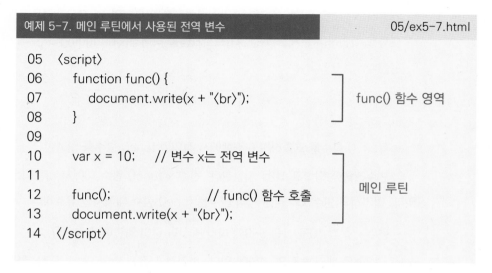

예제 5-7. 메인 루틴에서 사용된 전역 변수      05/ex5-7.html

```
05   <script>
06      function func() {
07         document.write(x + "<br>");          func() 함수 영역
08      }
09
10      var x = 10;     // 변수 x는 전역 변수
11
12      func();                 // func() 함수 호출    메인 루틴
13      document.write(x + "<br>");
14   </script>
```

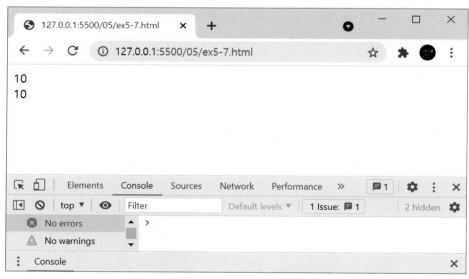

그림 5-10 ex5-7.html의 실행 결과

10행 변수 x를 정의하고 10을 저장한다. 여기서의 변수 x는 메인 루틴에서 선언되었기 때문에 전역 변수가 된다. 전역 변수는 메인 루틴과 사용자 정의 함수 내에서 모두 유효하다.

12행 func() 함수를 호출하여 정의된 함수 func()의 7행을 수행하여 그림 5-10의 첫 번째 줄에 나타난 것과 같이 10을 출력한다. 전역 변수 x는 func() 함수 내에서도 그 값이 유효함을 알 수 있다.

13행 13행은 메인 루틴의 영역 내에 있기 때문에 당연히 변수 x를 사용할 수 있다. 그림 5-10의 두 번째 줄에서와 같이 10의 값을 출력한다.

이 예를 통하여 전역 변수는 메인 루틴과 정의된 함수 내에서도 모두 유효한 값을 가짐을 알 수 있다.

만약 다음의 예에서와 같이 변수 x를 메인 루틴과 정의 함수에서 각각 정의하여 사용하면 어떻게 될까?

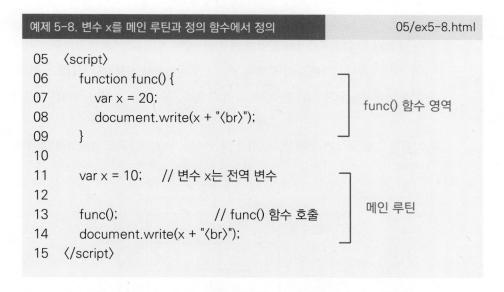

예제 5-8. 변수 x를 메인 루틴과 정의 함수에서 정의　　　　05/ex5-8.html

```
05  ⟨script⟩
06     function func() {
07        var x = 20;
08        document.write(x + "⟨br⟩");
09     }
10
11     var x = 10;     // 변수 x는 전역 변수
12
13     func();                    // func() 함수 호출
14     document.write(x + "⟨br⟩");
15  ⟨/script⟩
```

func() 함수 영역

메인 루틴

20
10

그림 5-11 ex5-8.html의 실행 결과

11행  메인 루틴 내에서 변수 x를 정의하고 10의 값을 저장한다. 여기서 변수 x는 전역
변수이다.

13행  func() 함수를 호출한다.

7행  func() 함수 내에서 변수 x를 정의하고 20의 값을 저장한다. 여기서 변수 x는 지역
변수가 된다.

8행  변수 x는 7행에서 저장한 20의 값을 가진다. 따라서 그림 5-11의 첫 번째 줄에서
와 같이 20이 출력된다. 여기서 사용된 변수 x는 11행에서 전역 변수로도 정의되어 있다.
이와 같이 프로그램 내에서 지역 변수와 전역 변수가 같이 사용될 때 사용자 함수 내에서
는 지역 변수가 우선적으로 사용된다.

14행  여기서 변수 x는 11행에서 정의된 전역 변수 x를 의미한다. 따라서 변수 x는 10의
값을 가진다. 따라서 그림 5-11의 두 번째 줄에서와 같이 10이 출력된다.

이 예에서 11행과 7행에서 선언된 변수 x는 변수 이름이 'x'로 동일하지만 사용되는 영역
이 전혀 다르다. 11행의 전역 변수 x는 메인 루틴에서 사용된다. 그리고 7행에서 func()
함수 내에서 정의된 지역 변수 x는 func() 함수 내에서만 그 값이 의미를 가진다.

다음의 그림을 보면 전역 변수 x와 지역 변수 x가 왜 다른지를 명확하게 알 수 있다.

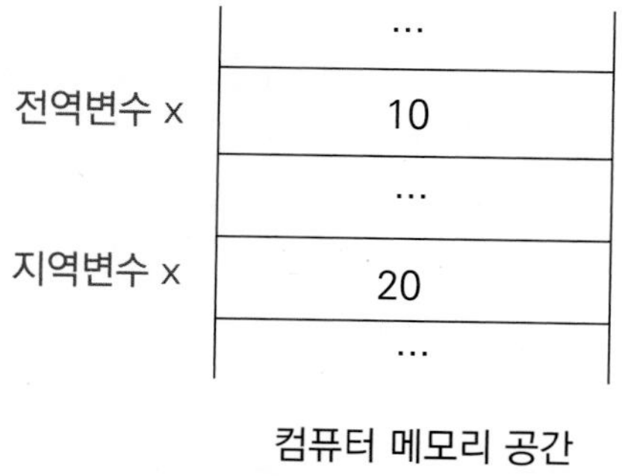

| | |
|---|---|
| | ... |
| 전역변수 x | 10 |
| | ... |
| 지역변수 x | 20 |
| | ... |

컴퓨터 메모리 공간

그림 5-12 서로 다른 메모리 공간에 저장되는 전역 변수와 지역 변수

위의 그림 5-12에 나타난 것과 같이 전역 변수와 지역 변수는 서로 다른 메모리 공간에
저장되기 때문에 서로 영향을 받지 않는다.

익명 함수(Anonymous function)는 말 그대로 이름이 없는 함수를 의미하며 다음과 같은 형식으로 사용된다.

```
var 변수명 = function() {            ┐
      문장1;                         │
      문장2;                         ├─── 익명 함수 정의
      ...                           │
}                                   ┘

...

변수명();                    ──────────────── 익명 함수 호출
....
```

키워드 function으로 함수를 정의할 때 함수 이름을 지정하지 않고 변수에 함수를 저장하는 형태이다. 그리고 익명 함수를 호출할 때는 익명 함수 정의에서 사용된 변수명으로 익명 함수를 호출한다.

다음 예제를 통하여 익명 함수의 사용법을 익혀보자.

| 예제 5-9. 익명 함수의 사용 예 | 05/ex5-9.html |
|---|---|

```
05   <script>
06      var add = function(a, b) {
07         return a + b;
08      }
09
10      var x;
11      x = add(10, 20);
12      document.write(x);
13   </script>
```

그림 5-13 ex5-9.html의 실행 결과

6~8행 두 수의 합을 구하는 익명 함수를 정의하여 변수 add에 저장한다.

11행 6행의 익명 함수 정의에서 사용된 변수명 add를 이용하여 'add(10, 20)'으로 6~8행에서 정의된 익명 함수를 호출하고 그 결과를 변수 x에 저장한다

12행 그림 5-13에 나타난 것과 같이 x의 값 30을 화면에 출력한다.

위의 예제 5-9에서 설명한 것과 같이 익명 함수를 정의하는 방법은 변수을 선언한 다음 데이터를 저장하는 형태와 유사하다. 이렇게 함수를 정의하는 것을 '함수 리터럴'이라고도 한다. 함수 리터럴(Literal)은 익명 함수를 지칭하는 다른 말이다.

※ 리터럴에 대해서는 192쪽의 객체 리터럴에 대한 설명을 참고하기 바란다.

5-1. 다음은 지역 변수와 전역 변수에 관련된 문제이다. 다음 프로그램의 실행 결과는 무엇인가?

```
<script>
   function func() {
      var x = 20;
      x += 10;
      document.write(x + "<br>");
   }

   var x = 10;

   func();
   x *= 2;
   document.write(x + "<br>");
</script>
```

실행 결과 : _____

_____

5-2. 다음은 사용자 함수를 이용하여 책 값, 할인율, 배송료를 입력받아 지불 금액을 계산하는 프로그램이다. 빈 박스를 채워 프로그램을 완성하시오.

¤ 브라우저 실행 결과        ※ 지불금액 = 책값 − (책값 * 할인율/100) + 배송료

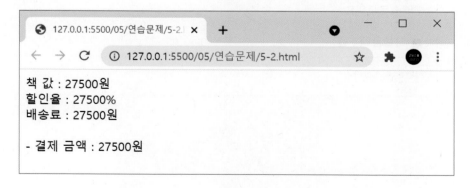

```
〈script〉
   function get_pay(price, discount, shipping) {
      var money;
      money = [                            ];
      return money;
   }


   var price = 25000;      // 책값
   var discount = 10;      // 할인율(%)
   var shipping = 5000;    // 배송료
   var pay;                // 결제금액


   pay = get_pay([                ]);
   document.write("책 값 : " + price + "원〈br〉");
   document.write("할인율 : " + [          ] + "%〈br〉");
   document.write("배송료 : " + shipping + "원〈br〉〈br〉");
   document.write("- 결제 금액 : " + [      ] + "원");
〈/script〉
```

5-3. 프로그램의 실행 결과가 다음과 같이 되도록 2번 문제의 프로그램을 변경하였다. 빈 칸을 채워 프로그램을 완성하시오.

   ¤ 브라우저 실행 결과('지불금액 계산하기' 버튼 클릭 전)

▢ 브라우저 실행 결과('지불금액 계산하기' 버튼 클릭 후)

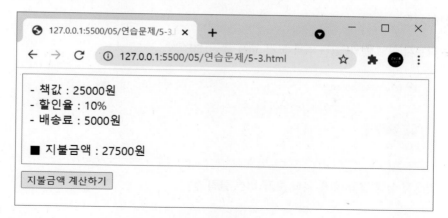

```
〈head〉
〈meta charset="UTF-8"〉
〈script〉
    function get_pay(                          ) {
        var pay;
        pay = price - (price * (discount/100)) + shipping;

        document.getElementById("price").innerHTML =        ;
        document.getElementById("discount").innerHTML =          ;
        document.getElementById("shipping").innerHTML =          ;
        document.getElementById("pay").innerHTML =       ;
    }
〈/script〉
〈/head〉
〈body〉
    〈div style="border: solid 1px gray; padding: 10px; margin-bottom: 10px;"〉
        - 책값 : 〈span id="price"〉〈/span〉원〈br〉
        - 할인율 : 〈span id="discount"〉〈/span〉%〈br〉
        - 배송료 : 〈span id="shipping"〉〈/span〉원〈br〉〈br〉
        ■ 지불금액 : 〈span id="pay"〉〈/span〉원〈br〉
    〈/div〉
    〈button onclick="        (25000, 10, 5000)"〉지불금액 계산하기〈/button〉
〈/body〉
```

5-4. 다음은 웹 사이트의 회원 목록을 출력하는 프로그램의 예이다. 빈 칸을 채워 프로그램을 완성하시오.

☼ 브라우저 실행 결과('회원 목록 보기' 버튼 클릭 전)

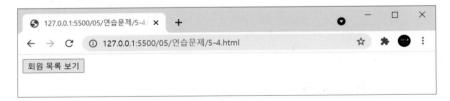

☼ 브라우저 실행 결과('회원 목록 보기' 버튼 클릭 후)

```
<head>
<meta charset="UTF-8">
<style>
   table { border-collapse: collapse; }
   th, td { border: solid 1px gray; }
   th { width: 120px; padding: 5px; background-color: #eeeeee}
   td { padding:5px; text-align: center; }
</style>
<script>
   function show_member() {
      var contents = "";

      contents += "<h3>회원 목록</h3>";
```

```
      contents += "<table>";
      contents += "<tr>";
      contents += "<th>번호</th><th>이름</th><th>아이디</th><th>비밀번호</th>
                   <th>전화번호</th>";
      contents += "[    ]";
      for (var i=0; i<=4; i++) {
         var num = i + 1;

         contents += "<tr>";
         contents += "<td>" + num + "</td><td>홍길동</td><td>hong</td>
                      <td>****</td><td>010-1234-5678</td>";
         contents += "</tr>";
      }
      contents += "[      ]";

      document.getElementById("[    ]").innerHTML = [      ];
   }
</script>
</head>
<body>
   <button onclick = "[          ]()">회원 목록 보기</button>
   <div id="result"></div>
</body>
```

# Chapter 06

## 자바스크립트 객체

자바스크립트에서는 숫자, 문자열, 함수, 배열, 날짜 등의 데이터 뿐만 아니라 HTML 요소와 브라우저에 관련된 모든 것이 객체 기반으로 되어 있다. 이 장에서는 객체의 기본 개념을 익히고 사용자 정의 객체에서 속성과 메소드를 정의하여 객체를 생성하는 방법에 대해 배운다. 또한 문서 객체 모델(DOM)과 브라우저 객체 모델(BOM)의 기본 개념과 활용법을 익힌다.

자바스크립트는 객체(Object) 기반의 언어이며 자바스크립트를 이루고 있는 거의 모든 것이 객체이다. 숫자, 문자열, 함수, 배열 등도 모두 객체를 기반으로 한다.

자바스크립트의 객체는 속성(Property)과 메소드(Method)로 구성된다. 속성은 객체에 붙어 있는 변수이며, 메소드는 객체에 붙어 있는 함수이다.

하나의 객체는 다음 예제에서와 같이 데이터를 의미하는 속성과 데이터를 처리하는 기능을 가진 메소드의 집합이라고 할 수 있다.

예제 6-1. 속성과 메소드로 구성된 객체     06/ex6-1.html

```
05  <script>
06    var person = {
07       name : "홍길동",
08       age : 25,
09       sayHello : function () {
10          document.write(this.name + "님 안녕하세요!");
11       }
12    };
13
14    document.write("이름 : " + person.name + "<br>");
15    document.write("나이 : " + person.age + "<br>");
16    person.sayHello();
17  </script>
```

6~12행 person 객체를 생성한다. person 객체는 name과 age의 속성과 sayHello() 메소드로 구성된다.

person 객체는 두 개의 변수(name과 age)와 하나의 함수(sayHello())를 가지고 있다고 생각하면 된다.

그림 6-1 ex6-1.html의 실행 결과

---

**7행**  **name : "홍길동";**

속성 name에서 name을 키(Key)라고 부르고, '홍길동'을 값(Value)라고 한다. name 키를 통해 '홍길동' 값을 사용할 수 있다는 의미이다.

**8행**  **age: 25;**

속성 age에서 키는 age이고, 값은 25이다.

**9~11행**  **sayHello : function () {**

　　　　**document.write(this.name + "님 안녕하세요!");**

　　**}**

sayHello() 메소드는 person 객체에 있는 name 속성 값, 즉 '홍길동'과 '님 안녕하세요!' 를 연결한 '홍길동님 안녕하세요!'를 화면에 출력하는 역할을 한다. 여기서 this.name은 sayHello() 메소드를 소유한 person 객체의 name 속성 값을 의미한다.

---

> **TIP** **키워드 this**
>
> 10행에서 사용된 this는 sayHello() 메소드를 소유한 객체인 person이 저장된 컴퓨터 메모리 위치를 가리킨다. 여기서 this.name은 person 객체의 name 속성 값인 '홍길동'을 나타낸다.
>
> 이와 같이 this는 이 this가 소속된 객체 자체를 가리키고 this를 이용하여 자신의 객체에 있는 속성이나 메소드에 접근할 수 있다.

---

14행 **person.name;**

person.name은 객체 person의 name 키가 가리키는 값, 즉 '홍길동'을 의미한다. 따라서 14행은 그림 6-1의 첫 번째 줄에서와 같이 '이름 : 홍길동'을 출력한다.

15행 **person.age;**

person.age는 객체 person의 age 속성 값인 25를 의미한다. 따라서 그림 6-1의 두 번째 줄에서와 같이 '나이 : 25'를 출력한다.

16행 **person.sayHello();**

person.sayHello()는 객체 person의 sayHello() 메소드를 호출한다. 9~11행에서 정의된 sayHello() 메소드를 실행하여 그림 6-1의 세번째 줄과 같이 '홍길동님 안녕하세요!'를 화면에 출력한다.

위 예제 6-1의 6~12행에서와 같이 객체를 생성하는 방법을 '객체 리터럴'이라고 한다. 객체 리터럴(Literal)을 이용하여 객체를 생성하는 방법에 대해서는 다음의 6.3.1절에서 자세히 설명한다.

---

TIP  **변수와 객체의 차이점** ─────────────────────

2장의 2.1절에서 설명하였듯이 변수는 데이터를 저장하고 있는 메모리 공간을 의미한다. 객체도 일종의 변수이다. 그러나 객체의 각 요소들은 키와 값으로 구성되며, 객체는 또한 객체 자체의 함수인 메소드를 가질 수 있다.

---

## 6.2 객체의 종류

자바스크립트에서 객체는 크게 사용자 정의 객체(User-defined Object), 내장 객체(Built-in Object), 문서 객체 모델(DOM, Document Object Model), 브라우저 객체 모델(BOM, Browser Object Model)로 나눌 수 있다.

### (1) 사용자 정의 객체

사용자 정의 객체는 예제 6-1에서와 같이 사용자가 객체를 정의하여 사용하는 객체를 말한다. 사용자 정의 객체에서는 사용자 즉, 프로그래머가 객체의 속성을 정의하거나 속성과 메소드를 함께 정의하여 객체를 프로그램에서 이용한다.

※ 사용자 정의 객체를 생성하고 사용하는 방법에 대해서는 6.3절에서 자세히 설명한다.

### (2) 내장 객체

내장 객체는 말 그대로 자바스크립트에 기본적으로 내장되어 있는 객체를 말한다. 내장 객체는 별도의 정의가 필요없다. 내장 객체를 이용할 때는 필요 시 해당 내장 객체로부터 객체를 생성하여 내장 객체에서 제공하는 속성과 메소드를 사용하면 된다.

내장 객체에는 배열(Array), 숫자(Number), 문자열(String), 수학(Math), 날짜(Date) 객체가 있다. 예를 들어 수학에서 필요한 제곱근, 로그, 삼각함수를 이용하려면 Math 객체를 사용하면 된다.

※ 내장 객체에 대한 자세한 설명은 7장 내장 객체를 참고하기 바란다.

### (3) 문서 객체 모델(DOM)

문서 객체 모델(DOM, Document Object Model)은 HTML의 문서 구조를 말한다. 문서 객체 모델에서는 그림 6-2에서와 같이 Document 객체 아래 HTML 요소들이 트리 구조를 형성하고 있다. 이러한 트리 구조에 있는 HTML 요소, 즉 객체에 접근하여 요소의 내용을 바꾸거나 설정된 CSS를 변경할 수 있다.

자바스크립트 DOM의 메소드와 속성을 이용하여 HTML 요소를 다룰 수 있지만, 제이쿼리에서는 자바스크립트보다 더 쉽고 편리하게 DOM을 처리할 수 있는 라이브러리를 제공한다. 따라서 이 책에서는 제이쿼리를 이용하여 DOM을 다루는 다양한 방법에 더 중점을 둔다. 제이쿼리에서 DOM을 활용하는 방법에 대해서는 8장의 제이쿼리 기초에서 자세히 설명한다.

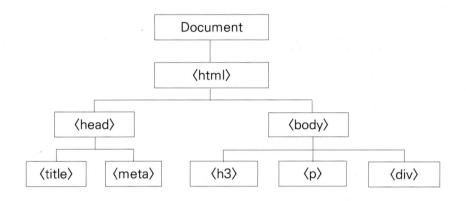

그림 6-2 문서 객체 모델의 트리 구조

※ 6.4절에서는 DOM의 개념과 자바스립트에서 DOM을 다루는 방법을 간단하게 설명한다. 실제 프로그램에서는 자바스크립트보다 제이쿼리에서 DOM을 처리하게 되는데 이에 대해서는 Part 2의 8장 제이쿼리 기초를 참고하기 바란다.

## (4) 브라우저 객체 모델(BOM)

브라우저 객체 모델(BOM, Browser Object Model)은 자바스크립트에서 브라우저를 다루는 데 필요한 객체의 모델을 제공한다. BOM에는 Window, Screen, Location, History, Navigator 등의 객체가 있다. 이러한 BOM 객체의 속성과 메소드를 이용하여 브라우저에 관련된 처리를 할 수 있다.

※ BOM의 자세한 설명은 6.5절을 참고하기 바란다.

**사용자 정의 객체**

사용자 정의 객체는 사용자가 직접 객체의 기능을 정의해서 사용하는 것이다. 사용자 객체를 정의하고 생성하는 방법은 크게 다음의 두 가지가 존재한다.

❶ 객체 리터럴(Object Literal)
❷ New 연산자와 생성자 함수(Constructor) 이용

## 6.3.1 객체 리터럴

자바스크립트에서 객체를 생성하는 가장 간단한 방법이자 많이 사용되는 방법은 객체 리터럴(Object Literal)을 이용하는 것이다.

리터럴은 데이터 형에 들어가는 데이터 값 자체를 의미한다. 이 방식에서는 변수를 선언할 때와 유사한 방식으로 객체에 들어가는 속성과 메소드를 직접 정의한다.

객체 리터럴을 이용하여 객체를 생성할 때 사용되는 서식은 다음과 같다.

```
var 객체명 = {
        키1 : 값1,                       ┐
        키2 : 값2,                       │── 속성 정의
        ...                              ┘
        메소드1 : function () {          ┐
                // 자바스크립트 코드     │
        },                               │
        메소드2 : function () {          │── 메소드 정의
                // 자바스크립트 코드     │
        },                               │
        ...                              ┘
};
```

각 속성은 키와 값으로 정의되고, 메소드들은 5장에서 배운 익명 함수의 형태로 정의된다.

객체 리터럴 방식으로 간단하게 객체를 생성하는 다음의 예제를 살펴보자.

| 예제 6-2. 객체 리터럴을 이용한 객체 생성 예 | 06/ex6-2.html |
|---|---|

```
05  <script>
06    var member = {
07      name: "안지영",
08      email : "hong@naver.com",
09      phone: "010-1234-5678"
10    };
11
12    document.write(member.name + "<br>");
13    document.write(member.email + "<br>");
14    document.write(member.phone);
15  </script>
```

그림 6-3 ex6-2.html의 실행 결과

### 6~10행 객체 생성

3개의 속성 name, email, phone을 가진 객체 member를 생성한다. 각 속성은 키
(Key)와 값(Value)을 가진다. 키에 해당되는 것이 name, email, phone이고 이 키들은
각각 "안지영", "hong@naver.com", "010-1234-5678"의 값을 가진다.

12행 member.name은 member 객체의 name 속성(값:'안지영')을 의미한다. 이와
같이 객체의 속성에 접근할 때는 객체명 다음에 점(.)을 찍고 키를 사용한다. 따라서 그림
6-3의 첫 번째 줄에 있는 '안지영'이 화면에 출력된다.

**13,14행** 12행에서와 같은 맥락에서 member.email은 'hong@naver.com'의 값을 가지고, member.phone은 '010-1234-5678'의 값을 가진다. 따라서 그림 6-3의 두 번째와 세 번째 줄에서와 같이 'hong@naver.com'과 '010-1234-5678'을 화면에 출력한다.

## 6.3.2 생성자 함수와 New 연산자

생성자 함수와 New 연산자를 이용하여 객체를 생성할 때는 다음의 두 단계를 따른다.

❶ 생성자 함수를 이용하여 객체의 타입을 정의한다. 생성자 함수의 첫 글자는 반드시 영문 대문자를 사용하도록 한다.

❷ new를 이용하여 객체를 생성한다.

다음 예제를 통하여 생성자 함수를 이용하여 실제로 객체를 생성하는 방법을 익혀보자.

| 예제 6-3. 생성자 함수를 이용한 객체 생성 예 | 06/ex6-3.html |
|---|---|

```
05  <script>
06    function Car(company, model, year) {
07      this.company = company;
08      this.model = model;
09      this.year = year;
10    }
11
12    var car1 = new Car("현대", "아반떼", 2021);
13    document.write(car1.company + "/" + car1.model+ "/" +
          car1.year + "<br>");
14
15    var car2 = new Car("르노 삼성", "SM6", 2021);
16    document.write(car2.company + "/" + car2.model+ "/" +
          car2.year);
17  </script>
```

그림 6-4 ex6-3.html의 실행 결과

**6~10행 생성자 함수 정의**

생성자 함수 Car()를 정의한다. 생성자 함수 Car()는 company, model, year의 속성 3개로 구성된다.

**7행 this.company = company;**

키워드 this는 앞의 191쪽에서 설명한 것과 같이 객체 자체를 의미한다. 즉 생성자 함수에서 사용된 this는 이 생성자 함수 Car에 의해 생성되는 객체를 가리킨다. 따라서 this.company는 12행과 15행에서와 같이 New 연산자에 의해 생성되는 객체의 속성 company를 나타낸다.

this.company = company는 객체의 company 속성에 생성자 함수의 매개변수 company 값을 저장한다.

**8,9행 this.model = model;**
**this.year = year;**

7행과 같은 맥락에서 this.model = model은 객체의 model 속성에 매개변수 model 값을 저장한다.

마찬가지로 this.year = year는 객체의 year 속성에 매개변수 year 값을 저장한다.

**198 Part 1.** 자바스크립트

**12행** **var car1 = new Car("현대", "아반떼", 2021);**

New 연산자와 생성자 함수 Car()를 이용하여 객체 car1을 생성한다. 이 때 Car()에서 사용된 '현대', '아반떼', 2021은 각각 6행 생성자 함수 Car()의 정의에서 사용된 매개변수 company, model, year에 복사된다. 이 매개변수 값들이 생성된 car1 객체의 속성 값들이 된다.

정리하면 생성된 객체 car1의 company, model, year 속성은 각각 '현대', '아반떼', 2021의 값을 가진다.

**13행** **car1.company + "/" + car1.model+ "/" + car1.year + "⟨br⟩"**

car1.company, car1.model, car1.year는 각각 객체 car1의 company, model, year 속성 값을 의미하고 그 값은 각각 '현대', '아반떼', 2021이 된다. 따라서 13행이 수행되면 그림 6-4의 첫 번째 줄에서와 같이 '현대/아반떼/2021'이 화면에 출력된다.

**15행** **var car2 = new Car("르노 삼성", "SM6", 2021);**

12행에서와 같은 방법으로 New 연산자와 생성자 함수 Car()를 이용하여 객체 car2를 생성한다. 객체 car2의 company, model, year 속성은 각각 '르노 삼성', 'SM6', 2021의 값을 가진다.

**16행** **car2.company + "/" + car2.model+ "/" + car2.year**

car2.company, car2.model, car2.year는 각각 '르노 삼성', 'SM6', 2021의 값을 가진다. 따라서 16행이 수행되면 그림 6-4의 두 번째 줄에서와 같이 '르노 삼성/SM6/2021'이 화면에 출력된다.

## 6.3.3 객체의 속성 접근법

자바스크립트에서 객체의 속성 값에 접근하는 두 가지 방법이 있다.

❶ 객체명.키 : 객체명 다음에 점(.) 다음에 키를 사용
❷ 객체명["키"] : 객체명 다음에 대괄호([])에 키(문자열)를 사용

다음 예제를 통하여 객체의 속성에 접근하는 두 가지 방법에 대해 알아보자.

| 예제 6-4. 객체의 메소드와 속성에 접근 예 | 06/ex6-4.html |
| --- | --- |

```
05  <script>
06    var obj1 = {
07      name: "박혜린",
08      age: 22,
09    };
10
11    document.write(obj1.name + "<br>");
12    document.write(obj1.age + "<br><br>");
13
14    document.write(obj1["name"] + "<br>");
15    document.write(obj1["age"] + "<br>");
16  </script>
```

그림 6-5 ex6-4.html의 실행 결과

6~9행 객체 리터럴을 이용하여 name과 age 속성으로 구성된 obj1을 생성한다.

11,12행　obj1.name
　　　　obj1.age

obj1.name과 obj1.age는 각각 '박혜린'과　22의 값을 가진다. 이와 같이 객체명.키를 이용하여 객체의 속성과 메소드에 접근할 수 있다.

14,15행    obj1.["name"]
　　　　　obj1.["age"]

obj1.["name"], obj1["age"]와 같은 방법으로 obj1의 속성에 접근할 수도 있다. 이 경우에는 객체의 속성에 접근할 때 객체명["키"]를 사용한다.

## 6.3.4 for문에서 객체 사용

for문을 이용하면 객체의 속성을 반복해서 읽어올 수 있다. 다음 예제를 통하여 for문에서 객체를 사용하는 방법을 익혀보자.

| 예제 6-5. for문에서 객체 사용 예 | 06/ex6-5.html |
|---|---|

```
05  ⟨script⟩
06    var obj1 = {
07      name: "박정수",
08      age: 22,
09      address : "서울"
10    };
11
12    var str = "";
13    for (var x in obj1)
14      str += obj1[x] + "⟨br⟩";
15
16    document.write(str);
17  ⟨/script⟩
```

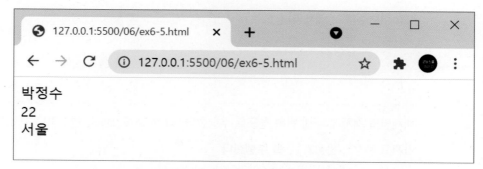

그림 6-6 ex6-5.html의 실행 결과

6~10행  객체 리터럴을 이용하여 name, age, address 속성으로 구성된 obj1을 생성한다.

12행  문자열을 빈 문자열인 NULL("")로 초기화한다.

※ Null에 대한 자세한 설명은 129쪽을 참고하기 바란다.

13,14행     for (var x in obj1)
            str += obj1[x] + "〈br〉";

각 반복 루프에서 변수 x는 obj1 객체의 키 값을 가진다. 반복 루프의 첫 번째에서는 x가 'name' 값을 가진다. 두 번째와 세 번째 반복에서 x는 각각 'age'와 'address'의 값을 가진다.

13행과 14행의 동작을 표로 정리하면 다음과 같다.

표 6-1 예제 6-5(13,14행)의 반복 루프

| 반복 루프 | x | obj1[x] |
|---|---|---|
| 1번째 | 'name' | '박정수' |
| 2번째 | 'age' | 22 |
| 3번째 | 'address' | '서울' |

위에서 사용된 for in 구문은 자바스크립트에서 객체의 속성에 반복해서 접근하려고 할 때 사용한다. for in 구문의 사용 형식은 다음과 같다.

```
for (변수명 in 객체명) {
        문장1;
        문장2;
        ...
}
```

객체명의 객체에 대해 반복 루프를 수행한다. 각 반복 루프에서 변수명은 객체의 키 값을 가지고 문장1, 문장2, ... 를 수행한다.

## 6.4 문서 객체 모델(DOM)

자바스크립트에서는 문서 객체 모델(DOM, Document Object Model)을 이용하여 HTML 문서의 요소들에 접근하여 내용을 변경시키거나 HTML 태그의 속성 값과 CSS 속성 등을 변경할 수 있다.

8장에서는 제이쿼리를 이용하여 DOM을 처리하는 방법에 대해 공부할 것이다. 제이쿼리를 이용하면 DOM을 자바스크립트보다 훨씬 쉽고 편리하게 다룰 수 있다. 하지만 자바스크립트에서 DOM을 다루는 기본 개념을 이해하는 것 또한 중요하다.

이번 절을 통하여 자바스크립트에서 DOM을 다루는 기본적인 방법에 대해 알아보자.

### 6.4.1 DOM의 기본 구조

먼저 DOM의 기본 구조를 이해하기 위해 다음의 간단한 HTML 문서를 살펴보자.

| 예제 6-6. 간단한 HTML 문서 예 | 06/ex6-6.html |
|---|---|

```html
<!DOCTYPE html>
<html>
<head>
<meta charset="UTF-8">
<title>페이지 제목</title>
</head>
<body>
<h2>글 제목</h2>
<p id="result"></p>
</body>
</html>
```

그림 6-7 ex6-6.html의 실행 결과

위 예제 6-6의 HTML 문서를 DOM의 계층 구조로 나타내 보면 다음 그림 6-8에서와
같다. Document 객체 아래에 HTML 요소들이 트리 구조를 형성하고 있다. 〈html〉 요
소 아래에 〈head〉와 〈body〉 요소가 위치한다. 그 아래에 〈title〉, 〈meta〉, 〈h3〉, 〈p〉 요
소들이 위치한다. charset과 id는 각각 〈meta〉와 〈p〉 요소의 속성을 의미한다. charset
속성은 'UTF-8' 속성 값을 가지고, id 속성은 'result' 속성 값을 가진다.

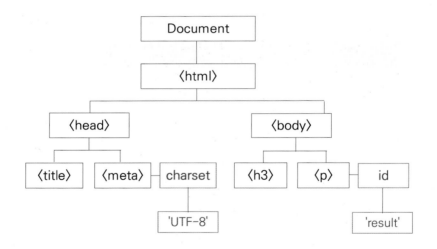

그림 6-8 문서 객체 모델의 트리 구조

## 6.4.2 요소 내용 삽입과 CSS 조작

이번에는 예제 6-6의 〈p〉 요소에 '안녕하세요.'를 삽입하고 글자 색상을 빨간색으로 변경하는 다음의 예제를 살펴보자.

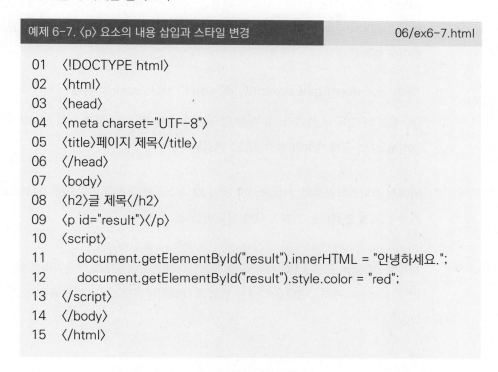

| 예제 6-7. 〈p〉 요소의 내용 삽입과 스타일 변경 | 06/ex6-7.html |
|---|---|

```
01  <!DOCTYPE html>
02  <html>
03  <head>
04  <meta charset="UTF-8">
05  <title>페이지 제목</title>
06  </head>
07  <body>
08  <h2>글 제목</h2>
09  <p id="result"></p>
10  <script>
11      document.getElementById("result").innerHTML = "안녕하세요.";
12      document.getElementById("result").style.color = "red";
13  </script>
14  </body>
15  </html>
```

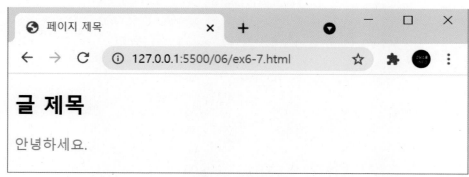

그림 6-9 ex6-7.html의 실행 결과

11행  document.getElementById("result").innerHTML = "안녕하세요.";

객체 document의 메소드 getElementById("result")는 아이디가 'result'인 요소, 즉 객체가 메모리에 저장된 위치를 가져온다.

innerHTML 속성은 HTML 요소의 내용을 설정하는 데 사용된다. 따라서 11행은 9행의 〈p〉 요소의 내용에 '안녕하세요.'를 설정한다. 이 결과 그림 6-9에 '안녕하세요.' 글자가 화면에 출력된다.

12행  document.getElementById("result").style.color = "red";

〈p〉 요소의 CSS 속성 color를 속성 값 'red'로 설정한다. 이 결과 그림 6-9에 나타난 '안녕하세요.'의 글자 색상이 빨간색으로 변경된다.

위에서 자바스크립트의 getElementById() 메소드를 이용하여 요소를 가져와 요소의 내용과 CSS를 변경하는 방법에 대해 공부하였다.

실제로 DOM을 프로그램에서 처리할 때에는 자바스크립트보다 제이쿼리를 더 많이 이용한다. 제이쿼리에서 DOM을 다루는 방법에 대해서는 8장과 9장의 내용을 참고하기 바란다.

## 6.4.3 DOM의 이벤트

웹 브라우저에서 DOM의 요소에 마우스를 클릭하는 것과 같은 이벤트가 발생하면 원하는 자바스크립트 코드를 실행하도록 할 수 있다.

다음 예제를 통하여 자바스크립트에서 마우스 이벤트를 처리하는 간단한 방법을 익혀보자.

| 예제 6-8. 자바스크립트에서 마우스 이벤트 처리 예 | 06/ex6-8.html |
|---|---|

```
03  <head>
04  <meta charset="UTF-8">
05  <style>
06  div {
07      color: white; background-color: skyblue;
08      padding: 10px; width: 200px; text-align: center;
09  }
10  </style>
11  <script>
12      function changeText(obj) {
13          obj.innerHTML = "클릭하셨네요!";
14      }
15
16      function mouseOver(obj) {
17          obj.style.backgroundColor = "orange";
18      }
19
20      function mouseOut(obj) {
21          obj.style.backgroundColor = "skyblue";
22      }
23  </script>
24  </head>
25  <h2 onclick="changeText(this)">클릭해 보세요!</h2>
26  <div onmouseover="mouseOver(this)"
          onmouseout="mouseOut(this)">
27      마우스를 올려보세요!
28  </div>
29  </body>
```

그림 6-10 ex6-8.html의 실행 결과

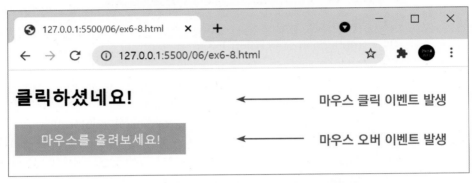

그림 6-11 그림 6-10에서 마우스 이벤트가 발생한 경우

25행 〈h2 onclick="changeText(this)"〉클릭해 보세요!〈/h2〉

〈h2〉 요소, 즉 '클릭해 보세요!'를 클릭하면 changeText(this) 함수가 호출되어 12~14행의 문장이 수행되며 그림 6-11에서와 같이 '클릭하셨네요!'의 메시지가 출력된다. this는 changeText() 함수가 사용되고 있는 〈h2〉 요소를 가리킨다.

※ this에 대한 자세한 설명은 191쪽을 참고하기 바란다.

> **TIP**  **onclick**
>
> 25행에서 〈h2〉 요소에서 사용된 onclick 속성은 이 요소에 마우스 클릭 이벤트가 발생하였을 때 이 이벤트를 처리하는 자바스크립트 함수를 설정하는 데 사용된다.

25행 〈div onmouseover="mouseOver(this)" onmouseout="mouseOut(this)"〉
      마우스를 올려보세요!
    〈/div〉

onmouseover='mouseOver(this)'는 〈div〉 요소에 마우스가 올려졌을 때는 16~18행에서 정의된 mouseOver() 함수를 호출한다. 이 함수가 실행되면 17행에 의해 그림 6-11에서와 같이 요소의 배경이 오렌지 색상으로 변경된다.

onmouseout='mouseOut(this)'는 마우스가 〈div〉 요소에서 벗어나게 되면 20~22행에서 정의된 mouseOut() 함수가 호출된다. 따라서 21행에 의해 그림 6-10에서와 같이 요소의 배경이 원래 색상인 하늘색으로 변경된다.

`TIP` **onmouseover** ──────────────────────

onmouseover 속성은 요소에 마우스가 올려졌을 때 발생되는 이벤트를 처리하는 자바스크립트 함수를 설정하는 데 사용된다.

───────────────────────────────────────

`TIP` **onmouseout** ──────────────────────

onmouseout 속성은 해당 요소에서 마우스가 벗어났을 때 발생되는 이벤트를 처리하는 자바스크립트 함수를 설정하는 데 사용된다.

───────────────────────────────────────

13행  obj.innerHTML = "클릭하셨네요!";
obj 객체, 즉 25행에서 사용된 〈h2〉 요소의 내용을 '클릭하셨네요!'로 변경한다.

17행  obj.style.backgroundColor = "orange";
obj 객체, 즉 26행에서 사용된 〈div〉 요소의 배경을 오렌지 색상으로 변경한다.

21행  obj.style.backgroundColor = "skyblue";
17행의 코드와 같은 맥락에서 obj 객체, 즉 〈div〉 요소의 배경 색상을 하늘색으로 변경한다.

**브라우저 객체 모델(BOM)**

자바스크립트에서는 웹 브라우저 전체를 객체로 간주하여 관리한다. 이러한 브라우저 객체와 이 객체들을 구성하는 속성을 정의하고 관리하는 체계를 브라우저 객체 모델(BOM, Browser Object Model)이라고 한다.

브라우저 객체 모델(BOM)은 다음 그림에 나타난 것과 같이 Window 객체 아래에 Document, Screen, Location, History, Navigator 객체 등의 하위 객체를 가지고 있다.

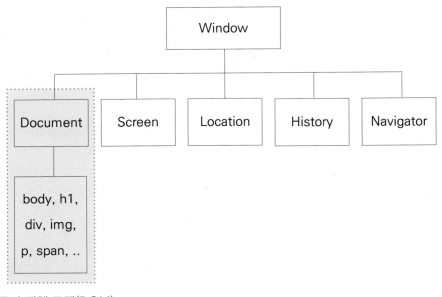

문서 객체 모델(DOM)

그림 6-12 브라우저 객체 모델(BOM)의 계층 구조

위 그림 6-12의 브라우저 객체 모델(BOM)에 존재하는 객체를 표로 정리하면 다음과 같다.

표 6-2 브라우저 객체 모델(BOM)의 객체

| 객체 | 설명 |
|---|---|
| Window | 열려 있는 브라우저 창을 나타내는 객체이다. 탭 기능이 있는 웹 브라우저에서는 각각의 탭을 나타낸다. |
| Document | 웹 페이지를 표현하는 객체이다. HTML 문서 내에 있는 모든 요소는 이 객체에서 시작한다. 6.4절에서 배운 문서 객체 모델(DOM)을 의미한다. |
| Screen | 사용자 화면 정보를 담고 있는 객체이다. |
| Location | 현재 페이지의 URL 주소와 URL 관련 정보를 담고 있는 객체이다. |
| History | 브라우저의 방문 기록을 조작할 때 사용되는 객체이다. |
| Navigator | 방문자의 웹 브라우저 정보를 다루는 데 사용되는 객체이다. |

## 6.5.1 Window 객체

Window 객체는 BOM의 최상위에 위치한 객체이며 브라우저 창을 다루기 위한 다양한 메소드와 속성을 제공한다. 이러한 메소드와 속성을 이용하여 브라우저 창을 조작하고 다룰 수 있다.

Window 객체에서 많이 사용되는 메소드와 속성을 표로 정리하면 다음과 같다.

표 6-3 Window 객체의 메소드

| 메소드 | 설명 |
|---|---|
| alert() | 경고 창을 표시한다.<br>※ alert()에 대한 자세한 설명과 예제는 2장 53쪽을 참고한다. |
| open() | 새로운 윈도우 창을 연다. |
| close() | 현재 창을 닫는다. |
| moveTo() | 현재 창을 지정된 위치로 이동한다. |
| print() | 현재 창의 내용을 프린터로 출력한다. |
| prompt() | 메시지를 출력하고 키보드로 입력 받는다.<br>※ promt()에 대한 자세한 설명은 2장 59쪽을 참고한다. |

| | |
|---|---|
| resizeTo() | 창의 크기를 특정 너비와 높이로 변경한다. |
| focus() | 현재 창의 포커스를 얻는다. |

표 6-4 Window 객체의 속성

| 속성 | 설명 |
|---|---|
| innerWidth | 브라우저 창의 내용 영역(스크롤바 포함)의 너비를 나타낸다. 뷰포트의 너비를 의미한다. |
| innerHeight | 브라우저 창의 내용 영역(스크롤바 포함)의 높이를 나타낸다. 뷰포트의 높이를 의미한다. |
| outerWidth | 브라우저 창(툴바와 스크롤바 포함)의 너비를 나타낸다. |
| outerHeight | 브라우저 창(툴바와 스크롤바 포함)의 높이를 나타낸다. |

## 1 open() 메소드로 새 창 열기

Window 객체의 open() 메소드는 새 창을 여는 데 사용된다. 다음 예제를 통하여 open() 메소드의 사용법을 익혀보자.

| 예제 6-9. open() 메소드로 새 창 열기 | 06/ex6-9.html |
|---|---|

```
03   <head>
04   <meta charset="UTF-8">
05   <script>
06     function openWin() {    URL      새창 이름           새 창 옵션
07       window.open("popup.html", "mycat", "width=310, height=480,
            left=200, top=100, scrollbars=no");
08     }
09   </script>
10   </head>
11   <body>
12     <button onclick="openWin()">새 창 열기</button>
13   </body>
```

그림 6-13 ex6-9.html의 실행 결과

12행  ⟨button onclick="openWin()"⟩새 창 열기⟨/button⟩

'새 창 열기' 버튼을 클릭하면 6~8행에서 정의된 openWin() 함수가 실행된다.

7행    window.open("popup.html", "mycat", "width=310, height=480, left=200, top=100, scrollbars=no");

window.open() 메소드에는 3개의 매개변수가 사용된다. 매개변수들은 각각 URL 주소, 새 창 이름, 새 창 옵션을 나타낸다.

window.open() 메소드의 세 번째인 새 창 옵션을 표로 정리하면 다음과 같다.

표 6-5 window.open() 메소드의 새 창 옵션

| 옵션 | 설명 |
|---|---|
| width | 새 창의 너비를 설정한다. |
| height | 새 창의 높이를 설정한다. |
| left | 새 창의 왼쪽에서 시작되는 수평 방향 위치를 설정한다. |
| top | 새 창의 위에서 시작되는 수직 방향 위치를 설정한다. |
| scrollbars | 스크롤 바 표시 여부를 설정한다. ※ no : 숨김, yes : 표시 |

그림 6-13에서 팝업 창(popup.html)의 프로그램 소스는 다음과 같다.

popup.html의 소스                                                06/popup.html

```
<body>
        <h2>우리집 로키</h2>
        <img src="cat1.jpg" width="300" title="우리집 고양이">
        <p>사회적이며 사람을 좋아하여 장난감을 가지고 놀거나 아이들과 노는 것
           을 좋아한다.</p>
        <p></p>
        <button onclick="window.close()">창 닫기</button>
</body>
```

그림 6-13의 팝업 창(pop.html)의 아래에 있는 '창 닫기' 버튼을 클릭하면 window.
close() 메소드에 의해 팝업 창이 닫힌다.

TIP   **크롬에서 팝업 차단 허용하기**

크롬 브라우저에 팝업 창이 차단되어 있으면 브라우저 주소 창 오른쪽에 더보기 버
튼을 클릭하여 다음과 같은 순서로 팝업 차단을 허용할 수 있다.

'개인정보 및 보안'에서 '사이트 설정' 클릭 〉 '팝업 및 리디렉션'을 클릭 〉 상단 우측
에서 팝업 설정을 허용됨으로 설정

## ❷ resizeTo() 메소드로 창 크기 조절하기

이번에는 Window() 객체의 resizeTo() 메소드를 이용하여 창 크기를 조절하는 방법에 대해 알아보자.

| 예제 6-10. resizeTo() 메소드로 창 크기 조절하기 | 06/ex6-10.html |
|---|---|

```
03   <head>
04   <meta charset="UTF-8">
05   <script>
06      var newWindow;
07
08      function openWin() {
09         newWindow = window.open("", "새 창", "width=250, height=80,
                left=230, top=100");
10         newWindow.document.write("<p>새창이 열렸습니다.</p>");
11      }
12
13      function resizeWin() {
14         newWindow.resizeTo(300, 300);
15         newWindow.focus();
16      }
17   </script>
18   </head>
19   <body>
20      <button onclick="openWin()">새 창 열기</button>
21      <button onclick="resizeWin()">창 크기 조절하기</button>
22   </body>
```

**8~11행**

20행의 '새 창 열기' 버튼을 클릭하면 openWin() 함수로 그림 6-14에 나타난 것과 같이 새로운 창을 열고 그 안에 '<p>새창이 열렸습니다.</p>'를 출력한다.

**14행  newWindow.resizeTo(300, 300);**

newWindow.resizeTo(300, 300)은 9행에서 생성된 새 창 newWindow의 크기를 그림 6-15에서와 같이 너비 300 픽셀, 높이 300 픽셀로 조절한다.

15행 **newWindow.focus();**

newWindow.focus()는 newWindow가 포커스를 얻게 한다. 즉 newWindow 창이
브라우저 창들 중에서 제일 위에 위치하여 활성화 상태가 된다.

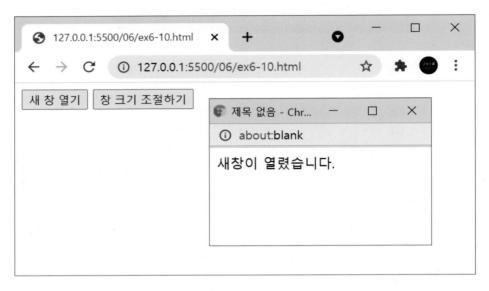

그림 6-14 ex6-10.html의 실행 결과

그림 6-15 그림 6-14에서 '창 크기 조절하기' 버튼을 눌러서 크기가 조절된 새 창

## 6.5.2 Screen 객체

Screen 객체는 방문자의 컴퓨터 스크린 화면에 관한 정보를 포함한다. 많이 사용되는 Screen 객체의 속성을 표로 정리하면 다음과 같다.

표 6-6 Screen 객체의 속성

| 속성 | 설명 |
|------|------|
| availWidth | 이용 가능한 화면의 너비를 나타낸다. |
| availHeight | 이용 가능한 화면(하단 작업 표시줄 제외)의 높이를 나타낸다. |
| colorDepth | 이미지를 표시하는 컬러 팔레트의 깊이(bit 단위) |
| width | 전체 화면의 너비를 나타낸다. |
| height | 전체 화면의 높이를 나타낸다. |

위의 표 6-6은 컴퓨터(또는 모바일 기기) 스크린, 즉 화면의 속성을 나타낸다. Window 객체의 속성인 표 6-4는 브라우저 창에 관련된 너비와 높이를 의미하는 것으로 둘 간의 차이점에 유의한다.

다음 예제를 통하여 화면과 브라우저 창의 너비와 높이에 대해 알아보자.

예제 6-11. 화면과 브라우저 창에 관련된 너비와 높이      06/ex6-11.html

```
05  <script>
06      var a = "- 화면 전체의 너비와 높이 : " + screen.width + "px X ";
07      a += screen.height + "px<br>";
08      document.write(a);
09
10      var b = "- 화면에서 작업 표시줄 제외한 너비와 높이 : " +
                screen.availWidth + "px X ";
11      b += screen.availHeight + "px<br>";
12      document.write(b);
13
```

```
14    var c = "- 브라우저 전체 창의 너비와 높이 : " + window.outerWidth +
         "px X ";
15    c += window.outerHeight + "px<br>";
16    document.write(c);
17
18    var d = "- 브라우저 창의 내용 영역의 너비와 높이 : " +
         window.innerWidth + "px X ";
19    d += window.innerHeight + "px<br>";
20    document.write(d);
21  </script>
```

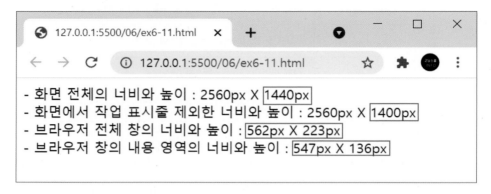

그림 6-16 ex6-11.html의 실행 결과

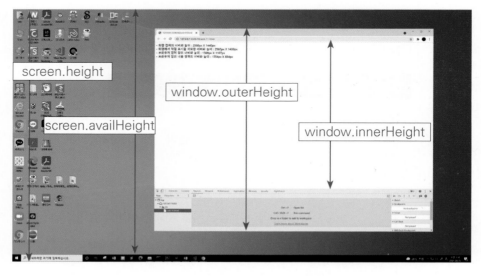

그림 6-17 Window 객체와 Screen 객체의 높이 비교

위 예제 6-11에는 방문자, 즉 클라이언트의 컴퓨터(또는 모바일 기기) 화면과 브라우저 창에 관련하여 네 가지 종류의 너비와 높이가 있다. 이를 정리하면 다음과 같다.

**(1) screen.width, screen.height**

스크린 화면의 전체 너비와 높이를 나타낸다. 이는 현재 화면의 해상도를 의미한다.

**(2) screen.availWidth, screen.availHeight**

스크린 화면의 해상도에서 하단의 작업 표시줄을 제외한 영역을 의미한다.

**(3) window.outerWidth, window.outerHeight**

현재 사용 중인 브라우저 창의 전체 너비와 높이를 나타낸다.

**(4) window.innerWidth, window.innerHeight**

브라우저 창에서 내용(Content)을 보여주는 데 사용되는 너비와 높이를 나타낸다. 크롬의 경우 하단 개발 툴 영역 같은 부분은 제외된다. 이 너비와 높이를 다른 말로 뷰포트(Viewport)라고 부른다.

## 6.5.3 Location 객체

Location 객체는 현재 URL 주소에 관련된 정보를 담고 있다. 자바스크립트에서는 이 정보를 이용하여 브라우저 창에 보여질 URL 주소를 직접 설정할 수 있다. 또한 HTML의 〈a〉 태그를 이용하지 않고 자바스크립트를 이용하여 특정 사이트의 URL로 페이지를 이동할 수도 있다.

Location 객체에서 많이 사용되는 속성과 메소드를 표로 정리하면 다음과 같다.

표 6-7 Location 객체의 속성과 메소드

| 속성/메소드 | 설명 |
| --- | --- |
| hash | URL 중에서 #로 시작하는 해시 부분을 얻거나 설정한다. |
| host | URL의 호스트 이름과 포트 번호를 얻거나 설정한다. |
| hostname | URL의 호스트 이름을 얻거나 설정한다. |

| | |
|---|---|
| href | 전체 URL을 얻거나 설정한다. 이 값을 설정하면 해당 URL로 이동할 수 있다. |
| pathname | URL의 경로 이름을 얻거나 설정한다. |
| port | URL의 포트 번호를 얻거나 설정한다. |
| protocol | URL의 프로토콜(Protocol, 통신 규약)을 얻거나 설정한다. |
| search | URL의 쿼리, 즉 물음표(?)로 시작하는 부분을 얻거나 설정한다. |
| reload() | 현재 문서를 다시 불러온다. 브라우저에서 '새로고침'을 하는 것과 같은 것이다. |
| replace() | 현재 문서를 새로운 URL로 설정한다. |

다음 예제에서는 Location 객체의 replace() 메소드를 이용하여 해당 사이트로 이동한다. 이 예제를 통하여 replace() 메소드의 사용법을 익혀보자.

예제 6-12. replace() 메소드로 사이트 이동하기      06/ex6-12.html

```
03  <head>
04  <meta charset="UTF-8">
05  <script>
06    function movePage() {
07        location.replace("https://www.naver.com");
08    }
09  </script>
10  </head>
11  <body>
12    <button onclick="movePage()">네이버로 이동</button>
13  </body>
```

12행 '네이버로 이동'을 클릭하면 7행의 location.replace("https://www.naver.com")에 의해 네이버 사이트로 페이지가 이동한다.

이와 같이 location.replace() 메소드는 웹 페이지의 URL을 설정하는 데 사용된다.

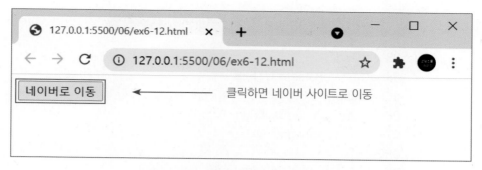

그림 6-18 ex6-12.html의 실행 결과

## 6.5.4 History 객체

History 객체는 사용자의 브라우저 창에서 방문했던 URL 기록을 포함한다. 다음은 History 객체에서 사용되는 속성과 메소드이다.

표 6-8 History 객체의 속성과 메소드

| 속성/메소드 | 설명 |
|---|---|
| length | 히스토리 목록에 기록된 ULR의 수를 나타낸다. |
| back() | 히스토리 목록에서 이전 URL로 이동한다. |
| forward() | 히스토리 목록에서 다음 URL로 이동한다. |
| go() | 히스토리 목록에서 특정 URL로 이동한다. |

다음 예제를 통하여 History 객체의 go() 메소드를 이용하여 바로 직전에 방문했던 페이지로 이동하는 방법에 대해 알아보자.

```
03   <head>
04   <meta charset="UTF-8">
05   <script>
06      function goBack() {
07         history.go(-1);
08      }
09   </script>
10   </head>
11   <body>
12      <button onclick="goBack()">이전 페이지로 이동</button>
13   </body>
```

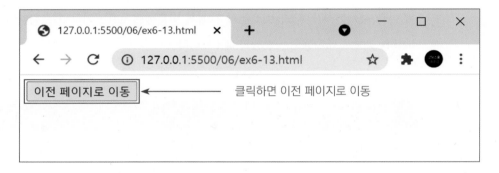

**그림 6-19** ex6-13.html의 실행 결과

12행 '이전 페이지로 이동'을 클릭하면 7행의 history.go(-1)에 의해 방문했던 바로 이전 페이지로 이동한다.

## 6.5.5 Navigator 객체

Navigator 객체는 브라우저에 관한 정보를 담고 있다. Navigator 객체에서 사용되는 속성을 표로 정리하면 다음과 같다.

표 6-9 Navigator 객체의 속성

| 속성 | 설명 |
|------|------|
| appCodeName | 브라우저의 코드 이름을 나타낸다. |
| appName | 브라우저의 이름을 나타낸다. |
| appVersion | 브라우저의 버전 정보를 나타낸다. |
| cookieEnabled | 브라우저에서 쿠키 정보의 사용 가능 여부를 결정한다. |
| language | 브라우저의 사용 언어를 나타낸다. |
| platform | 사용자 컴퓨터 운영체제를 나타낸다. |
| product | 브라우저의 엔진 이름을 나타낸다. |
| userAgent | 사용자의 브라우저가 서버에 보낸 브라우저 헤더 정보를 나타낸다. |

표 6-9에 제일 아래에 있는 userAgent 속성은 사용자가 사용하고 있는 브라우저의 종합 정보를 담고 있다.

다음 예제는 userAgent 속성을 이용하여 사용자의 브라우저에 대한 종합 정보를 출력한다. 이 정보가 담고 있는 내용에 대해 알아보자.

| 예제 6-14. userAgent 속성으로 브라우저 정보 알아보기 | 06/ex6-14.html |
|---|---|

```
05  <script>
06      document.write(navigator.userAgent);
07  </script>
```

그림 6-20 ex6-14.html의 실행 결과

navigator.userAgent는 서버가 사용자 브라우저에 보낸 브라우저에 대한 헤더 정보이다. 여기에는 브라우저에 대한 종합 정보가 들어가 있다.

그림 6-20은 저자의 컴퓨터에서 크롬 브라우저를 이용하여 예제 6-14를 실행하여 얻은 브라우저에 관한 정보이다.

표 6-10 그림 6-20에서 얻은 userAgent 정보의 의미

| 항목 | 의미 |
|---|---|
| Mozilla/5.0 | 브라우저의 코드 이름을 나타낸다. |
| (Windows NT 10.0; Win64; x64) | 컴퓨터의 운영 체제 정보를 나타낸다. |
| AppleWebKit/537.36 (KHTML, like Gecko) | 브라우저의 렌더링 엔진 이름을 나타낸다. |
| Chome/92.0.4515.159 | 브라우저의 이름을 나타낸다. |
| Safari/537.36 | 호환 가능한 브라우저를 나타낸다. |

TIP  브라우저 렌더링 엔진이란?

렌더링 엔진(Rendering Engine)은 브라우저에서 웹 페이지를 화면에 표시하기 위해 HTML/CSS를 해석하는 프로그램을 말한다. 렌더링 엔진은 표준화되어 있지 않기 때문에 웹 브라우저마다 사용하는 렌더링 엔진이 서로 다를 수 있다.

6-1. 객체 리터럴을 이용하여 세 개의 속성(id : "kskim", name : "김기수", email : "kskim@korea.com")으로 구성된 객체(객체명 : member)를 생성하고 실행 결과와 같이 출력하는 프로그램을 작성하시오.

▨ 브라우저 실행 결과

6-2. 다음은 생성자 함수를 이용하여 객체를 생성한 다음 출력하는 프로그램이다. 빈 박스를 채워 프로그램을 완성하시오.

▨ 브라우저 실행 결과

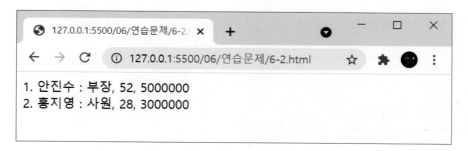

```
<script>
    function [      ](name, age, position, salary) {
        this.name = name;
        this.position = position;
        this.age = age;
        this.salary = salary;
    }
```

```
    var person1 = new Employee("안진수", 52, "부장", 5000000);
    var person2 = new Employee("홍지영", 28, "사원", 3000000);

    var list = "";
    list += "1. " +               + " : ";
    list +=               + ", ";
    list +=               + ", ";
    list +=               ;
    list += "<br>";

    list += "2. " +               + " : ";
    list +=               + ", ";
    list +=               + ", ";
    list +=               ;

    document.write(list);
</script>
```

6-3. 다음은 버튼을 클릭했을 때 글자 색상과 배경 색상을 변경하는 프로그램이다. 빈 박스
를 채워 프로그램을 완성하시오.

　　☒ 브라우저 실행 결과(버튼 클릭 전)

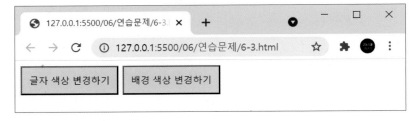

　　☒ 브라우저 실행 결과(버튼 클릭 후)

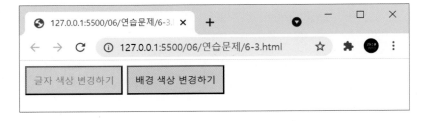

```
〈head〉
〈meta charset="UTF-8"〉
〈style〉
button {
    background-color: yellow;
    padding: 10px; text-align: center;
}
〈/style〉
〈script〉
    function          (    ) {
        obj.style.color = "red";
    }

    function changeBgColor(    ) {
        obj.style.backgroundColor = "pink";
    }
〈/script〉
〈/head〉
〈body〉
    〈button onclick="changeTextColor(this)"〉글자 색상 변경하기〈/button〉
    〈button onclick="              (    )"〉배경 색상 변경하기〈/button〉
〈/body〉
```

6-4. 웹 페이지에서 '새 창 열기' 버튼을 하나 만들고 그 버튼을 클릭했을 때 다음과 같은 조건으로 새 창을 여는 프로그램을 작성하시오.

새 창을 열 때 조건

- 새 창에 들어갈 HTML 파일 이름 : popup.html
- 새 창 이름 : myWin
- 새 창 너비 : 500px
- 새 창 높이 : 500px
- 스크롤 바 : 없음

# 내장 객체

내장 객체는 객체의 속성과 메소드가 자바스크립트에 기본적으로 정의되어 있어 별도로 객체를 정의할 필요가 없는 객체이다. 내장 객체에는 숫자에 관련된 Number 객체, 배열을 다루는 Array 객체, 문자열의 추출, 검색, 치환 등을 도와주는 String 객체, 수학 계산에 관련된 Math 객체, 그리고 날짜와 시간을 처리하는 Date 객체 등이 있다. 이번 장에서는 다양한 예제 실습을 통하여 내장 객체의 메소드 활용법에 대해 배운다.

## 7.1 Number 객체

2장 2.4.1절에서 설명한 것과 같이 자바스크립트의 숫자(Number)에는 정수(Integer)
와 실수(Floating point)가 있다. 이러한 숫자는 Number 객체를 기반으로 하고
Number 객체에는 숫자를 다루기 위한 다양한 메소드가 존재한다.

Number 객체는 사용자가 객체를 별도로 정의할 필요가 없는 내장 객체(Built-in
Object)이다.

TIP  내장 객체란?

자바스크립트에서 기본적으로 제공하는 객체이다. 이러한 자바스크립트의 내장 객
체에는 Number 객체, String 객체, Array 객체, Math 객체, Date 객체 등이 있
다.

Number 객체에서는 숫자를 문자열로 변환하고 실수의 소숫점 이하 자리수를 구하는 기
능을 위해 다음과 같은 두 개의 메소드를 제공한다.

표 7-1 Number 객체의 메소드

| 메소드 | 역할 |
|---|---|
| toString() | 숫자를 문자열로 변환한다. |
| toFixed() | 특정 소숫점 이하 자리수로 구성되는 문자열을 구한다. |

## 7.1.1 toString() 메소드

숫자를 문자열로 변환하는 데는 Number 객체의 toString() 메소드가 사용된다. 다음 예
제를 통하여 toString() 메소드의 사용법을 익혀보자.

```
05   <script>
06     var a = 10;
07     var b = 20;
08     var c;
09
10     c = a + b;
11     document.write(c + "<br>");
12
13     c = a + b.toString();
14     document.write(c);
15   </script>
```

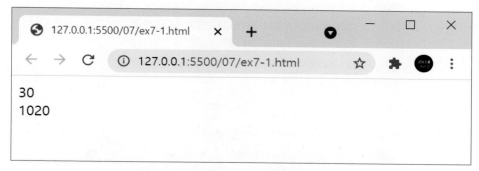

그림 7-1 ex7-1.html의 실행 결과

6,7행  변수 a에 10을 저장하고 변수 b에는 20을 저장한다.

10,11행  **c = a + b;**

변수 a(값:10)와 변수 b(값:20)를 더한 30을 변수 c에 저장한다. 11행은 그림 7-1에서와 같이 30을 출력한다.

13행  **c = a + b.toString();**

b.toString은 b의 값인 20을 문자열 '20'으로 변환한다. 따라서 a + b.toString()은 10 + '20'이 된다. 덧셈(+) 기호가 숫자와 문자열 사이에 사용되면 숫자를 문자열로 간주하여 두 문자열을 연결한 '1020'이 변수 c에 저장된다.

14행  그림 7-1의 두 번째 줄에서와 같이 1020을 화면에 출력한다.

※ 숫자를 문자열로 변환하는 데에는 Number 객체의 toString() 메소드 외에도 String() 함수를 이용할 수 있다. String() 함수에 대해서는 233쪽 표 7-2을 참고하기 바란다.

## 7.1.2 toFixed() 메소드

toFixed() 메소드는 실수에서 소숫점 이하 자리수를 구하는 데 사용된다. 다음 예제를 통하여 toFixed() 메소드의 사용법을 익혀보자.

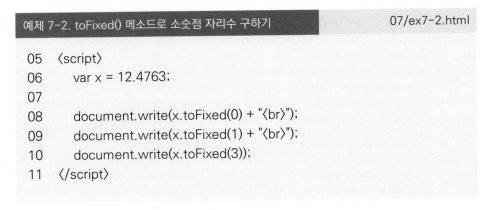

예제 7-2. toFixed() 메소드로 소숫점 자리수 구하기      07/ex7-2.html

```
05    <script>
06        var x = 12.4763;
07
08        document.write(x.toFixed(0) + "<br>");
09        document.write(x.toFixed(1) + "<br>");
10        document.write(x.toFixed(3));
11    </script>
```

그림 7-2 ex7-2.html의 실행 결과

6행 변수 x에 12.4763을 저장한다.

8행 document.write(x.toFixed(0) + "<br>");

x.toFixed(0)은 변수 x(값:12.4763)에서 소숫점 0번째까지 구한다. 이것은 정수 부분까지만 구하는 것을 의미한다. 따라서 그림 7-2의 첫 번째 줄에서와 같이 12가 출력된다.

9행 document.write(x.toFixed(1) + "\<br\>");

x.toFixed(1)은 변수 x(값:12.4763)에서 소숫점 첫째 자리까지 구한다. 즉 소숫점 둘째 자리에서 반올림이 일어난다. 따라서 그림 7-2의 두 번째 줄에서와 같이 12.5가 출력된다.

10행 document.write(x.toFixed(3) + "\<br\>");

x.toFixed(3)은 변수 x(값:12.4763)에서 소숫점 셋째 자리까지 구한다. 따라서 그림 7-2의 세 번째 줄에서와 같이 12.476이 출력된다.

## 7.1.3 문자열의 숫자 변환

문자열을 숫자로 변환하는 데에는 Number(), parseInt(), parseFloat()가 사용된다. 이 함수들은 Number 객체의 메소드가 아니라 전역 함수(Global function)이다.

> **TIP** 전역 함수란?
>
> 전역 함수(Global function)는 특정 객체에 소속된 메소드가 아니라 메인 루틴을 포함한 모든 영역에서 사용할 수 있다. 다음의 표 7-2에 나타난 Number(), parseInt(), parseFloat(), String() 함수들은 전역 함수의 예시이다.
>
> 이 전역 함수들은 Number 객체에서 사용되는 메소드는 아니지만 숫자나 문자열의 형 변환에 관련되기 때문에 여기서 설명하였다.

표 7-2 자바스크립트의 전역 함수

| 전역 함수 | 역할 |
| --- | --- |
| Number() | 어떤 객체의 값을 숫자로 변환한다. |
| parseInt() | 문자열을 정수로 변환한다. |
| parseFloat() | 문자열을 실수로 변환한다. |
| String() | 어떤 객체의 값을 문자열로 변환한다. |

다음 예제를 통하여 문자열을 숫자로 변환하는 전역 함수 Number(), parseInt(), parseFloat()의 사용법에 대해 알아보자.

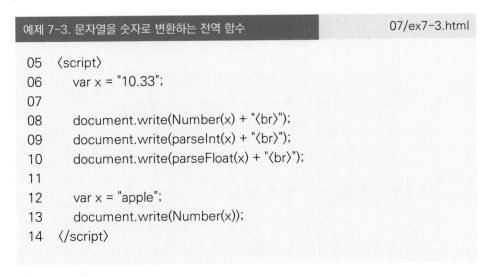

예제 7-3. 문자열을 숫자로 변환하는 전역 함수        07/ex7-3.html

```
05  〈script〉
06    var x = "10.33";
07
08    document.write(Number(x) + "〈br〉");
09    document.write(parseInt(x) + "〈br〉");
10    document.write(parseFloat(x) + "〈br〉");
11
12    var x = "apple";
13    document.write(Number(x));
14  〈/script〉
```

그림 7-3 ex7-3.html의 실행 결과

6행 변수 x에 문자열 '10.33'을 저장한다.

8행 **document.write(Number(x) + "〈br〉");**

Number(x)는 문자열 x의 값인 '10.33'을 숫자인 10.33으로 변환한다. 따라서 그림 7-3의 첫 번째 줄과 같이 10.33이 출력된다.

9행 **document.write(parseInt(x) + "〈br〉");**

parseInt(x)는 문자열 x의 값인 '10.33'을 정수인 10으로 변환한다. 따라서 그림 7-3의 두 번째 줄에서와 같이 10이 출력된다.

**10행** **document.write(parseFloat(x) + "⟨br⟩");**

parseFloat(x)는 문자열 x의 값인 '10.33'을 실수인 10.33으로 변환한다. 따라서 그림 7-3의 세 번째 줄에서와 같이 10.33이 출력된다.

**13행** **document.write(Number(x));**

변수 x는 문자열 'apple' 값을 가진다. 이 경우에 Number() 함수는 영문자를 숫자로 변환할 수 없다. 이와 같이 Number() 함수에 영문자와 같이 숫자로 변환하기 어려운 값이 적용될 때에는 Number() 함수가 NaN 값을 반환한다. 따라서 그림 7-3의 네 번째 줄에서와 같이 NaN이 출력된다.

---

**TIP**  NaN이란? ─────────────────────

NaN은 'Not a Number'를 나타낸다. 이것은 데이터 값이 숫자가 아니란 것을 나타낸다. 어떤 값이 NaN인지를 체크하기 위해서는 다음 예제 7-4에서와 같이 isNaN() 함수를 이용한다.

---

※ 위의 예제 7-2에서 사용된 Number(), parseInt(), parseFloat()는 전역 함수이기 때문에 예제 7-1의 toString() 메소드와는 달리 함수 호출에 함수명이 그대로 사용된다.

다음은 예제를 통하여 NaN 값이 발생하는지를 isNaN() 함수를 이용하여 체크하는 예제이다.

| 예제 7-4. isNaN() 함수를 이용한 NaN 값 체크 | 07/ex7-4.html |
|---|---|

```
05  ⟨script⟩
06    var x = "컴퓨터";
07    document.write(isNaN(Number(x)) + "⟨br⟩");
08    document.write(isNaN(parseInt(x)) + "⟨br⟩");
09    document.write(isNaN(parseFloat(x)) + "⟨br⟩");
10
11    var y = "123.45";
12    document.write(isNaN(Number(y)) + "⟨br⟩");
13  ⟨/script⟩
```

그림 7-4 ex7-4.html의 실행 결과

7~9행    document.write(isNaN(Number(x)) + "⟨br⟩");
document.write(isNaN(parseInt(x)) + "⟨br⟩");
document.write(isNaN(parseFloat(x)) + "⟨br⟩");

문자열 '컴퓨터'는 숫자 형태로 변환할 수 없기 때문에 Number(x), parseInt(x), parseFloat(x)들은 모두 NaN값을 가진다. 세 경우 모두 isNaN() 함수는 true 값을 반환한다. 따라서 그림 7-4에서 세 번째 줄까지의 실행 결과는 모두 true가 된다.

11,12행  여기서 Number(y)의 값은 123.45이기 때문에 isNaN(Number(y))는 false 값을 가진다. 따라서 그림 7-4의 네 번째 줄에 false가 출력된다.

## 7.2 Array객체

2장 2.4.4절에서 설명한 것과 같이 배열(Array)은 하나의 변수로 여러 개의 데이터를 저장할 수 있게 해준다. 자바스크립트의 배열은 Array 객체를 기반으로 하고 있다.

Array 객체에서는 배열의 문자열 변환, 배열 요소의 추가와 삭제, 배열 요소의 이동, 배열의 연결, 배열 요소의 분리, 배열 요소의 정렬 등을 가능하게 해주는 다양한 메소드를 제공한다.

많이 사용되는 Array 객체의 메소드를 표로 정리하면 다음과 같다.

표 7-3 Array 객체의 메소드

| 메소드 | 역할 |
|---|---|
| toString() | 배열의 요소 값들을 콤마로 분리된 문자열로 변환한다. |
| push() | 배열에 새로운 요소를 추가한다. |
| pop() | 배열의 마지막 요소를 삭제한다. |
| splice() | 배열에 요소를 삽입한다. |
| slice() | 배열에서 특정 요소를 추출한다. |
| sort() | 배열의 요소를 오름차순으로 정렬한다. |
| reverse() | 배열 요소의 순서를 거꾸로 한다. |

## 7.2.1 toString() 메소드

toString() 메소드는 배열을 콤마로 구분된 문자열로 변환한다. 다음 예제를 통하여 toString() 메소드의 사용법을 익혀보자.

```
05   <script>
06       var animals = ["사자", "호랑이", "사슴", "펭귄"];
07       var str = animals.toString();
08
09       document.write(str + "<br>");
10       document.write(typeof(str));
11   </script>
```

**그림 7-5** ex7-5.html의 실행 결과

**6행　var animals = ["사자", "호랑이", "사슴", "펭귄"];**

'사자', '호랑이', '사슴', '펭귄'을 요소로 하는 배열 animals를 생성한다.

**7행　var str = animals.toString();**

toString() 메소드로 animals 배열을 문자열로 변환하여 str에 저장한다. 이 때 배열의 각 요소 사이에 콤마가 삽입된다. 따라서 변수 str은 '사자,호랑이,사슴,펭귄'의 값을 가진다.

**9행**　변수 str의 값을 그림 7-5의 첫 번째 줄에 출력한다.

**10행**　typeof() 함수로 변수 str의 데이터 형을 구해서 출력한다. 그림 7-5의 두 번째 줄에 string이 출력된다. 이 결과를 통하여 변수 str의 데이터 형은 문자열임을 알 수 있다.

## 7.2.2 push() 메소드

push() 메소드는 배열의 제일 뒤에 새로운 요소를 추가한다. 다음 예제를 통하여 push() 메소드의 사용법을 익혀보자.

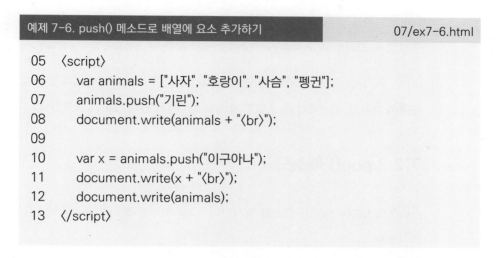

| 예제 7-6. push() 메소드로 배열에 요소 추가하기 | 07/ex7-6.html |
|---|---|

```
05  〈script〉
06      var animals = ["사자", "호랑이", "사슴", "펭귄"];
07      animals.push("기린");
08      document.write(animals + "〈br〉");
09
10      var x = animals.push("이구아나");
11      document.write(x + "〈br〉");
12      document.write(animals);
13  〈/script〉
```

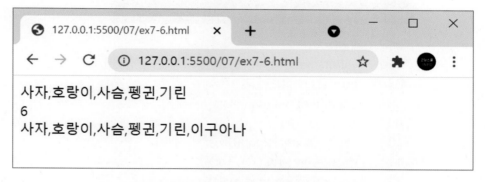

```
사자,호랑이,사슴,펭귄,기린
6
사자,호랑이,사슴,펭귄,기린,이구아나
```

그림 7-6 ex7-6.html의 실행 결과

### 7행 animals.push("기린");

animals.push("기린")은 animals 배열의 제일 뒤에 문자열 '기린'을 추가한다. 그림 7-6의 첫 번째 줄에 나타난 것과 같이 animals 배열을 출력해보면 배열의 제일 뒤에 '기린'이 추가되어 있음을 알 수 있다.

**10행** **var x = animals.push("이구아나");**

animals.push("이구아나")로 animals 배열의 제일 뒤에 '이구아나'를 추가한 다음 반환 값을 변수 x에 저장한다.

**11행** 그림 7-6의 두 번째 줄에서와 같이 변수 x의 값을 출력해보면 배열 요소의 개수인 6이 출력되는 것을 확인할 수 있다. 이 결과를 통하여 push() 함수의 반환 값은 요소를 추가한 후 변경된 배열 요소의 개수가 된다는 것을 알 수 있다.

**12행** 여기서는 그림 7-6의 세 번째 줄에서와 같이 animals 배열의 값을 출력한다. 10 행에서 추가한 '이구아나'를 포함한 animals 배열의 전체 요소가 출력된다.

## 7.2.3 pop() 메소드

pop() 메소드는 배열의 요소를 삭제한다. 다음 예제를 통하여 pop() 메소드의 사용법을 익혀보자.

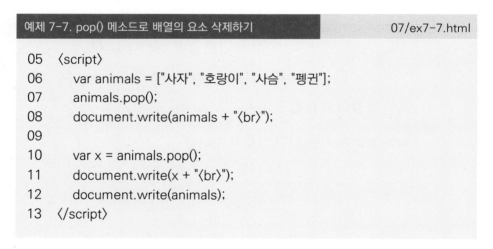

```
05  〈script〉
06      var animals = ["사자", "호랑이", "사슴", "펭귄"];
07      animals.pop();
08      document.write(animals + "〈br〉");
09
10      var x = animals.pop();
11      document.write(x + "〈br〉");
12      document.write(animals);
13  〈/script〉
```

예제 7-7. pop() 메소드로 배열의 요소 삭제하기     07/ex7-7.html

그림 7-7 ex7-7.html의 실행 결과

**7행  animals.pop();**

animals.pop()은 animals 배열의 제일 뒤에 있는 '펭귄' 요소를 삭제한다. 그림 7-7의 첫 번째 줄에 나타난 것과 같이 animals 배열을 출력해보면 배열의 제일 뒤에 있었던 '펭귄'이 삭제되었음을 확인할 수 있다.

**10행  var x = animals.pop();**

animals.pop() 메소드는 animals 배열에서 삭제되는 요소 값을 반환한다. 반환 값은 변수 x에 저장된다. 그림 7-7의 두 번째 줄에는 변수 x의 값, 즉 '사슴'이 출력된다.

이 결과를 통하여 pop() 메소드는 배열에서 요소를 삭제하고 삭제된 요소의 값을 메소드의 반환값으로 한다는 것을 알 수 있다.

**12행**  배열 animals는 7행과 10행에서 두 번에 걸쳐 실행된 pop() 메소드에 의해 배열의 마지막 두 요소가 삭제된 ['사자', '호랑이']의 값을 가진다. 그림 7-7의 세 번째 줄이 이것에 대한 결과이다.


## 7.2.4 요소 값 변경과 length 속성

배열의 인덱스가 가리키는 요소에 값을 저장함으로써 배열의 요소 값을 변경할 수 있다. 그리고 length 속성은 배열의 길이, 즉 배열 요소의 개수를 구하는 데 사용된다.

| 예제 7-8. 배열의 요소 변경과 length 속성 | 07/ex7-8.html |
| --- | --- |

```
05   <script>
06      var animals = ["사자", "호랑이", "사슴", "펭귄"];
07      animals[0] = "코뿔소";
08      document.write(animals + "<br>");
09
10      var len = animals.length;
11      document.write(len + "<br>");
12
13      animals[len] = "여우";
14      document.write(animals);
15   </script>
```

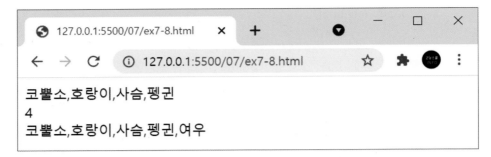

그림 7-8 ex7-8.html의 실행 결과

### 7행  animals[0] = "코뿔소";

animals[0]은 animals 배열 첫 번째 요소의 위치를 의미한다. 따라서 animals[0] = "코뿔소"는 배열의 첫 번째 요소에 기존 값 대신에 '코뿔소'를 저장한다. 따라서 그림 7-8 첫 번째 줄을 확인해 보면 animals의 첫 번째 요소가 '코뿔소'임을 알 수 있다.

### 10,11행  var len = animals.length;

animals.length는 animals 배열의 길이, 즉 요소의 개수를 의미한다. 여기서 animals 배열의 개수는 4이기 때문에 그림 7-8의 두 번째 줄에 4가 출력된다.

> **TIP**  length 속성
>
> Array 객체에서 length 속성은 배열 요소의 개수를 나타낸다. 또한 length 속성은 String 객체에서도 같은 의미로 사용된다. 즉 String 객체의 length 속성은 문자열의 길이를 나타낸다.

### 13행  animals[len] = "여우";

여기서 변수 len은 4 값을 가지기 때문에 animals[4]에 '여우'를 저장한다. animals 배열의 요소는 인덱스 0부터 3까지 존재한다. 따라서 인덱스 4, 즉 마지막 요소(인덱스:3)의 다음 인덱스에 저장되는 '여우'는 animals 배열의 새로운 요소로써 추가된다.

따라서 그림 7-8의 세 번째 줄에 나타난 것과 같이 '여우'가 배열의 제일 뒤에 추가되어 있음을 확인할 수 있다.

242  **Part 1.** 자바스크립트

## 7.2.5 splice() 메소드

splice() 메소드는 배열의 요소를 삭제하고 그 위치에 요소를 삽입하는 데 사용된다. 다음 예제를 통하여 splice() 메소드의 사용법을 익혀보자.

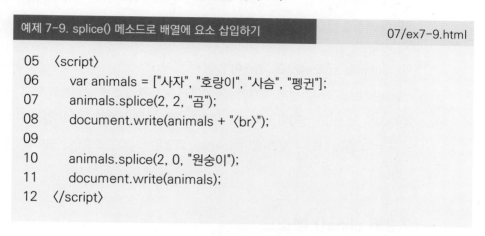

```
예제 7-9. splice() 메소드로 배열에 요소 삽입하기                    07/ex7-9.html

05    <script>
06       var animals = ["사자", "호랑이", "사슴", "펭귄"];
07       animals.splice(2, 2, "곰");
08       document.write(animals + "<br>");
09
10       animals.splice(2, 0, "원숭이");
11       document.write(animals);
12    </script>
```

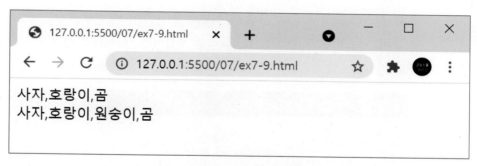

그림 7-9 ex7-9.html의 실행 결과

7행 **animals.splice(2, 2, "곰");**

animals.splice(2, 2, "곰")은 animals 배열의 인덱스 2 위치부터 2개의 요소를 삭제하고 '곰'을 삽입한다.

그림 7-9의 첫 번째 줄에서와 같이 6행의 animals 배열에서 '사슴'과 '펭귄' 두 개의 요소가 삭제되고 '곰'이 삽입된다.

Array 객체에서 사용되는 splice() 메소드의 사용 서식은 다음과 같다.

> 배열객체명.splice(인덱스, 삭제_개수, 데이터, ...)

인덱스는 데이터를 삽입하는 위치, 즉 인덱스 번호를 의미한다. 삭제_개수는 삭제되는 데이터의 개수를 나타낸다. 그리고 데이터는 배열에 삽입되는 요소 값을 나타낸다.

### 7행  animals.splice(2, 0, "원숭이");

splice() 메소드의 두 번째 매개변수가 0이기 때문에 요소를 삭제하지 않고 animals 배열 ['사자', '호랑이', '곰']의 인덱스 2 위치에 '원숭이'를 삽입한다. 이 결과로써 그림 7-9의 두 번째 줄에 나타난 것과 같이 animals 배열은 ['사자', '호랑이', '원숭이', '곰']의 값을 가진다.

## 7.2.6 slice() 메소드

slice() 메소드는 배열에서 특정 요소를 추출하는 데 사용된다. 다음 예제를 통하여 slice() 메소드의 사용법을 익혀보자.

| 예제 7-10. slice() 메소드로 배열의 요소 추출하기 | 07/ex7-10.html |
|---|---|

```
05   <script>
06      var animals = ["사자", "호랑이", "사슴", "펭귄", "여우", "독수리"];
07      var arr;
08
09      arr = animals.slice(2);
10      document.write(arr + "<br>");
11
12      arr = animals.slice(2, 4);
13      document.write(arr);
14   </script>
```

그림 7-10 ex7-10.html의 실행 결과

9행 **arr = animals.slice(2);**

animals.slice(2)는 animals 배열에서 인덱스 2에서 마지막 인덱스까지의 요소로 구성된 배열을 반환한다. 따라서 그림 7-10의 첫 번째 줄에서와 같이 배열 arr은 ['사슴', '펭귄', '여우', '독수리']의 값을 가진다.

12행 **arr = animals.slice(2, 4);**

animals.slice(2, 4)는 animals 배열에서 인덱스 2에서 인덱스 4 이전(4는 포함되지 않음), 즉 인덱스 3까지의 요소로 구성된 배열을 반환한다. 따라서 그림 7-10의 두 번째 줄에서와 같이 배열 arr은 ['사슴', '펭귄']의 값을 가진다.

Array 객체에서 사용되는 slice() 메소드의 사용 서식은 다음과 같다.

> 배열객체명.slice(시작_인덱스, 끝_인덱스)

시작_인덱스부터 끝_인덱스(끝_인덱스는 포함되지 않음)까지의 요소들로 구성되는 새로운 Array 객체를 반환한다. 끝_인덱스가 생략되면 시작_인덱스부터 마지막 인덱스까지의 요소로 구성된 배열 객체를 얻는다.

## 7.2.7 sort() 메소드

sort() 메소드는 배열의 요소를 오름차순으로 정렬한다. 다음 예제를 통하여 sort() 메소드의 사용법을 익혀보자.

| 예제 7-11. sort() 메소드로 배열의 요소 정렬하기 | 07/ex7-11.html |
|---|---|

```
05    <script>
06        var animals = ["사자", "호랑이", "얼룩말", "펭귄"];
07
08        animals.sort();
09        document.write(animals + "<br>");
10
11        animals.reverse();
12        document.write(animals);
13    </script>
```

그림 7-11 ex7-11.html의 실행 결과

9행 **animals.sort();**

animals.sort()는 animals 배열의 요소를 오름차순(Ascending Order)으로 정렬한다. 그림 7-11의 첫 번째 줄에 나타난 결과를 보면 animals 배열의 요소들이 오름차순(가나다 순)으로 정렬되어 있음을 알 수 있다.

11행 **animals.reverse();**

animals.reverse()는 animals 배열의 요소들의 순서를 거꾸로 한다. 그림 7-11의 두 번째 줄을 보면 animals 배열의 요소들이 첫 번째 줄과 반대로 되어 있음을 확인할 수 있다.

2장 2.4.2절에서 설명한 자바스크립트의 문자열(String)은 String 객체에 기반한다. String 객체의 다양한 메소드는 프로그램에서 문자열을 처리하는 데 사용된다.

Stiring 객체의 메소드를 이용하면 문자열 추출, 문자열 치환, 대소문자 변경, 문자열 분리, 문자열 검색 등 문자열을 다양한 방법으로 다룰 수 있다.

String 객체에서 많이 사용되는 메소드를 표로 정리하면 다음과 같다.

표 7-4 String 객체의 메소드

| 메소드 | 역할 |
| --- | --- |
| slice() | 문자열에서 인덱스를 이용하여 특정 문자열을 추출한다. |
| substr() | 문자열에서 인덱스와 길이를 이용하여 특정 문자열을 추출한다. |
| replace() | 문자열에서 특정 문자열을 치환한다. |
| toUpperCase() | 문자열에서 영문자를 대문자로 변환한다. |
| toLowerCase() | 문자열에서 영문자를 소문자로 변환한다. |
| split() | 문자열에서 특정 문자를 기준으로 문자열을 분리한다. |

## 7.3.1 slice() 메소드

slice() 메소드는 시작 인덱스와 종료 인덱스가 가리키는 문자열을 추출하는 데 사용된다.

예제 7-12. slice() 메소드로 문자열 추출하기     07/ex7-12.html

```
05  <script>
06      var str = "태산이 무너져도 솟아날 구멍이 있다.";
07
08      document.write(str.slice(2, 8) + "<br>");
09      document.write(str.slice(5) + "<br>");
10      document.write(str.slice(-3) + "<br>");
11      document.write(str.slice(-10, -3));
12  </script>
```

그림 7-12 ex7-12.html의 실행 결과

문자열에서 slice() 메소드의 사용법은 Array 객체에서의 slice() 메소드와 매우 유사하다.

8행  **document.write(str.slice(2, 8) + "⟨br⟩");**

str.slice(2, 8)은 문자열 str의 인덱스 2에서 8보다 하나 작은 값, 즉 7까지의 문자열을 추출한다. 따라서 그림 7-12의 첫 번째 줄에서와 같이 '이 무너져도'를 출력한다.

※ 6행의 문자열 사이에 있는 공백(" ")도 하나의 문자라는 점에 유의하기 바란다.

9행  **document.write(str.slice(5) + "⟨br⟩");**

str.slice(5)은 문자열 str의 인덱스 5에서 끝까지의 문자열을 추출한다. 따라서 그림 7-12의 두 번째 줄에서와 같이 '너져도 솟아날 구멍이 있다.'를 출력한다.

10행  **document.write(str.slice(-3) + "⟨br⟩");**

str.slice(-3)은 문자열 str의 끝에서 3번째, 즉 인덱스 -3부터 끝까지의 문자열을 추출한다. 따라서 그림 7-12의 세 번째 줄에서와 같이 '있다.'를 출력한다.

11행  **document.write(str.slice(-10, -3));**

str.slice(-10, -3)은 문자열 str의 끝에서 10번째(인덱스: -10)부터 끝에서 3번째(인덱스: -3)보다 하나 앞 요소까지의 문자열을 추출한다. 따라서 그림 7-12의 네 번째 줄에서와 같이 '아날 구멍이 '를 출력한다.

## 7.3.2 substr() 메소드

substr() 메소드는 slice() 메소드와 유사한 역할, 즉 문자열의 일부를 추출하는 역할을 한다. substr()에서는 배열의 인덱스와 추출할 요소의 개수를 이용한다는 것이 slice() 메소드와 다른 점이다.

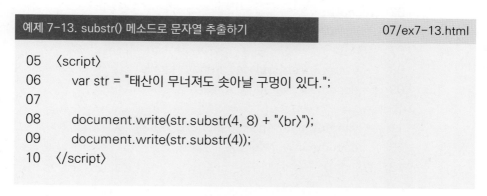

```
05  <script>
06      var str = "태산이 무너져도 솟아날 구멍이 있다.";
07
08      document.write(str.substr(4, 8) + "<br>");
09      document.write(str.substr(4));
10  </script>
```

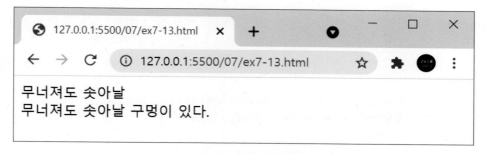

그림 7-13 ex7-13.html의 실행 결과

8행 **document.write(str.substr(4, 8) + "<br>");**

str.substr(4, 8)은 문자열 str의 인덱스 4부터 8개의 문자를 추출한다. 따라서 그림 7-13의 첫 번째 줄에서와 같이 '무너져도 솟아날'을 출력한다.

9행 **document.write(str.substr(4));**

str.substr(4)은 문자열 str의 인덱스 4부터 나머지 전체 문자열을 추출한다. 따라서 그림 7-13의 두 번째 줄에서와 같이 '무너져도 솟아날 구멍이 있다.'를 출력한다.

## 7.3.3 replace() 메소드

replace() 메소드는 문자열에서 특정 문자열을 치환하는 데 사용된다.

| 예제 7-14. replace() 메소드로 문자열 치환하기 | 07/ex7-14.html |
|---|---|

```
05  ⟨script⟩
06      var str = "A friend in need is a friend indeed.";
07
08      var str2 = str.replace("friend", "family");
09      document.write(str2 + "⟨br⟩");
10
11      var str3 = str.replace(/friend/g, "family");
12      document.write(str3);
13  ⟨/script⟩
```

그림 7-14 ex7-14.html의 실행 결과

8행 **var str2 = str.replace("friend", "family");**

str2 = str.replace("friend", "family")는 문자열 str에서 처음 나오는 'friend'를 'family'로 치환하여 생성된 새로운 문자열을 str2에 저장한다. 그림 7-14의 첫 번째 줄에서와 같이 첫번째 매치되는 'friend'만 'family'로 치환되고 두 번째 'friend'는 변경되지 않는다.

매치되는 모든 문자열을 치환하려면 11행에서와 같이 /g 기호를 사용하여야 한다.

**11행** **var str3 = str.replace(/friend/g, "family");**

str3 = str.replace(/friend/g, "family")는 문자열 str의 모든 'friend'를 'family'로 치환하여 생성된 새로운 문자열을 str3에 저장한다. 여기서 사용된 /g와 같은 기호를 정규 표현식(Regular expression)이라 한다.

정규 표현식은 문자열에서 특정 문자열을 검색하거나 치환할 때 주로 사용된다. 그림 7-14의 두 번째 줄에서는 두 개의 'friend'가 모두 'family'로 치환되었다.

---

**TIP** 정규 표현식이란? ────────────────────

정규 표현식은 특정한 규칙을 가진 문자열의 집합을 표현하는 데 사용되는 형식 언어이다. 정규 표현식은 많은 텍스트 편집기와 자바스크립트와 같은 프로그래밍 언어에서 문자열의 검색과 치환을 위해 사용된다.

---

## 7.3.4 영문 대소문자 변경

문자열에서 영문 대문자로 변경하는 데는 toUpperCase() 메소드를 사용하고 소문자로 변경하는 데는 toLowerCase() 메소드를 사용한다.

| 예제 7-15. 영문 대소문자 변경하기 | 07/ex7-15.html |
|---|---|

```
05   <script>
06      var str = "Have a Nice Day!";
07
08      var str2 = str.toUpperCase();
09      document.write(str2 + "<br>");
10
11      var str3 = str.toLowerCase();
12      document.write(str3);
13   </script>
```

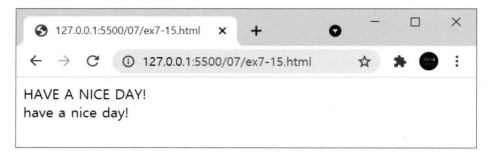

그림 7-15 ex7-15.html의 실행 결과

8행 **var str2 = str.toUpperCase();**

str2 = str.toUpperCase()는 문자열 str의 영문자들을 대문자로 변경하여 str2에 저장한다.

11행 **var str3 = str.toLowerCase();**

str3 = str.toLowerCase()는 문자열 str의 영문자들을 소문자로 변경하여 str3에 저장한다.

## 7.3.5 문자열의 배열 변환

split() 메소드를 이용하면 문자열을 특정 문자열을 기준으로 분리하여 배열로 저장할 수 있다.

다음 예제에서는 연월일 사이에 있는 '/'를 기준으로 문자열을 분리하여 배열로 처리한다.

| 예제 7-16. 문자열을 배열로 변환하기 | 07/ex7-16.html |
| --- | --- |

```
05   <script>
06      var str = "2025/3/25";
07
08      var arr = str.split("/");
09      document.write("년 : " + arr[0] + "<br>");
10      document.write("월 : " + arr[1] + "<br>");
11      document.write("일 : " + arr[2]);
12   </script>
```

그림 7-16 ex7-16.html의 실행 결과

6행  **var str = "2025/3/25";**

str = "2025/3/25"는 슬래쉬(/)가 포함된 연월일 '2025/3/25'를 str에 저장한다.

8행  **var arr = str.split("/");**

arr = str.split("/")는 슬래쉬(/)를 기준으로 문자열을 분리하여 arr에 저장한다. 여기서 arr은 Array 객체인 배열이다.

9~11행  그림 7-16에서와 같이 연월일을 화면에 출력한다. 여기서 arr[0], arr[1], arr[2]는 각각 '2025', '3', '25'의 값을 가진다.

## 7.4 Math 객체

Math 객체는 자바스크립트 프로그램에서 수학적 연산을 위한 메소드를 제공한다. 자바스크립트에서 많이 사용되는 Math 객체의 메소드를 표로 정리하면 다음과 같다.

표 7-5 Math 객체의 메소드

| 메소드 | 역할 |
| --- | --- |
| round() | 반올림한 정수 값을 구한다. |
| ceil() | 무조건 올림한 정수 값을 구한다. |
| floor() | 무조건 내림한 정수 값을 구한다. |
| pow() | 제곱과 거듭제곱을 구한다. |
| sqrt() | 제곱근을 구한다. |
| abs() | 절댓값을 구한다. |
| sin() | 사인 값을 구한다. |
| cos() | 코사인 값을 구한다. |
| tan() | 탄젠트 값을 구한다. |
| min() | 최솟값을 구한다. |
| max() | 최댓값을 구한다. |
| log() | 로그 값을 구한다. |

다음 예제를 통하여 위 표 7-5에 있는 Math 객체 메소드들의 사용법을 익혀보자.

| 예제 7-17. Math 객체의 메소드 사용 예 | 07/ex7-17.html |
| --- | --- |

```
05  〈script〉
06      document.write(Math.round(5.3) + "〈br〉");      // 5
07      document.write(Math.round(5.7) + "〈br〉");      // 6
08      document.write(Math.ceil(5.3) + "〈br〉");       // 6
```

```
09        document.write(Math.floor(5.7) + "<br>");          // 5
10        document.write(Math.pow(2, 5) + "<br>");            // 32
11        document.write(Math.sqrt(25) + "<br>");             // 5
12        document.write(Math.abs(-3.7) + "<br>");            // 3.7
13        document.write(Math.sin(Math.PI/2) + "<br>");       // 1
14        document.write(Math.cos(0) + "<br>");               // 1
15        document.write(Math.tan(0) + "<br>");               // 0
16        document.write(Math.min(0, 3, -5, 12) + "<br>");    // -5
17        document.write(Math.max(0, 3, -5, 12) + "<br>");    // 12
18        document.write(Math.log(1));                        // 0
19   </script>
```

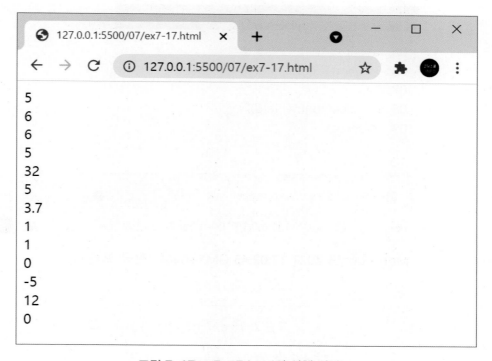

그림 7-17 ex7-17.html의 실행 결과

### 10행 Math.pow(2, 5)

Math.pow(2, 5)는 $2^5$, 즉 32의 값을 가진다.

### 13행 Math.PI

Math 객체의 Math.PI 속성은 원주율 $\pi$를 나타낸다. Math.PI 속성은 원의 둘레와 지름의 비율을 의미하며 3.141592653589793의 값을 가진다.

**Date 객체**

Date 객체는 자바스크립트에서 날짜와 시간을 다루는 데 필요한 다양한 메소드를 제공한다.

### 7.5.1 Date 객체 생성

New 연산자를 이용하여 현재 날짜와 시간을 가지는 Date 객체를 생성하는 방법은 다음과 같다.

| 예제 7-18. 현재 날짜와 시간으로 Date 객체 생성하기 | 07/ex7-18.html |
|---|---|

```
05  〈script〉
06     var d = new Date();
07
08     document.write(d);
09  〈/script〉
```

Mon Aug 23 2021 17:02:43 GMT+0900 (한국 표준시)

그림 7-18 ex7-18.html의 실행 결과

6행 **var d = new Date();**

d = new Date()는 그림 7-18에 나타난 것과 같이 컴퓨터의 현재 날짜와 시간으로 구성된 Date 객체 d를 생성한다.

다음 예제에서는 특정 날짜와 시간으로 Date 객체를 생성한다.

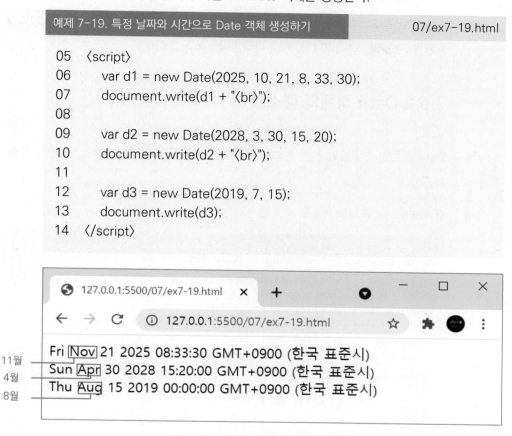

예제 7-19. 특정 날짜와 시간으로 Date 객체 생성하기     07/ex7-19.html

```
05    <script>
06        var d1 = new Date(2025, 10, 21, 8, 33, 30);
07        document.write(d1 + "<br>");
08
09        var d2 = new Date(2028, 3, 30, 15, 20);
10        document.write(d2 + "<br>");
11
12        var d3 = new Date(2019, 7, 15);
13        document.write(d3);
14    </script>
```

127.0.0.1:5500/07/ex7-19.html

127.0.0.1:5500/07/ex7-19.html

11월 — Fri Nov 21 2025 08:33:30 GMT+0900 (한국 표준시)
4월 — Sun Apr 30 2028 15:20:00 GMT+0900 (한국 표준시)
8월 — Thu Aug 15 2019 00:00:00 GMT+0900 (한국 표준시)

그림 7-19 ex7-19.html의 실행 결과

6행 **var d1 = new Date(2025, 10, 21, 8, 33, 30);**

2025년 11월 21일 8시 33분 30초로 설정된 Date 객체 d1을 생성한다. 여기서 생성자 함수 Date(2025, 10, 21, 8, 33, 30)에 사용된 6개의 숫자는 각각 연, 월, 일, 시, 분, 초를 나타낸다. Date()에서 사용된 숫자 10은 월을 나타내는데, 여기서는 월이 0부터 시작하기 때문에 10은 11월을 의미한다.

※ 생성자 함수 Date()에서 월은 0~11의 숫자를 사용한다는 점을 꼭 기억하기 바란다. 예를 들어 숫자 11은 12월을 나타낸다.

9행 **var d2 = new Date(2028, 3, 30, 15, 20);**

2028년 4월 30일 15시 20분으로 설정된 Date 객체 d2을 생성한다. 여기서 생성자 함수 Date()에 사용된 숫자 5개는 각각 연, 월, 일, 시, 분을 나타낸다.

**12행** **var d3 = new Date(2019, 7, 15);**

2019년 8월 15일로 설정된 Date 객체 d3을 생성한다. 여기서 생성자 함수 Date()에 사용된 숫자 3개는 각각 연, 월, 일을 나타낸다.

## 7.5.2 Date 객체의 메소드

Date 객체에서 날짜와 시간 정보를 가져오기 위해 다음의 표에 나타난 다양한 메소드를 제공한다.

표 7-6 Date 객체의 메소드

| 메소드 | 역할 |
|---|---|
| getFullYear() | 4자리 연도(yyyy)를 구한다. |
| getMonth() | 월(0~11)을 구한다. |
| getDate() | 일(1~31)을 구한다. |
| getHours() | 시간(0~23)을 구한다. |
| getMinutes() | 분(0~59)을 구한다. |
| getSeconds() | 초(0~59)를 구한다. |
| getDay() | 요일(0~6)을 구한다. |

표 7-6의 메소드를 이용하여 현재 일시의 연월일시분초를 구하는 프로그램을 작성해보자.

| 예제 7-20. 현재 일시의 연월일시분초 구하기 | 07/ex7-20.html |
|---|---|

```
05   <script>
06      var d = new Date();
07      var year = d.getFullYear();
08      var month = d.getMonth();
09      month++;
10      var date = d.getDate();
11      var hour = d.getHours();
```

```
12      var minute = d.getMinutes();
13      var second = d.getSeconds();
14
15      document.write(year + "/" + month + "/" + date + " ");
16      document.write(hour + ":" + minute + ":" + second);
17    </script>
```

그림 7-20 ex7-20.html의 실행 결과

6행 **var d = new Date();**

컴퓨터의 현재 날짜와 시간으로 Date 객체 d를 생성한다.

7행 **var year = d.getFullYear();**

Date 객체 d에서 4자리 연도를 가져와 year에 저장한다.

8,9행 **var month = d.getMonth();**
     **month++;**

객체 d에서 월을 가져와 month에 저장한 다음 month의 값을 1증가시킨다. 이것은 앞의 예제 7-19에서 설명한 것과 같이 month는 0~11의 값을 갖기 때문이다.

10~13행 앞에서와 같은 방법으로 일시분초를 구해 각각 date, hour, minute, second에 저장한다.

15,16행 그림 7-20에 나타난 것과 같이 연월일시분초를 화면에 출력한다.

7-1. 다음은 Number 객체의 메소드를 이용하여 실수의 소수점 이하 자리수를 구하는 프로그램이다. 실행 결과는 무엇인가?

```
<script>
    var x = -35.267058;

    document.write(x.toFixed(0) + "<br>");
    document.write(x.toFixed(1) + "<br>");
    document.write(x.toFixed(3));
</script>
```

실행 결과 : _____

_____

_____

7-2. 다음은 Array 객체의 메소드에 관한 문제이다. 물음에 답하시오.

1) 배열의 요소 값들을 콤마로 분리된 문자열로 변환하는 데 사용되는 메소드는?
   (                    )

2) 배열에 새로운 요소를 추가하는 데 사용되는 메소드는? (                )

3) 배열의 마지막 요소를 삭제하는 데 사용되는 메소드는? (                )

4) 배열에 요소를 삽입하는 데 사용되는 메소드는? (                )

5) 배열의 요소를 추출하는 데 사용되는 메소드는? (                )

6) 배열의 요소를 오름차순으로 정렬하는 데 사용되는 메소드는? (                )

7-3. 다음은 Array 객체의 slice() 메소드를 이용하여 배열의 요소를 추출하는 프로그램이다. 실행 결과는 무엇인가?

```
<script>
    var fruits = ["사과", "오렌지", "포도", "수박", "참외"];
    var arr;

    arr = fruits.slice(3);
    document.write(arr + "<br>");

    arr = fruits.slice(1, 4);
    document.write(arr);
</script>
```

실행 결과 : _____

_____


7-4. 다음은 String 객체의 메소드를 이용하여 문자열에서 특정 문자열을 추출하는 프로그램이다. 실행 결과는 무엇인가?

```
<script>
    var str = "If you laugh, blessings will come your way.";

    var word1 = str.slice(7, 12);
    var word2 = str.substr(14, 5);

    document.write(word1 + "<br>");
    document.write(word2);
</script>
```

실행 결과 : _____

_____

7-5. 다음은 Math 객체의 메소드에 관한 문제이다. 다음 프로그램의 실행 결과는 무엇인가?

```
<script>
    document.write(Math.round(8.7) + "<br>");
    document.write(Math.ceil(8.3) + "<br>");
    document.write(Math.floor(8.7) + "<br>");
    document.write(Math.pow(3, 3) + "<br>");
    document.write(Math.sqrt(49));
</script>
```

실행 결과 : _____

_____

_____

_____

7-6. 다음은 Date 객체를 이용하여 현재 날짜와 시간을 표시하는 프로그램이다. 빈 박스를 채워 프로그램을 완성하시오.

¤ 브라우저 실행 결과

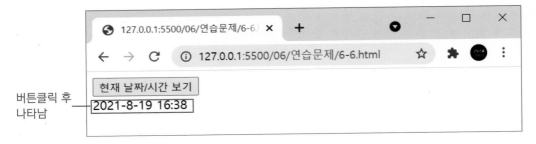

버튼클릭 후 나타남

```
<head>
<meta charset="UTF-8">
<script>
    function showDate() {
        var d = new □();
```

```
        var year = d.[          ]();
        var month = d.getMonth();
        month++;
        var date = d.getDate();
        var hour = d.getHours();
        var minute = d.[         ]();

        var str = year + "-" + month + "-" + date + " " + hour + ":" + minute;
        document.getElementById("[    ]").innerHTML = [  ];
    }
</script>
</head>
<body>
    <button onclick="showDate()">현재 날짜/시간 보기</button>
    <div id="result"></div>
</body>
```

# PART 2

# 제이쿼리

# Part 2 제이쿼리

# Chapter 08

# 제이쿼리 기초

제이쿼리는 자바스크립트에서 자주 사용되는 기능을 함수나 객체로 모아 놓은 라이브
러리 파일을 말한다. 제이쿼리를 사용하면 자바스크립트만으로 프로그래밍을 할 때
보다 훨씬 쉽고 간결하게 웹 프로그램을 작성할 수 있다. 이번 장에서는 페이지에서
HTML 요소를 가져오고 요소에 내용을 설정하는 방법에 대해 알아본다. 또한 요소에
새로운 요소를 더하고 삭제하는 방법과 CSS를 조작하는 방법을 배운다.

**제이쿼리란?**

제이쿼리(jQuery)는 자바스크립트 프로그래밍을 훨씬 쉽게 해주는 자바스크립트 라이브러리(Library) 중의 하나이다. 자바스크립트 라이브러리는 사용 방법과 용도에 따라 정의가 달라지지만 크게 보면 하나 이상의 서브 루틴이나 재사용 가능한 함수들을 모아 놓은 파일을 의미한다.

자바스크립트 라이브러리는 웹 사이트 개발에 필요한 DOM 조작, 애니메이션, 페이지 레이아웃, 탐색, 모바일 지원 등 다양한 기능을 제공한다. 최근 jQuery와 더불어 많이 사용되는 자바스크립트 라이브러리에는 리액트(React)와 D3가 있다. 이 외에도 용도에 따라 수십 종의 자바스크립트 라이브러리가 웹 프로그램 개발에 사용되고 있다.

> **TIP** 리액트와 D3란?
>
> 리액트는 일종의 웹 콘텐츠를 제작할 수 있는 통합 개발 환경을 제공하는 자바스크립트 프레임워크(Framework)의 하나이다. 그리고 D3는 웹 브라우저 상에서 동적이고 인터렉티브(Interactive)하게 데이터 시각화(Data visualization)를 가능하게 해주는 자바스크립트 라이브러리이다.

## 8.1.1 제이쿼리의 기능

자바스크립트로 작성하면 많은 줄이 소요되는 코드도 제이쿼리를 사용하면 단 몇 줄로 해결할 수 있다. 이와 같이 제이쿼리는 웹 프로그래밍을 훨씬 쉽고 편리하게 해준다.

제이쿼리에서 제공하는 기본적인 세 가지 기능은 다음과 같다.

**(1) DOM 요소들을 선택하는 제이쿼리 선택자**

제이쿼리 선택자(Selector)는 CSS의 선택자와 유사한 스타일로 DOM 요소를 쉽고 편리하게 선택할 수 있게 해준다.

제이쿼리 선택자를 이용하면 자바스크립트의 DOM 메소드를 이용하는 것보다 훨씬 쉽게 DOM을 다룰 수 있다.

※ 제이쿼리 선택자에 대해서는 9장에서 자세히 설명한다.

## (2) DOM 트리와 요소를 조작하는 제이쿼리 메소드

제이쿼리에는 DOM 트리의 계층 구조를 변경하고 요소들을 추가, 수정, 삭제할 수 있는 다양한 메소드를 제공한다.

※ 제이쿼리 메소드에 대해서는 이번 장의 8.2절부터 자세히 설명한다.

## (3) 웹 페이지에서 발생되는 이벤트를 처리하는 제이쿼리 이벤트

제이쿼리에서는 선택된 요소에 대해 마우스나 키보드 조작에 의해 발생하는 이벤트를 처리해주는 기능을 제공한다.

※ 제이쿼리 이벤트에 대해서는 10장에서 자세히 설명한다.

## 8.1.2 제이쿼리의 기본 구조

제이쿼리의 기본 구조를 파악하기 위해 다음 예제를 살펴보자.

| 예제 8-1. 제이쿼리 간단 사용 예 | 08/ex8-1.html |
|---|---|

```
01  <!DOCTYPE html>
02  <html>
03  <head>
04  <meta charset="UTF-8">          ❶ 제이쿼리 불러오기
05  <script src="js/jquery-3.6.0.min.js"></script>
06  </head>
07  <body>
08  <p>단락입니다.</p>
09  <button>배경 색상 변경하기</button>
10
11  <script>          ❸ 제이쿼리 이벤트
12      $("button").click(function(){
13          $("p").css("background-color", "yellow");
14      });          ❹ 제이쿼리 메소드
15  </script>
16  </body>
17  </html>
```

❷ 제이쿼리 함수

그림 8-1 ex8-1.html의 실행 결과

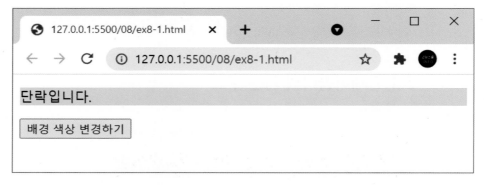

그림 8-2 그림 8-1에서 '배경 색상 변경하기' 버튼 클릭 후

예제 8-1에서 빨간색으로 표시된 부분이 제이쿼리 코드이다. 당연히 제이쿼리도 자바스크립트에 포함되기 때문에 〈script〉 태그 안에 들어간다.

이 프로그램은 그림 8-1의 '배경 색상 변경하기' 버튼을 클릭하면 그림 8-2에서와 같이 단락의 배경 색상을 노란색으로 변경한다.

그럼 지금부터 예제 8-1에서 사용된 제이쿼리 코드에 대해 자세히 설명한다.

## ❶ 제이쿼리 불러오기

웹 페이지에서 제이쿼리를 사용하기 위해 제이쿼리 파일을 불러오는 데는 두 가지 방법이 있다.

### (1) 제이쿼리 파일 직접 불러오기

제이쿼리의 공식 사이트(https://jquery.com)에서 제이쿼리 압축 파일을 다운로드 받을 수 있다. 파일의 압축을 풀어 js 폴더에 저장한 다음 다음과 같이 불러온다.

```
<script src="js/jquery-3.6.0.min.js"></script>
```

※ jquery-3.6.0.min.js 파일은 코딩스쿨(http://codingschool.info)에서 제공하는 source/08/js 폴더 안에 있다.

### (2) 네트워크상의 제이쿼리 파일 불러오기

두 번째 방법은 CDN(Content Delivery Network)을 통하여 제이쿼리 파일을 제공 받는 방식이다. CDNJS 사이트(https://cdnjs.com)에서 'jquery'로 검색하여 얻은 URL을 다음과 같이 <script> 태그에 넣으면 된다.

```
<script src="https://cdnjs.cloudflare.com/ajax/libs/jquery/3.6.0/jquery.min.js"></script>
```

또는 다음과 같이 구글의 CDN 호스트를 이용하여 제이쿼리를 사용할 수도 있다.

```
<script src="https://ajax.googleapis.com/ajax/libs/jquery/3.6.0/jquery.min.js"></script>
```

## ❷ 제이쿼리 함수

| jQuery("선택자") | $( "선택자") |
|---|---|
| 괄호 안에 있는 요소를 선택하는 역할을 한다. | jQuery("선택자")의 축약 형태이다. 실제로 이 표기가 대부분 사용된다. |

```
$("button")
```

"button"은 CSS의 요소 선택자(또는 태그 선택자) button과 같은 것이다. 따라서 $("button")은 예제 8-1 9행의 ⟨button⟩ 요소를 선택한다.

```
$("p")
```

$("p")는 웹 페이지에서 ⟨p⟩ 요소를 선택한다.

※ 제이쿼리의 다양한 선택자에 대해서는 9장에서 자세히 설명한다.

### ❸ 제이쿼리 이벤트

```
$("button").click(function(){
    // 여기에 자바스크립트 코드가 들어간다.
});
```

그림 8-1의 '배경 색상 변경하기' 버튼을 클릭하면 click() 메소드가 실행된다. 따라서 function() 다음의 괄호({ }) 안에 있는 자바스크립트 코드가 실행된다.

### ❹ 제이쿼리 메소드

```
$("p").css("background-color", "yellow")
```

제이쿼리 함수 $("p")는 8행에 있는 ⟨p⟩ 요소를 선택한다. css("background-color", "yellow")는 CSS 속성 background-color에 속성 값 'yellow'를 설정한다. 따라서 그림 8-2에서와 같이 단락의 배경 색상이 노란색으로 변경된다.

※ 자주 사용되는 제이쿼리 메소드에 대해서는 이번 장 8.2절의 설명을 참고하기 바란다.

## 8.1.3 제이쿼리 코드 적용 오류

다음은 제이쿼리 코드가 〈head〉 태그 내에 존재하는 경우에 대해 알아보자. 이 경우에는 제이쿼리 코드가 제대로 실행되지 않는다.

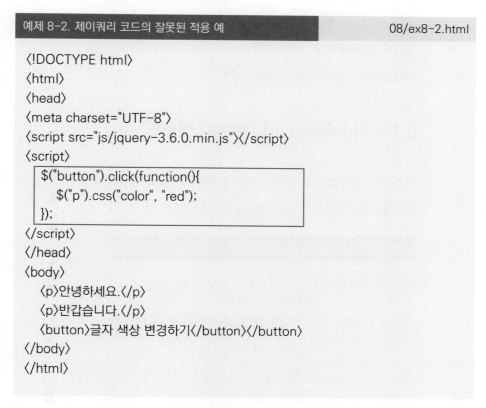

예제 8-2. 제이쿼리 코드의 잘못된 적용 예          08/ex8-2.html

```html
<!DOCTYPE html>
<html>
<head>
<meta charset="UTF-8">
<script src="js/jquery-3.6.0.min.js"></script>
<script>
    $("button").click(function(){
        $("p").css("color", "red");
    });
</script>
</head>
<body>
    <p>안녕하세요.</p>
    <p>반갑습니다.</p>
    <button>글자 색상 변경하기</button></button>
</body>
</html>
```

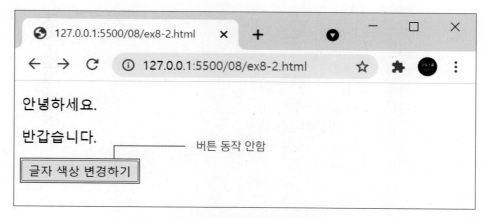

그림 8-3 예제 8-2의 실행 결과

위의 예에서는 빨간색 박스 내에 있는 제이쿼리 코드가 먼저 실행된 다음 ⟨body⟩ 태그 영역에 있는 ⟨p⟩ 요소와 ⟨body⟩ 요소들, 즉 DOM의 요소들이 자바스크립트 엔진에 로드된다. 제이쿼리 코드가 실행되는 시점에서는 $("button")이나 $("p")의 제이쿼리 함수가 페이지에 존재하는 ⟨button⟩과 ⟨p⟩ 요소를 인지할 수 없다.

따라서 위의 예제를 브라우저에서 실행하고 '배경 색상 변경하기' 버튼을 눌러도 단락의 배경 색상이 노란색으로 변경되지 않는다.

## 8.1.4 $(document).ready() 메소드

앞의 예제 8-2에서와 같은 문제를 방지하기 위해서 제이쿼리에서는 다음의 예제에서와 같이 $(document).ready() 메소드를 제공한다.

| 예제 8-3. $(document).ready() 메소드 사용 예 | 08/ex8-3.html |
|---|---|

```
03   ⟨head⟩
04   ⟨meta charset="UTF-8"⟩
05   ⟨script src="js/jquery-3.6.0.min.js"⟩⟨/script⟩
06   ⟨script⟩
07   $(document).ready(function() {
08       $("button").click(function() {
09           $("p").css("color", "red");
10       });
11   });
12   ⟨/script⟩
13   ⟨/head⟩
14   ⟨body⟩
15       ⟨p⟩안녕하세요.⟨/p⟩
16       ⟨p⟩반갑습니다.⟨/p⟩
17       ⟨button⟩글자 색상 변경하기⟨/button⟩
18   ⟨/body⟩
```

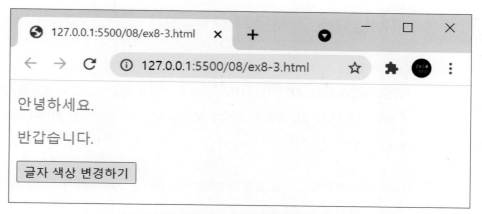

그림 8-4 예제 8-3의 실행 결과(버튼 클릭 후)

7행의 $(document).ready() 메소드는 웹 페이지의 모든 DOM 요소가 자바스크립트 엔진에 다 로드되어 준비가 되었을 때 실행된다. 이렇게 함으로써 8행과 9행에 있는 제이쿼리 코드에서 ⟨p⟩ 요소와 ⟨button⟩ 요소를 인지할 수 있다.

```
                페이지를 나타내는
                제이쿼리 객체를 생성한다.              페이지가 준비가 되었을 때 ready()
                                                메소드안에 있는 함수가 실행된다.

        $(document).ready(function() {
                // 자바스크립트 코드
        });
```

일반적으로 모든 제이쿼리 코드는 $(document).ready() 메소드 안에다 작성하면 된다.

위의 $(document).ready()의 사용 형식은 다음과 같이 축약하여 사용할 수도 있다.

```
        $(function() {
                // 자바스크립트 코드
        });
```

## 8.2 HTML 요소 가져오기

제이쿼리(jQuery)는 페이지의 HTML 요소와 속성을 변경하고 조작하는 데 강력한 능력을 발휘한다. 이번 절을 통하여 요소의 내용과 속성 값을 가져오는 방법에 대해 공부해보자.

HTML 요소의 내용과 속성 값을 가져오는 데 사용되는 제이쿼리 메소드를 표로 정리하면 다음과 같다.

표 8-1 HTML 요소를 가져오는 제이쿼리 메소드

| 메소드 | 역할 |
|--------|------|
| text() | 선택된 HTML 요소의 텍스트 내용을 가져오거나 설정한다. |
| html() | 선택된 HTML 요소에서 HTML 태그를 포함한 내용을 가져오거나 설정한다. |
| val() | 선택된 HTML 폼 요소의 속성 값을 가져오거나 설정한다. |
| attr() | 선택된 HTML 요소의 속성 값을 가져오거나 설정한다. |

다음 절부터 표 8-1의 text(), html(), val(), attr() 메소드에 대해 하나씩 차근차근 공부해보자.

### 8.2.1 text()/html()/val() 메소드

제이쿼리의 text()와 html() 메소드를 이용하면 요소에 들어있는 내용을 가져올 수 있다. 다음 예제를 통하여 text()와 html() 메소드의 사용법을 익혀보자.

예제 8-4. text()와 html() 메소드 사용 예                   08/ex8-4.html

```
06   〈script〉
07   $(document).ready(function() {
08      $("#btn1").click(function() {
09         var content = $("#box").text();
```

```
10          alert(content);
11       });
12
13       $("#btn2").click(function() {
14          var content = $("#box").html();
15          alert(content);
16       });
17    });
18    </script>
19    </head>
20    <body>
21      <div id="box">
22         <h3>요소 내용 가져오기</h3>
23         <p>text()는 요소의 텍스트만 가져오고, html()은 HTML 태그도 같이
                가져옵니다.</p>
24      </div>
25      <button id="btn1">텍스트 가져오기</button>
26      <button id="btn2">HTML 가져오기</button>
27    </body>
```

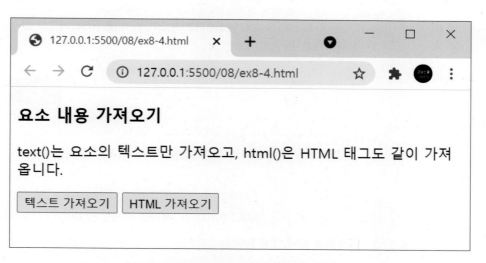

그림 8-5 예제 8-4의 실행 결과(버튼 클릭 전)

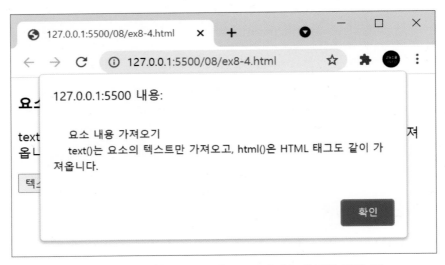

그림 8-6 예제 8-4의 실행 결과('텍스트 가져오기' 버튼 클릭 후)

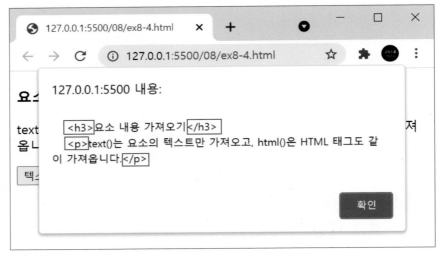

그림 8-7 예제 8-4의 실행 결과('HTML 가져오기' 버튼 클릭 후)

8행 $("#btn1")은 25행의 아이디 btn1, 즉 '텍스트 가져오기' 버튼을 선택한다. 이 버튼을 클릭하면 9행과 10행의 문장이 수행된다.

9행 **var content = $("#box").text();**

text() 메소드는 $("#box")이 가리키는 21행의 아이디 box의 내용 중에서 텍스트만 가져와 변수 content에 저장한다.

10행 alert(content)는 그림 8-6에서와 같이 경고 창에 변수 content의 값을 출력한다. text() 메소드는 요소의 내용 중에서 텍스트만 가져온다는 것을 확인할 수 있다.

**14행  var content = $("#box").html();**

26행의 'HTML 가져오기' 버튼을 클릭하면 14행과 15행의 문장이 수행된다. 14행의 html() 메소드는 아이디 box에 들어있는 HTML 태그를 포함한 모든 내용을 변수 content에 저장한다.

15행의 alert(content)는 그림 8-7에서와 같이 경고 창에 변수 content의 값을 출력한다.

html() 메소드는 그림 8-7에 나타난 것과 같이 HTML 태그를 포함한 요소의 모든 내용을 가져오는 데 사용된다.

※ 8행~16행에 있는 $("#btn1"), $("#btn2"), $("#box") 에서 사용된 #은 CSS에서 아이디를 선택하는 데 사용되는 샵(#) 기호이다. 제이쿼리에서도 CSS와 유사한 방식으로 요소를 선택한다.

※ 제이쿼리 선택자에 대한 자세한 설명은 9장의 내용을 참고하기 바란다.

이번에는 val() 메소드를 이용하여 텍스트 입력 창 〈input type="text"〉 요소에 입력된 값을 가져오는 방법에 대해 알아보자.

| 예제 8-5. val() 메소드 사용 예 | 08/ex8-5.html |
| --- | --- |

```
06  〈script〉
07  $(document).ready(function() {
08    $("#btn").click(function() {
09      var content = $("#name").val();
10      alert(content);
11    });
12  });
13  〈/script〉
14  〈/head〉
```

```
15  〈body〉
16    〈p〉
17      이름 : 〈input type="text" id="name"〉
18    〈/p〉
19    〈button id="btn"〉입력 내용 가져오기〈/button〉
20  〈/body〉
```

그림 8-8 예제 8-5의 실행 결과(버튼 클릭 후)

9행  **var content = $("#name").val();**

여기서 val() 메소드는 $("#name")이 가리키는 17행의 아이디 name, 즉 텍스트 입력
창에 입력된 값을 가져온다.

따라서 위의 예제에서는 그림 8-8에 나타난 것과 같이 텍스트 입력 창에 '홍길동'을 입력
한 뒤에 '입력 내용 가져오기' 버튼을 클릭하면 경고 창에 '홍길동'이 출력된다.

## 8.2.2 attr() 메소드

attr() 메소드는 HTML 요소의 속성에 설정되어 있는 속성 값을 가져오는 데 사용된다.

| 예제 8-6. attr() 메소드 사용 예 | 08/ex8-6.html |
| --- | --- |

```
06  〈script〉
07    $(document).ready(function() {
08      $("#btn").click(function() {
```

```
09          var url = $("#naver").attr("href");
10          alert(url);
11       });
12    });
13    </script>
14    </head>
15    <body>
16      <p>
17        <a id="naver" href="https://naver.com">네이버로 이동하기</a>
18      </p>
19      <button id="btn">href 값 얻기</button>
20    </body>
```

그림 8-9 예제 8-6의 실행 결과(버튼 클릭 후)

9행 **var url = $("#naver").attr("href");**

$("#naver")는 17행의 아이디 naver, 즉 〈a〉 요소를 선택한다. attr("href")는 〈a〉 요소의 href 속성 값인 'https://naver.com'을 가져온다.

10행 alert() 메소드를 이용하여 그림 8-9에서와 같이 경고 창에 'https://naver.com'을 출력한다.

# HTML 요소 설정하기

앞에서 설명한 text(), html(), val() 메소드는 요소의 내용을 가져오는 데에도 사용되지만 요소에 새로운 내용을 설정하고 속성 값을 설정하는 데에도 사용된다.

## 8.3.1 text()/html()/val() 메소드로 요소 설정하기

다음 예제에서는 앞의 표 8-1의 text(), html(), val() 메소드를 이용하여 요소에 내용을 설정하고 입력 창에 속성 값을 설정한다.

| 예제 8-7. text(), html(), val() 메소드로 요소 내용 설정하기 | 08/ex8-7.html |
| --- | --- |

```
06    <script>
07    $(document).ready(function() {
08        $("#btn1").click(function() {
09            $("#p1").text("안녕하세요.");
10        });
11
12        $("#btn2").click(function() {
13            $("#p2").text("<h3>안녕하세요.</h3>");
14        });
15
16        $("#btn3").click(function() {
17            $("#p3").html("<span style='color:green;'>반갑습니다.</span>");
18        });
19
20        $("#btn4").click(function() {
21            $("#phone").val("010-1234-5678");
22        });
23    });
24    </script>
25    </head>
26    <body>
27        <p id="p1"> </p>
28        <p id="p2"> </p>
```

```
29    <p id="p3"> </p>
30    <p>전화번호 : <input type="text" id="phone"></p>
31    <button id="btn1">텍스트 설정하기-1</button>
32    <button id="btn2">텍스트 설정하기-2</button>
33    <button id="btn3">HTML 설정하기</button>
34    <button id="btn4">입력 창에 값 설정하기</button>
35  </body>
```

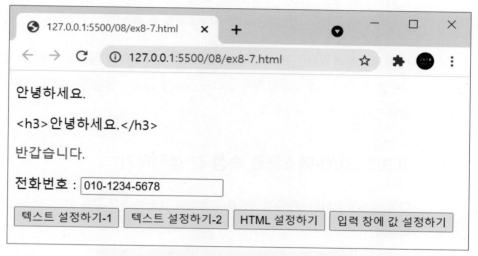

그림 8-10 예제 8-7의 실행 결과(버튼 클릭 후)

9행 $("#p1").text("안녕하세요.");

$("#p1")은 아이디 p1, 즉 27행의 <p> 요소를 선택한다. text("안녕하세요.")는 그림 8-10의 첫 번째 줄에서와 같이 <p> 요소의 내용을 '안녕하세요.'로 설정한다.

13행 $("#p2").text("<h3>안녕하세요.</h3>");

$("#p2")는 28행의 <p> 요소를 선택한다. text("<h3>안녕하세요</h3>")는 그림 8-10의 두 번째 줄에서와 같이 <p> 요소의 내용을 '<h3>안녕하세요.</h3>'로 설정한다. 여기서 text() 메소드의 인자에 HTML 태그가 사용되면 그림 8-10의 두 번째 줄에서와 같이 <h3>태그가 화면에 그대로 출력된다는 것을 알 수 있다.

17행 $("#p3").html("반갑습니다.");

$("#p3")는 29행의 <p> 요소를 선택한다. html() 메소드에서는 인자에 포함된 HTML 태그와 CSS속성이 그대로 적용된다. 따라서 그림 8-10의 세 번째 줄에서와 같이 초록색 글자의 '반갑습니다.'가 화면에 출력된다.

21행 $("#phone").val("010-1234-5678");

$("#phone")은 30행의 <input> 요소를 선택한다. val("010-1234-5678")는 텍스트 입력 창의 속성 값을 '010-1234-5678'로 설정한다. 따라서 그림 8-10의 네 번째 줄을 보면 입력 창에 '010-1234-5678'이 나타난 것을 볼 수 있다.

위 예제를 통해 text(), html(), val() 메소드는 예제 8-4와 예제 8-5에서와 같이 요소의 내용을 가져오는 데 사용될 뿐만 아니라 요소에 내용을 설정하는 데도 사용된다는 것을 알 수 있다.

## 8.3.2 attr() 메소드로 속성 값 설정하기

다음 예제를 통하여 attr() 메소드를 이용하여 요소에 속성 값을 설정하는 방법에 대해 알아보자.

예제 8-8. attr() 메소드로 속성 값 설정하기      08/ex8-8.html

```
06  <script>
07  $(document).ready(function() {
08    $("#btn").click(function() {
09      $("#image").attr("src", "cat2.jpg");
10    });
11  });
12  </script>
13  </head>
14  <body>
15    <p><img id="image" src="cat1.jpg"></p>
16    <button id="btn">이미지 교체하기</button>
17  </body>
```

7행 **$("#image").attr("src", "cat2.jpg");**

$("#image")는 15행의 〈img〉 요소를 선택한다. 그리고 attr("src", "cat2.jpg")는 〈img〉 요소의 src 속성 값을 'cat2.jpg'로 변경한다. 따라서 그림 8-12에서와 같이 '이미지 교체하기' 버튼을 클릭하면 'cat2.jpg'의 이미지가 화면에 표시된다.

제이쿼리의 attr() 메소드는 HTML 요소의 속성 값을 가져오는 데 사용될 뿐만 아니라 요소에 속성 값을 설정하는 데에도 사용될 수 있다.

그림 8-11 예제 8-8의 실행 결과(버튼 클릭 전)

그림 8-12 예제 8-8의 실행 결과(버튼 클릭 후)

## 8.4 요소 추가/삽입/삭제하기

이번 절에서는 다음 표에 나타난 메소드를 이용하여 HTML 요소에 요소를 추가, 삽입, 삭제하는 방법에 대해 알아본다.

표 8-2 HTML 요소 추가, 삽입, 삭제 메소드

| 메소드 | 역할 |
|---|---|
| append() | 선택된 HTML 요소의 제일 끝에 새로운 요소를 추가한다. |
| prepend() | 선택된 HTML 요소의 제일 앞에 새로운 요소를 삽입한다. |
| before() | 선택된 HTML 요소 바로 앞에 새로운 요소를 삽입한다. |
| after() | 선택된 HTML 요소 바로 뒤에 새로운 요소를 삽입한다. |
| remove() | 선택된 HTML 요소를 삭제한다. |

## 8.4.1 append() 메소드

제이쿼리의 append() 메소드는 요소의 끝에 새로운 요소를 추가할 때 사용된다. 다음 예제를 통하여 append() 메소드의 사용법을 익혀보자.

예제 8-9. append() 메소드로 요소 추가하기      08/ex8-9.html

```
06   <script>
07   $(document).ready(function() {
08       $("#btn").click(function() {
09           $("#box").append("<p style='color:pink'>안녕하세요.</p>");
10       });
11   });
12   </script>
13   </head>
14   <body>
15     <div id="box"></div>
16     <button id="btn">요소 추가하기</button>
17   </body>
```

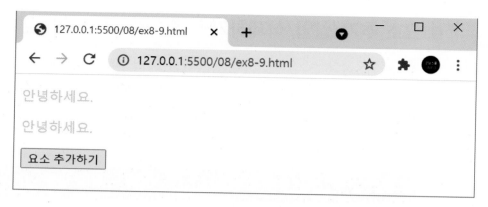

그림 8-13 예제 8-9의 실행 결과(버튼 두 번 클릭 후)

9행 **$("#box").append("\<p style='color:pink'\>안녕하세요.\</p\>");**

$("#box")는 15행의 〈div〉 요소를 선택한다. 여기서 append() 메소드는 괄호안에 있는 "〈p style='color:pink'〉안녕하세요.〈/p〉"를 〈div〉 요소 내에 새로운 요소로 추가한다.

이 결과 그림 8-13에 나타난 것과 같이 핑크색으로 된 '안녕하세요.' 가 추가된다. 그리고 '요소 추가하기' 버튼을 클릭할 때마다 '안녕하세요.'가 계속해서 〈div〉 태그에 추가된다.

## 8.4.2 prepend() 메소드

prepend() 메소드는 요소 제일 앞에 새로운 요소를 추가한다.

예제 8-10. prepend() 메소드로 제일 앞에 요소 삽입하기　　　　　　08/ex8-10.html

```
06   〈script〉
07   $(document).ready(function() {
08     $("#btn").click(function() {
09       $("#list").prepend("〈li style='color:skyblue'〉안녕하세요.〈/li〉");
10     });
11   });
12   〈/script〉
13   〈/head〉
14   〈body〉
15     〈ul id="list"〉
16       〈li〉항목 1〈/li〉
```

```
17        <li>항목 2</li>
18        <li>항목 3</li>
19    </ul>
20    <button id="btn">항목 추가하기</button>
21 </body>
```

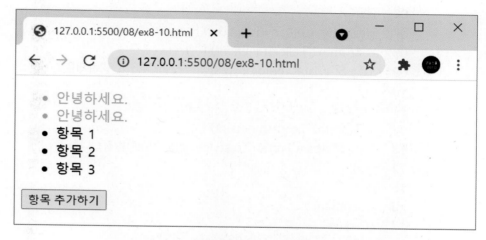

그림 8-14 예제 8-10의 실행 결과(버튼 두 번 클릭 후)

9행 **$("#list").prepend("<li style='color:skyblue'>안녕하세요.</li>");**

$("#list")는 15행의 <ul> 요소를 선택한다. 여기서 prepend() 메소드는 괄호안에 있는 "<li style='color:skyblue'>안녕하세요.</li>"를 <ul> 요소 제일 앞에 삽입한다.

따라서 그림 8-14에 나타난 것과 같이 <ul> 요소의 첫 번째 항목인 '항목 1' 앞에 하늘색의 '안녕하세요.' 항목이 삽입된다.

그림 8-14에서 '항목 추가하기' 버튼을 클릭할 때마다 하늘색 '안녕하세요.'가 추가된다.

## 8.4.3 before()/after() 메소드

before() 메소드와 after() 메소드는 각각 요소 바로 전과 바로 뒤에 새로운 요소를 삽입한다. 다음 예제를 통하여 before()와 after() 메소드의 사용법을 익혀보자.

| 예제 8-11. before(), after() 메소드로 요소 삽입하기 | 08/ex8-11.html |
|---|---|

```
06   <script>
07   $(document).ready(function() {
08       $("#btn1").click(function() {
09           $("#para").before("<p style='color:red'>안녕하세요.</p>");
10       });
11
12       $("#btn2").click(function() {
13           $("#para").after("<p style='color:blue'>반갑습니다.</p>");
14       });
15   });
16   </script>
17   </head>
18   <body>
19       <p id="para" style="background-color:yellow">기준</p>
20
21       <button id="btn1">앞에 삽입하기</button>
22       <button id="btn2">뒤에 삽입하기</button>
23   </body>
```

**9행** **$("#para").before("<p style='color:red'>안녕하세요.</p>");**

$("#para")는 19행의 <p> 요소를 선택한다. before() 메소드는 괄호 안에 있는 HTML 태그를 포함한 내용을 <p> 요소 바로 앞에 추가한다. 이 결과 그림 8-15에 나타난 것과 같이 빨간색 '안녕하세요.'가 출력된다.

**13행** **$("#para").after("<p style='color:blue'>반갑습니다.</p>");**

9행과 유사한 방식으로 19행의 <p> 요소 바로 뒤에 파란색 '반갑습니다.'를 삽입한다. after() 메소드는 선택된 요소의 바로 뒤에 새로운 요소를 삽입한다.

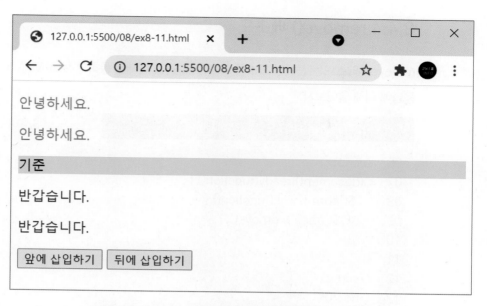

그림 8-15 예제 8-11의 실행 결과(각 버튼 두 번 클릭 후)

## 8.4.4 remove() 메소드

remove() 메소드는 선택된 요소를 삭제한다. 다음 예제를 통하여 remove() 메소드의 사용법에 대해 알아보자.

| 예제 8-12. remove() 메소드로 요소 삭제하기 | 08/ex8-12.html |
| --- | --- |

```
06  <script>
07  $(document).ready(function() {
08      $("#btn").click(function() {
09          $("#box").remove();
10      });
11  });
12  </script>
13  </head>
14  <body>
15      <div id="box" style="background-color:yellow">
16          <p>안녕하세요.</p>
17          <p>반갑습니다.</p>
18      </div>
19      <button id="btn">요소 삭제하기</button>
20  </body>
```

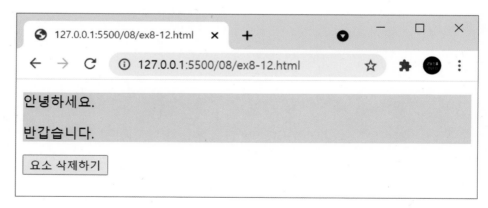

그림 8-16 예제 8-12의 실행 결과(버튼 클릭 전)

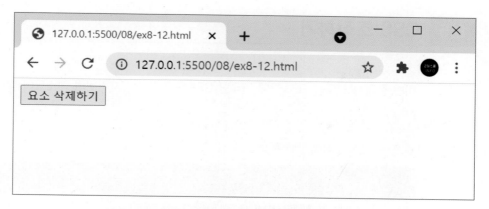

그림 8-17 예제 8-12의 실행 결과(버튼 클릭 후)

9행 **$("#box").remove();**

$("#box")는 15~18행의 〈div〉 요소를 선택한다. remove() 메소드는 선택된 요소인 〈div〉 요소를 DOM에서 삭제한다. 이 때 〈div〉 요소에 포함된 16행과 17행 두 개의 〈p〉 요소도 같이 삭제된다.

따라서 그림 8-16에서 '요소 삭제하기' 버튼을 클릭하면 8행에 있는 remove() 메소드에 의해 노란색으로 표시된 〈div〉 요소가 삭제된다. 그림 8-17을 보면 노란색 〈div〉 요소가 삭제되었음을 알 수 있다.

# CSS 조작하기

이번 절에서는 다음 표 8-3에 나타난 CSS를 조작하는 제이쿼리 메소드에 대해 알아본다.

표 8-3 CSS 조작에 관련된 메소드

| 메소드 | 역할 |
|---|---|
| addClass() | 선택된 HTML 요소에 class 속성을 더한다. |
| removeClass() | 선택된 HTML 요소로부터 class 속성을 삭제한다. |
| css() | 선택된 HTML 요소에 CSS 속성을 설정하거나 속성 값을 가져온다. |

## 8.5.1 addClass() 메소드

addClass() 메소드는 선택된 요소에 class 속성을 더하는 역할을 한다. 다음 예제를 통하여 addClass() 메소드의 사용법을 익혀보자.

예제 8-13. addClass() 메소드로 class 속성 더하기      08/ex8-13.html

```
06  <script>
07  $(document).ready(function() {
08      $("#btn1").click(function() {
09          $("h2").addClass("red");
10      });
11
12      $("#btn2").click(function() {
13          $("p").addClass("blue");
14      });
15  });
16  </script>
17  <style>
18  .red {
19      background-color: red;
```

```
20        color: white;
21    }
22    .blue {
23        background-color: blue;
24        color: white;
25    }
26    </style>
27    </head>
28    <body>
29        <h2>제목 1</h2>
30        <p>단락 1</p>
31
32        <h2>제목 2</h2>
33        <p>단락 2</p>
34
35        <button id="btn1">red 클래스 더하기</button>
36        <button id="btn2">blue 클래스 더하기</button>
37    </body>
```

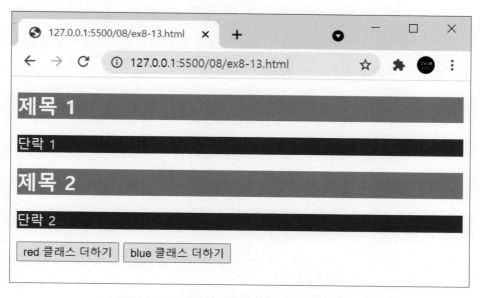

그림 8-18 예제 8-13의 실행 결과(버튼 클릭 후)

9행 **$("h2").addClass("red");**

$("h2")는 29행과 32행의 〈h2〉 요소를 선택한다. addClass("red")는 〈h2〉 요소의 class 속성에 값 'red'를 설정한다.

이것은 다음과 같이 29행과 32행의 〈h2〉 요소에 class 속성 값을 'red'로 설정한다고 생각하면 된다.

```
〈h2 class="red"〉제목 1〈/h2〉
〈h2 class="red"〉제목 2〈/h2〉
```

위와 같이 〈h2〉 요소의 class 속성을 'red'로 설정하면 18~21행의 CSS가 적용되어 요소의 배경 색상은 빨간색으로, 글자 색상은 흰색으로 변경된다.

따라서 그림 8-18에서 'red 클래스 더하기' 버튼을 클릭하면 8~10행에 의해 두 개의 글 제목의 배경 색상과 글자가 각각 빨간색과 흰색으로 나타난다.

13행 **$("p").addClass("blue");**

30행과 33행의 〈p〉 요소의 class 속성에 값 'blue'를 설정한다. 이렇게 함으로써 22~25행의 CSS 명령이 〈p〉 요소에 적용된다.

따라서 그림 8-18에서 'blue 클래스 더하기' 버튼을 클릭하면 두 단락, 즉 〈p〉 요소의 배경 색상이 파란색으로 변경되고 글자는 흰색으로 변경된다.

정리해서 말하면 addClass() 메소드는 요소의 class 속성에 값을 설정하여 해당 클래스의 CSS가 적용되게 하는 역할을 한다.

## 8.5.2 removeClass() 메소드

removeClass() 메소드는 addClass() 메소드와는 반대로 요소에서 class 속성을 삭제하는 역할을 한다. 다음 예제를 통하여 remove() 클래스에 대해 알아보자.

예제 8-14. removeClass() 메소드로 class 속성 삭제하기　　　　08/ex8-14.html

```
06  <script>
07  $(document).ready(function() {
08      $("#btn").click(function() {
09          $("h2").removeClass("pink");
10      });
11  });
12  </script>
13  <style>
14  .pink {
15      background-color: pink;
16      color: white;
17  }
18  .green {
19      background-color: green;
20      color: white;
21  }
22  </style>
23  </head>
24  <body>
25      <h2 class="pink">제목 1</h2>
26      <p class="green">단락 1</p>
27
28      <h2 class="pink">제목 2</h2>
29      <p class="green">단락 2</p>
30
31      <button id="btn">pink 클래스 삭제하기</button>
32  </body>
```

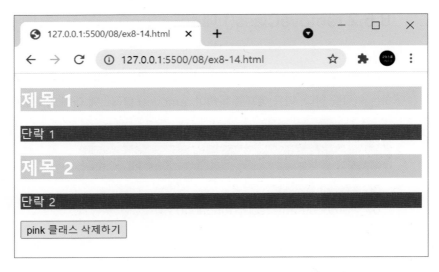

그림 8-19 예제 8-14의 실행 결과(버튼 클릭 전)

그림 8-20 예제 8-14의 실행 결과(버튼 클릭 후)

9행 **$("h2").removeClass("pink");**

25행과 28행의 〈h2〉 요소에 설정되어 있는 class 속성 'pink'를 삭제한다.

그림 8-19에서 'pink 클래스 삭제하기' 버튼을 클릭하면 페이지의 〈h2〉 요소에 설정된 class 속성 'pink'가 삭제된다. 따라서 그림 8-20에서와 같이 제목에 설정된 핑크색 배경 색상이 사라지고 글자는 흰색에서 검정색으로 변경된다.

## 8.5.3 css() 메소드

css() 메소드는 요소에 CSS를 설정하거나 설정된 CSS 속성의 값을 가져오는 데 사용된다. 다음 예제를 통하여 요소에 CSS를 설정하는 방법에 대해 알아보자.

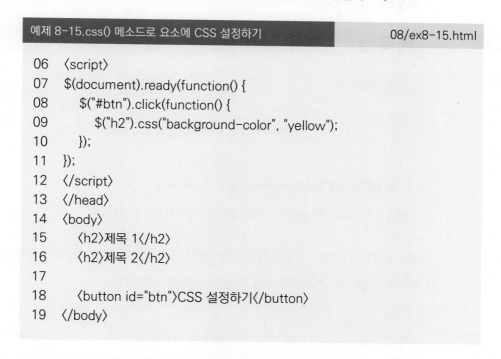

| 예제 8-15. css() 메소드로 요소에 CSS 설정하기 | 08/ex8-15.html |
|---|---|

```
06  <script>
07  $(document).ready(function() {
08      $("#btn").click(function() {
09          $("h2").css("background-color", "yellow");
10      });
11  });
12  </script>
13  </head>
14  <body>
15      <h2>제목 1</h2>
16      <h2>제목 2</h2>
17
18      <button id="btn">CSS 설정하기</button>
19  </body>
```

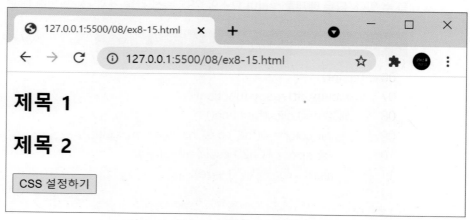

그림 8-21 예제 8-15의 실행 결과(버튼 클릭 전)

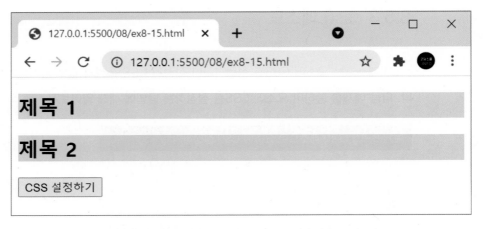

그림 8-22 예제 8-15의 실행 결과(버튼 클릭 후)

9행 **$("h2").css("background-color", "yellow");**

15행과 16행의 〈h2〉 요소의 배경 색상을 노란색으로 변경한다.

그림 8-21에서 'CSS 설정하기' 버튼을 클릭하면 그림 8-22에 나타난 것과 같이 페이지의 〈h2〉 요소, 즉 글 제목의 배경 색상이 노란색으로 변경된다.

위의 예제에서 사용된 css() 메소드는 요소에 설정된 CSS 속성 값을 가져오는 데도 사용될 수 있다. 다음 예제를 통하여 요소의 CSS 속성 값을 가져오는 방법에 대해 알아보자.

예제 8-16. css() 메소드로 CSS 속성 값 가져오기　　　　　　08/ex8-16.html

```
06  <script>
07  $(document).ready(function() {
08      $("#btn").click(function() {
09          var color = $("h2").css("background-color");
10          var size = $("h2").css("font-size");
11          alert(color + "\n" + size);
12      });
13  });
14  </script>
15  </head>
```

```
16   <body>
17       <h2 style="background-color:yellow; font-size: 30px;">제목</h2>
18
19       <button id="btn">CSS 가져오기</button>
20   </body>
```

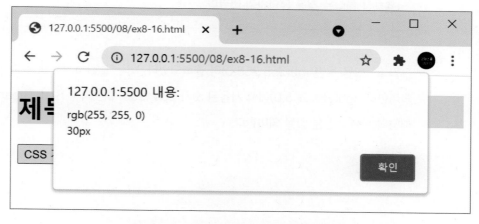

그림 8-23 예제 8-16의 실행 결과(버튼 클릭 후)

9행 **var color = $("h2").css("background-color");**

17행의 〈h2〉 요소의 style 속성에 의해 설정된 'background-color' 속성의 값인 'yellow'를 가져와 변수 color에 저장한다.

10행 **var size = $("h2").css("font-size");**

17행의 〈h2〉 요소의 CSS에서 'font-size' 속성의 값을 가져와 변수 size에 저장한다.

11행 **alert(color + "\n" + size);**

그림 8-23에서 'CSS 가져오기' 버튼을 클릭하면 경고 창에 변수 color의 값 rgb(255, 255, 0)과 size의 값 30px을 출력한다. 여기서 '\n'은 줄바꿈을 의미한다.

기호 '\n'은 그림 8-23의 경고 창에서 줄 바꿈을 하는 데 사용된다. '\n'은 텍스트 에디터나 경고 창에서 줄 바꿈을 해주는 줄 바꿈 코드이다.

그러나 브라우저 화면, 즉 웹 페이지에서 줄 바꿈을 하기 위해서는 〈br〉 태그를 사용해야 한다는 점을 유의하기 바란다.

그림 8-23을 보면 rgb(255,255,0)이 출력되었다. 이는 노란색, 즉 색상 값 'yellow'를 의미한다. rgb(255,255,0)에서 사용된 숫자 255, 255, 0은 각각 Red, Green, Blue에 해당되는 색상 성분 값을 의미한다.

8-1. 다음은 제이쿼리 메소드를 이용하여 페이지 요소에 내용을 삽입하는 프로그램이다. 빈 박스를 채워 프로그램을 완성하시오.

☼ 브라우저 실행 결과

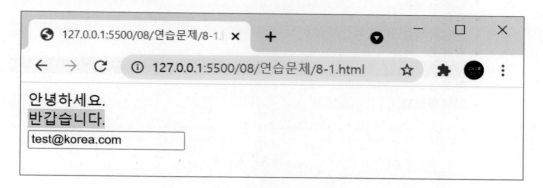

```
<script>
$(document).ready(function() {
   $("#div1").____("안녕하세요.");

   $("#div2").____("<span style='background-color:yellow'>반갑습니다.</span>");

   $("#email").____("test@korea.com");
});
</script>
</head>
<body>
   <div id="div1"> </div>
   <div id="div2"> </div>
   <div><input type="text" id="____"></div>
</body>
```

8-2. 다음은 제이쿼리 메소드를 이용하여 목록에 요소를 더하는 프로그램이다. 빈 박스를 채워 프로그램을 완성하시오.

¤ 브라우저 실행 결과

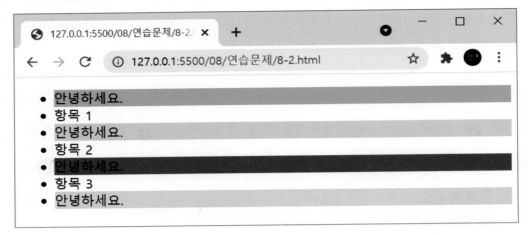

```
<script>
$(document).ready(function() {
    $("#list")._____("<li style='background-color:yellow'>안녕하세요.</li>");

    $("#list")._____("<li style='background-color:skyblue'>안녕하세요.</li>");

    $("#item2")._____("<li style='background-color:pink'>안녕하세요.</li>");

    $("#item2")._____("<li style='background-color:green'>안녕하세요.</li>");
});
</script>
</head>
<body>
    <ul id="list">
        <li id="item1">항목 1</li>
        <li id="item2">항목 2</li>
        <li id="item3">항목 3</li>
    </ul>
</body>
```

8-3. 다음은 제이쿼리 메소드를 이용하여 CSS를 조작하는 프로그램이다. 빈 박스를 채워 프로그램을 완성하시오.

¤ 브라우저 실행 결과

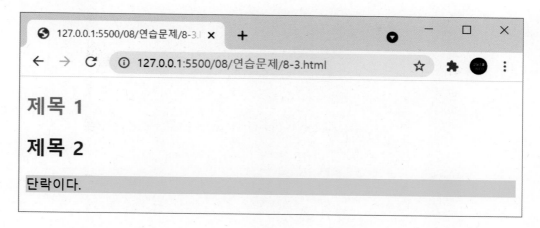

```
<script>
$(document).ready(function() {
    $("#title1").□("color", "red");

    $("#title2").css({"color": "blue", "font-weight": "bold"});

    $("#para").□("yellow");
});
</script>
<style>
.yellow { background-color: yellow; }
</style>
</head>
<body>
    <h2 id="title1">제목 1</h2>
    <h2 id="□">제목 2</h2>
    <p id="para">단락이다.</p>
</body>
```

# Chapter 09

# 제이쿼리 선택자

제이쿼리의 가장 큰 장점 중의 하나는 페이지에 있는 요소들을 쉽게 선택할 수 있다는 것이다. 제이쿼리 선택자는 CSS 선택자를 기반으로 하여 다양하게 요소를 선택할 수 있는 방법을 제공한다. 이 장에서는 기본 선택자, 자식/후손 선택자, 필터 선택자에 대해 알아보고 이를 프로그램에 활용하는 방법을 익힌다. 또한 요소의 부모와 하위 요소를 탐색하는 방법에 대해서도 배운다.

**제이쿼리 선택자란?**

제이쿼리 선택자(jQuery Selector)는 제이쿼리 라이브러리에서 가장 중요한 부분 중의 하나이다. 제이쿼리 선택자는 CSS 선택자를 기본으로 하여 페이지에 있는 HTML 요소들을 선택하는 데 사용된다. 선택자에 의해 선택된 요소는 8장에서 배운 제이쿼리 메소드에 의해 조작된다.

제이쿼리 선택자는 달러($) 기호의 괄호(()) 안에 문자열 형태로 들어간다.

```
$("제이쿼리_선택자")
```

제이쿼리 선택자에서는 CSS의 모든 선택자를 그대로 사용할 수 있으며, 제이쿼리만의 선택자가 일부 추가되어 요소들을 다양한 방법으로 선택할 수 있다.

제이쿼리 선택자는 크게 기본 선택자(표 9-1), 자식/후손 선택자(표 9-2), 필터 선택자(표 9-3)로 나눠진다.

표 9-1 기본 선택자(9.2 절)

| 선택자 | 예 | 설명 |
| --- | --- | --- |
| 전체 선택자 | $("*") | 전체 요소를 선택한다. |
| 요소 선택자 | $("p") | 모든 〈p〉 요소를 선택한다. |
| 아이디 선택자 | $("#name") | id="name" 인 요소를 선택한다. |
| 클래스 선택자 | $(".red") | class="red" 인 요소를 선택한다. |
| 그룹 선택자 | $("p, div, h2") | 모든 〈p〉, 〈div〉, 〈h2〉 요소를 선택한다. |

표 9-2 자식 선택자와 후손 선택자(9.3 절)

| 선택자 | 예 | 설명 |
| --- | --- | --- |
| 자식 선택자 | $("div 〉 span") | 〈div〉 요소의 자식 중에서 〈span〉 요소를 선택한다. |
| 후손 선택자 | $("div span") | 〈div〉 요소의 후손, 하위에 있는 〈span〉 요소를 선택한다. |

**표 9-3 필터 선택자(9.4 절)**

| 필터 | 예 | 설명 |
|---|---|---|
| :eq(index) | $("li:eq(0)") | ⟨li⟩ 요소에서 인덱스 0, 즉 첫 번째 요소를 선택한다.<br>※ 인덱스는 0부터 시작한다. |
| :first | $("p:first") | 첫 번째 ⟨p⟩ 요소를 선택한다. eq(0)와 동일하다. |
| :last | $("p:last") | 마지막 ⟨p⟩ 요소를 선택한다. |
| :even | $("tr:even") | 짝수 ⟨tr⟩ 요소를 선택한다. |
| :odd | $("tr:odd") | 홀수 ⟨tr⟩ 요소를 선택한다. |
| :nth-child(n) | $("p:nth-child(2)") | 부모의 두 번째 자식이 ⟨p⟩인 모든 요소들을 선택한다. |
| :first-child | $("p:first-child") | 부모의 첫 번째 자식이 ⟨p⟩인 모든 요소들을 선택한다. |
| :last-child | $("p:last-child") | 부모의 마지막 자식이 ⟨p⟩인 모든 요소들을 선택한다. |
| :last-of-type | $("p:last-of-type") | 부모의 마지막이 ⟨p⟩인 모든 요소들을 선택한다. |
| :only-child | $("p:only-child") | 부모의 단 하나의 자식인 ⟨p⟩ 요소를 선택한다. |
| :not | $("p:not(:only-child)") | 단 하나의 자식이 아닌 모든 ⟨p⟩ 요소를 선택한다. |
| :text | $(":text") | type="text"인 모든 ⟨input⟩ 요소를 선택한다. |
| :password | $(":password") | type="password"인 모든 ⟨input⟩ 요소를 선택한다. |
| :radio | $(":radio") | type="radio"인 모든 ⟨input⟩ 요소를 선택한다. |
| :checkbox | $(":checkbox") | type="checkbox"인 모든 ⟨input⟩ 요소를 선택한다. |
| :button | $(":button") | type="button"인 모든 ⟨input⟩ 요소를 선택한다. |
| :submit | $(":submit") | type="submit"인 모든 ⟨input⟩ 요소를 선택한다. |
| :reset | $(":reset") | type="reset"인 모든 ⟨input⟩ 요소를 선택한다. |
| :selected | $(":selected") | 선택된(selected) 모든 ⟨input⟩ 요소를 선택한다. |
| :checked | $(":checked") | 체크된(checked) 모든 ⟨input⟩ 요소를 선택한다. |

이번 절에서는 앞의 표 9-1에서 나열된 기본 선택자에 대해 설명한다. 기본 선택자에는 전체 선택자, 요소 선택자, 아이디 선택자, 클래스 선택자, 그룹 선택자가 있다.

### 9.2.1 전체 선택자

전체 선택자(Universal selector)는 $("*")로 표현하는 데 페이지의 모든 HTML 요소를 선택한다. 다음 예제를 통하여 전체 선택자의 사용법에 대해 알아보자.

| 예제 9-1. 전체 선택자 사용 예 | 09/ex9-1.html |
|---|---|

```
06  <script>
07  $(document).ready(function() {
08      $("*").css("border", "solid 1px blue");
09  });
10  </script>
11  </head>
12  <body>
13    <h2>전체 선택자</h2>
14    <p>전체 선택자는 페이지의 해당 요소를 선택한다.</p>
15    <ul>
16      <li>항목 1</li>
17      <li>항목 2</li>
18    </ul>
19  </body>
```

8행 **$("*").css("border", "solid 1px blue");**

$("*")는 전체 선택자라고 부르며 페이지의 모든 요소를 선택한다. 따라서 8행은 그림 9-1에서와 같이 전체 요소에 대해 1픽셀 두께의 파란색 실선을 그린다.

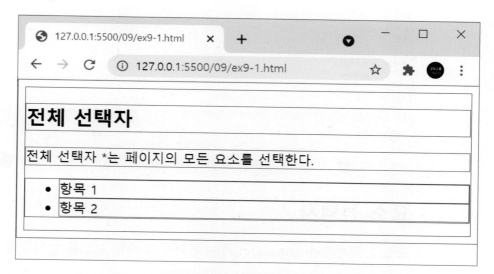

그림 9-1 ex9-1.html의 실행 결과

## 9.2.2 요소 선택자

요소 선택자(Element Selector)는 다른 말로 태그 선택자(Tag Selector)라고 부른다. $()에서 괄호 안에 선택자로 사용된 태그 이름에 해당되는 요소를 선택한다. 예를 들어 $("p")는 페이지에 존재하는 모든 〈p〉 요소를 선택한다.

| 예제 9-2. 요소 선택자 사용 예 | 09/ex9-2.html |
|---|---|

```
06  〈script〉
07  $(document).ready(function() {
08      $("p").css("background-color", "yellow");
09  });
10  〈/script〉
11  〈/head〉
12  〈body〉
13      〈h2〉요소 선택자〈/h2〉
14      〈p〉요소 선택자(Element selector)는 페이지의 해당 요소를 선택한다.
          〈/p〉
15      〈p〉요소 선택자는 다른 말로 태그 선택자(Tag selector) 라고 한다.〈/p〉
16      〈ul〉
17          〈li〉항목 1〈/li〉
18          〈li〉항목 2〈/li〉
```

```
19    </ul>
20    </body>
```

그림 9-2 ex9-2.html의 실행 결과

8행 **$("p").css("background-color", "yellow");**

$("p")는 14행과 15행의 <p> 요소를 선택한다. 따라서 8행은 그림 9-2에 나타난 것과 같이 <p> 요소의 배경 색상을 노란색으로 변경한다.

## 9.2.3 아이디 선택자

아이디 선택자(ID Selector)는 요소의 id 속성으로 요소를 선택한다. 예를 들어 $("#title")은 요소의 id 속성이 'title'인 요소를 선택한다. 다음은 아이디 선택자의 사용 예이다.

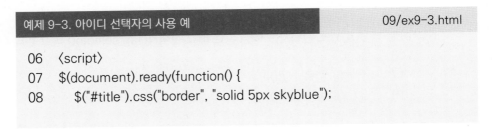

예제 9-3. 아이디 선택자의 사용 예                    09/ex9-3.html

```
06    <script>
07    $(document).ready(function() {
08        $("#title").css("border", "solid 5px skyblue");
```

```
09      $("#title").css("padding", "10px");
10    });
11    </script>
12    </head>
13    <body>
14      <h2 id="title">아이디 선택자</h2>
15      <p>아이디 선택자(ID selector)는 요소의  id 속성 값으로 해당
          요소를 선택한다.</p>
16      <ul>
17        <li>항목 1</li>
18        <li>항목 2</li>
19      </ul>
20    </body>
```

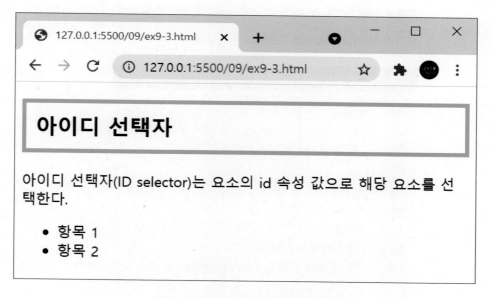

그림 9-3 ex9-3.html의 실행 결과

8행 **$("#title").css("border", "solid 5px skyblue");**

$("#title")은 14행의 아이디 title의 요소, 즉 <h2> 요소를 선택한다. 따라서 8행은 그림 9-3에 나타난 것과 같이 '아이디 선택자'에 5픽셀 두께의 하늘색 실선 경계선을 그린다.

9행 **$("#title").css("padding", "10px");**

14행의 〈h2〉 요소의 패딩 값을 10픽셀로 설정한다. 그림 9-3을 보면 하늘색 경계선과 '아이디 선택자' 글자 사이에 패딩이 설정되어 있음을 알 수 있다.

8행과 9행의 코드는 다음의 한 줄의 코드로 대체할 수 있다.

```
$("#title").css({"border": "solid 5px skyblue", "padding": "10px"});
```

## 9.2.4 클래스 선택자

클래스 선택자(Class Selector)는 class 속성을 이용하여 요소를 선택한다. 다음 예제를 통하여 클래스 선택자의 사용법을 익혀보자.

| 예제 9-4. 클래스 선택자 사용 예 | 09/ex9-4.html |
|---|---|

```
06   〈script〉
07   $(document).ready(function() {
08       $(".red").css({"color": "red", "font-weight": "bold"});
09   });
10   〈/script〉
11   〈/head〉
12   〈body〉
13       〈h2〉클래스 선택자〈/h2〉
14       〈p〉클래스 선택자(Class selector)는 요소의 〈span class="red"〉class
             속성 값〈/span〉으로 해당 요소를 선택한다.〈/p〉
15       〈ul〉
16           〈li〉항목 1〈/li〉
17           〈li class="red"〉항목 2〈/li〉
18           〈li〉항목 3〈/li〉
19           〈li class="red"〉항목 4〈/li〉
20       〈/ul〉
21   〈/body〉
```

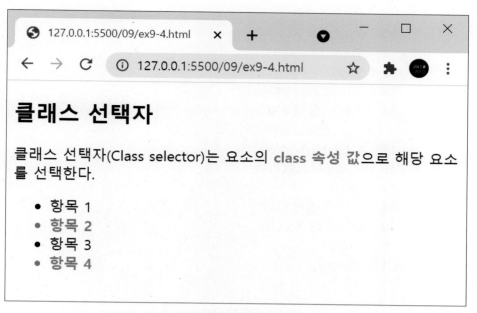

그림 9-4 ex9-4.html의 실행 결과

8행 $(".red").css({"color": "red", "font-weight": "bold"});

$(".red")는 14행, 17행, 19행에서 요소들에 설정된 클래스 red를 선택한다. 이 세 요소의 글자에 대해 글자 색상을 빨간색으로 설정하고 글자를 볼드체로 만든다.

그림 9-4를 보면 세 군데의 글자가 빨간색 볼드체로 되어 있는 것을 확인할 수 있다.

## 9.2.5 그룹 선택자

그룹 선택자(Group Selector)는 여러 개의 요소를 동시에 선택하는 데 사용된다. 다음 예제를 통하여 그룹 선택자의 사용법에 대해 알아보자.

예제 9-5. 그룹 선택자의 사용 예        09/ex9-5.html

```
06  <script>
07  $(document).ready(function() {
08      $("h2, span, div").css("text-decoration", "underline");
09  });
```

```
10    </script>
11    </head>
12    <body>
13        <h2>그룹 선택자</h2>
14        <p>그룹 선택자(Group selector)는 <span>여러 요소를 동시에
              선택</span>한다.</p>
15        <div>박스 1</div>
16        <div>박스 2</div>
17        <ul>
18            <li>항목 1</li>
19            <li>항목 2</li>
20        </ul>
21    </body>
```

그림 9-5 ex9-5.html의 실행 결과

8행 **$("h2, span, div").css("text-decoration", "underline");**

$("h2, span, div")는 각각 13행, 14행, 15행과 16행을 선택한다. 그림 9-5를 보면 이
요소들에 밑줄이 그려져 있는 것을 확인할 수 있다.

**자식/후손 선택자**

앞 9.1절의 표 9-2에서 배운 자식 선택자(Child Selector)는 특정 요소의 자식 요소들을 선택한다. 그리고 후손 선택자(Descendant Selector)는 특정 요소의 후손인 하위 요소들을 선택한다.

이번 절에서는 자식 선택자와 후손 선택자의 차이점과 사용법에 대해 알아보자.

### 9.3.1 자식 선택자

다음 예제를 통하여 자식 선택자의 사용법을 익혀보자.

| 예제 9-6. 자식 선택자의 사용 예 | 09/ex9-6.html |
|---|---|

```
06   <script>
07   $(document).ready(function() {
08       $("div > span").css("background-color", "yellow");
09   });
10   </script>
11   <style>
12   div { border : solid 1px blue; }
13   </style>
14   </head>
15   <body>
16     <div>
17       <h2>h2 요소(자식)</h2>
18       <span>span 요소(자식)</span>
19       <span>span 요소(자식)</span>
20       <span>span 요소(자식)</span>
21     </div>
22     <div>
23       <h2>h2 요소(자식)</h2>
24       <p>p 요소(자식)
25         <span>span 요소(후손)</span>
26         <span>span 요소(후손)</span>
27       </p>
```

```
28        <p>p 요소(자식)</p>
29      </div>
30   </body>
```

그림 9-6 ex9-6.html의 실행 결과

8행 **$("div > span").css("background-color", "yellow");**

$("div > span")은 페이지의 두 <div> 요소(16~21행, 22~29행)의 자식 요소 중에서 span 요소를 선택한다. 첫 번째 <div> 요소에는 18~20행에 있는 세 개의 <span> 자식 요소가 존재한다.

따라서 8행은 그림 9-6에 나타난 것과 같이 이 세개의 <span> 요소의 배경 색상을 노란색으로 변경한다.

페이지의 두 번째 <div> 요소 안에 있는 25행과 26행의 <span> 요소들은 <p> 요소의 내부에 있다. 그러므로 이 <span> 요소들은 <div> 요소의 자식이 아니다.

## 9.3.2 후손 선택자

후손 선택자는 앞의 예제 9-6의 자식 요소들을 포함한 후손 요소, 즉 하위 요소들을 모두 선택한다. 다음 예제를 통하여 후손 선택자의 사용법을 익혀보자.

| 예제 9-7. 후손 선택자의 사용 예 | 09/ex9-7.html |
|---|---|

```
06  <script>
07  $(document).ready(function() {
08      $("div span").css("background-color", "pink");
09  });
10  </script>
11  <style>
12  div { border : solid 1px blue; }
13  </style>
14  </head>
15  <body>
16      <div>
17          <h2>h2 요소(자식)</h2>
18          <span>span 요소(자식)</span>
19          <span>span 요소(자식)</span>
20          <span>span 요소(자식)</span>
21      </div>
22      <div>
23          <h2>h2 요소(자식)</h2>
24          <p>p 요소(자식)
25              <span>span 요소(후손)</span>
26              <span>span 요소(후손)</span>
27          </p>
28          <p>p 요소(자식)</p>
29      </div>
30  </body>
```

8행  **$("div span").css("background-color", "pink");**

$("div span")은 페이지의 〈div〉 요소에 존재하는 모든 〈span〉 요소를 선택한다. 따라서 18~20행과 25행과 26행에 있는 모든 〈span〉 요소들은 〈div〉 요소의 후손, 즉 하위 요소가 되기 때문에 모두 선택된다.

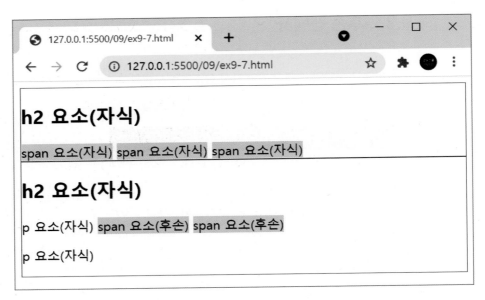

그림 9-7 ex9-7.html의 실행 결과

따라서 8행은 그림 9-7에서와 같이 다섯 군데 〈span〉 요소의 배경 색상을 핑크색으로 변경한다.

후손 선택자에서는 특정 요소 하위에 있는 자식 요소를 포함한 모든 하위 요소를 선택한다는 점을 꼭 기억하기 바란다.

## 9.4 필터 선택자

제이쿼리의 필터 선택자(Filter Selector)는 9.1절의 표 9-3에서 나열된 필터(Filter)를 이용하여 요소를 선택한다. 필터 선택자는 기본 필터, 자식 필터, 폼 필터로 나누어 볼 수 있다.

이번 절을 통하여 기본 필터, 자식 필터, 폼 필터의 사용법에 대해 알아보자.

### 9.4.1 기본 필터

#### 1 :eq(index) 필터

다음 예제에서 :eq(index) 필터는 인덱스 번호를 이용하여 해당 요소를 선택한다.

예제 9-8. :eq(index) 필터의 사용 예　　　　　　　　　　09/ex9-8.html

```
06  <script>
07  $(document).ready(function() {
08      $("div li:eq(0)").css("background-color", "yellow");
09      $("div li:eq(3)").css("background-color", "pink");
10  });
11  </script>
12  </head>
13  <body>
14      <div>
15          <h2>:eq(index) 필터</h2>
16          <ul>
17              <li>항목 1</li>
18              <li>항목 2</li>
19              <li>항목 3</li>
20              <li>항목 4</li>
21              <li>항목 5</li>
22          </ul>
23      </div>
24  </body>
```

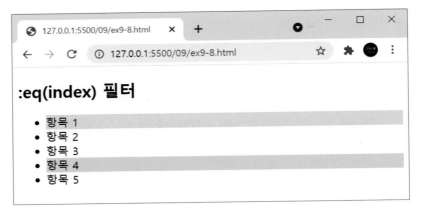

그림 9-8 ex9-8.html의 실행 결과

8행 **$("div li:eq(0)").css("background-color", "yellow");**

$("div li:eq(0)")은 14행 〈div〉 요소의 후손인 〈li〉 요소 중에서 인덱스 0의 요소, 즉 첫 번째 요소를 선택한다. 따라서 8행은 그림 9-8에 나타난 것과 같이 '항목 1' 〈li〉 요소의 배경 색상을 노란색으로 변경한다.

필터 :eq(index)에서 인덱스 번호를 의미하는 index는 0부터 시작한다는 점을 꼭 기억하기 바란다.

9행 **$("div li:eq(3)").css("background-color", "pink");**

$("div li:eq(3)")는 8행에서와 같은 맥락으로 인덱스 3인 요소, 즉 네 번째 요소를 선택한다. 따라서 9행은 그림 9-8에 나타난 것과 같이 '항목 4'의 배경 색상을 핑크색으로 변경한다.

## 2 :first/:last 필터

:first 필터와 :last 필터는 각각 요소의 첫 번째와 마지막 요소를 선택한다.

| 예제 9-9. :first 필터와 :last 필터의 사용 예 | 09/ex9-9.html |
|---|---|

```
06   〈script〉
07   $(document).ready(function() {
08       $("div li:first").css("border", "solid 2px red");
```

```
09      $("div li:last").css("border", "solid 2px blue");
10   });
11   </script>
12   </head>
13   <body>
14      <div>
15         <h2>:first/:last 필터</h2>
16         <ul>
17            <li>항목 1</li>
18            <li>항목 2</li>
19            <li>항목 3</li>
20            <li>항목 4</li>
21            <li>항목 5</li>
22         </ul>
23      </div>
24   </body>
```

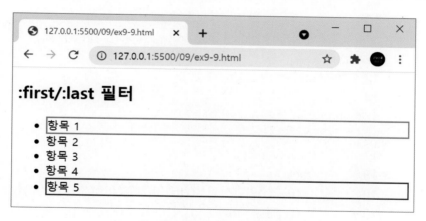

그림 9-9 ex9-9.html의 실행 결과

8행 **$("div li:first").css("border", "solid 2px red");**

$("div li:first")는 14행 <div> 요소의 후손인 <li> 요소 중 첫 번째 요소, 즉 '항목 1'을 선택한다. 따라서 8행은 그림 9-9에 나타난 것과 같이 '항목 1' <li> 요소에 2픽셀 두께의 빨간색 실선 경계선을 그린다.

9행  **$("div li:last").css("border", "solid 2px blue");**

$("div li:first")는 14행 〈div〉 요소의 후손인 〈li〉 요소 중 마지막 요소, 즉 '항목 5'를 선택한다. 따라서 9행은 그림 9-9에서와 같이 '항목 5' 〈li〉 요소에 2픽셀 두께의 파란색 경계선을 그린다.

## 3 :even/:odd 필터

:even 필터와 :odd 필터는 각각 짝수 인덱스의 요소와 홀수 인덱스의 요소를 선택하는 데 사용된다.

| 예제 9-10. :even 필터와 :odd 필터의 사용 예 | 09/ex9-10.html |
|---|---|

```
06  〈script〉
07  $(document).ready(function() {
08      $("div .row:even").css("background-color", "yellow");
09      $("div .row:odd").css("background-color", "skyblue");
10
11      $("div tr:first").css("background-color", "gray");
12  });
13  〈/script〉
14  〈/head〉
15  〈body〉
16    〈div〉
17      〈h2〉:even/:odd 필터〈/h2〉
18      〈table〉
19        〈tr〉〈th〉인덱스 번호〈/th〉〈th〉1열〈/th〉〈th〉2열〈/th〉〈/tr〉
20        〈tr class="row"〉〈td〉행 인덱스 : 0〈/td〉〈td〉1행 1열〈/td〉
             〈td〉1행 2열〈/td〉〈/tr〉
21        〈tr class="row"〉〈td〉행 인덱스 : 1〈/td〉〈td〉2행 1열〈/td〉
             〈td〉2행 2열〈/td〉〈/tr〉
22        〈tr class="row"〉〈td〉행 인덱스 : 2〈/td〉〈td〉3행 1열〈/td〉
             〈td〉3행 2열〈/td〉〈/tr〉
23        〈tr class="row"〉〈td〉행 인덱스 : 3〈/td〉〈td〉4행 1열〈/td〉
             〈td〉4행 2열〈/td〉〈/tr〉
24        〈tr class="row"〉〈td〉행 인덱스 : 4〈/td〉〈td〉5행 1열〈/td〉
             〈td〉5행 2열〈/td〉〈/tr〉
```

```
25          <tr class="row"><td>행 인덱스 : 5</td><td>6행 1열</td>
              <td>6행 2열</td></tr>
26        </table>
27      </div>
28    </body>
```

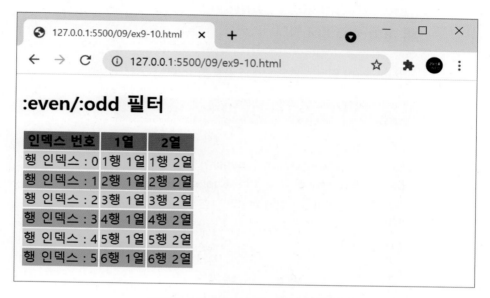

그림 9-10 ex9-10.html의 실행 결과

8행 **$("div .row:even").css("background-color", "yellow");**

$("div .row:even")은 16행 <div> 요소의 후손인 row 클래스, 즉 20~25행의 <tr> 요소 중 짝수 인덱스의 요소(인덱스 0, 2, 4)를 선택한다. 따라서 8행은 그림 9-10에 나타난 것과 같이 인덱스 0, 2, 4에 해당되는 <tr> 요소의 배경 색상을 노란색으로 설정한다.

9행 **$("div .row:odd").css("background-color", "skyblue");**

$("div .row:odd")는 16행 <div> 요소 중 홀수 인덱스의 요소(인덱스 1, 3, 5)를 선택한다. 따라서 9행은 그림 9-10에 나타난 것과 같이 인덱스 1, 3, 5에 해당되는 <tr> 요소의 배경 색상을 하늘색으로 설정한다.

11행 **$("div tr:first").css("background-color", "gray");**

$("div tr:first")는 16행 〈div〉 요소 내에 있는 첫 번째 〈tr〉 요소를 선택한다. 따라서 11행은 그림 9-10 첫 번째 행의 배경색을 회색으로 설정한다.

## 9.4.2 자식 필터

### ■ :nth-child(n) 필터

:nth-child(n) 필터는 부모 요소의 자식 중 n번째 요소를 선택한다.

| 예제 9-11. :nth-child(n) 필터의 사용 예 | 09/ex9-11.html |
| --- | --- |

```
06  〈script〉
07  $(document).ready(function() {
08      $("li:nth-child(2)").css("background-color", "yellow");
09      $("li:eq(2)").css("border", "solid 2px red");
10  });
11  〈/script〉
12  〈style〉
13  ul { border: solid 1px blue; }
14  〈/style〉
15  〈/head〉
16  〈body〉
17      〈h2〉:nth-child(n) 필터〈/h2〉
18      〈ul〉
19          〈li〉항목 1〈/li〉
20          〈li〉항목 2〈/li〉
21          〈li〉항목 3〈/li〉
22      〈/ul〉
23      〈ul〉
24          〈li〉항목 1〈/li〉
25          〈li〉항목 2〈/li〉
26          〈li〉항목 3〈/li〉
27      〈/ul〉
28  〈/body〉
```

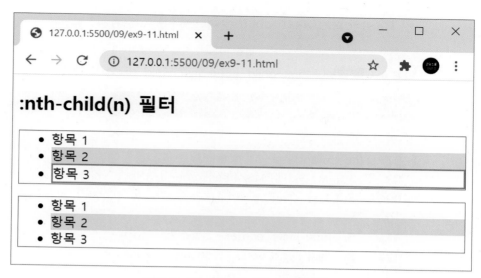

그림 9-11 ex9-11.html의 실행 결과

8행 **$("li:nth-child(2)").css("background-color", "yellow");**

$("li:nth-child(2)")는 ⟨li⟩ 요소의 부모, 즉 18행과 23행에 있는 두 ⟨ul⟩ 요소의 자식 중 2번째 ⟨li⟩ 요소를 선택한다. 따라서 8행은 그림 9-11에 나타난 것과 같이 '항목 2'의 배경 색상이 노란색으로 변경된다.

9행 **$("li:eq(2)").css("border", "solid 2px red");**

$("li:eq(2)")는 페이지의 ⟨li⟩ 요소(19~21행, 24~26행) 중에서 인덱스 2의 ⟨li⟩ 요소를 선택한다. 이것은 전체 여섯 개의 ⟨li⟩ 요소 중에서 세 번째 요소를 의미한다. 따라서 9행은 그림 9-11에 빨간색 박스로 표시된 것과 같이 '항목 3' 요소에 2픽셀 두께의 빨간색 실선 경계선을 그리게 된다.

:nth-child(n) 필터는 부모의 n번째 자식 요소를 선택한다. 한편 :eq(index)는 현재 요소 중에서 인덱스 번호 index에 해당되는 요소를 선택한다. 예를 들어 :nth-child(2)은 두 번째 자식 요소를 선택하는 데 반해 :eq(2)는 인덱스 2번, 즉 세 번째 요소를 선택한다.

## ② :first-child/:last-child 필터

다음 예제를 통하여 :first-child 필터와 :last-child 필터의 사용법을 익혀보자.

| 예제 9-12. :first-child/:last-child 필터의 사용 예 | 09/ex9-12.html |
|---|---|

```
06    <script>
07    $(document).ready(function() {
08        $("li:first-child").css("background-color", "yellow");
09        $("li:last-child").css("background-color", "pink");
10
11        $("li:first").css("border", "solid 2px red");
12        $("li:last").css("border", "solid 2px black");
13    });
14    </script>
15    <style>
16    ul { border: solid 1px blue; }
17    </style>
18    </head>
19    <body>
20        <h2>:first-child/:last-child 필터</h2>
21        <ul>
22            <li>항목 1</li>
23            <li>항목 2</li>
24            <li>항목 3</li>
25        </ul>
26        <ul>
27            <li>항목 1</li>
28            <li>항목 2</li>
29            <li>항목 3</li>
30        </ul>
31    </body>
```

8행 **$("li:first-child").css("background-color", "yellow");**

$("li:first-child")는 \<li\> 요소의 부모, 즉 21행과 26행에 있는 두 \<ul\> 요소의 자식 \<li\>
요소 중에서 첫 번째 요소를 선택한다. 따라서 8행은 그림 9-12에 나타난 것과 같이 두 '
항목 1'의 배경 색상을 노란색으로 설정한다.

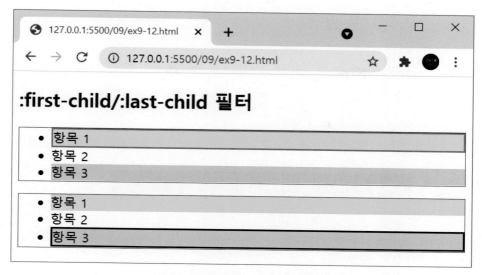

그림 9-12 ex9-12.html의 실행 결과

9행 `$("li:last-child").css("background-color", "pink");`

$("li:last-child")는 〈li〉 요소의 부모인 〈ul〉 요소의 자식 〈li〉 요소 중에서 마지막 요소를
선택한다. 따라서 9행은 그림 9-12에 나타난 것과 같이 두 '항목 3'의 배경 색상을 핑크
색으로 설정한다.

11,12행 `$("li:first").css("border", "solid 2px red");`
`$("li:last").css("border", "solid 2px black");`

$("li:first")와 $("li:last") 필터 선택자는 각각 페이지에 있는 여섯 개의 전체 〈li〉 요소 중
에서 첫 번째와 마지막 〈li〉 요소를 선택한다. 따라서 그림 9-12의 첫 번째와 마지막 항목
에 각각 빨간색 경계선과 검정색 경계선이 그려지게 된다.

li:first-child는 li 부모의 첫 번째 자식을 선택하는 것인데 반해 li:first는 페이지에 있는
li 요소의 첫 번째 요소를 선택한다. 위 예제를 통하여 둘 간의 차이를 명확히 이해하기 바
란다.

## 9.4.3 폼 필터

:text, :password, :radio, :checkbox 등의 폼 필터 선택자는 웹 페이지의 폼 요소를 선택할 때 사용된다.

다음 예제를 통하여 폼 요소를 폼 필터로 선택하고 조작하는 방법을 익혀보자.

| 예제 9-13. 폼 필터의 사용 예 | 09/ex9-13.html |
|---|---|

```
01  <!DOCTYPE html>
02  <html>
03  <head>
04  <meta charset="UTF-8">
05  <script src="js/jquery-3.6.0.min.js"></script>
06  <script>
07  $(document).ready(function() {
08      $(":text, :password").css("border", "solid 1px pink");
09      $(":button").css({ "background-color": "yellow",
            "border": "solid 1px black"});
10      $(":submit, :reset").css({ "background-color": "pink",
            "border": "solid 1px black"});
11      $(":radio, :checkbox").wrap("<span style=
            'background-color:yellow'></span>");
12      $("input:checked").wrap("<span style='background-color:red'>
            </span>");
13      $("option:selected").css("background-color", "red");
14  });
15  </script>
16  <style>
17  </style>
18  </head>
19  <body>
20      <h2>회원 가입 양식</h2>
21      <form>
22        <ul>
23          <li>
24              아이디 : <input type="text">
25              <input type="button" value="아이디 중복 체크">
```

```
26        </li>
27        <li>
28            이름 : <input type="text">
29        </li>
30        <li>
31            비밀번호 : <input type="password">
32        </li>
33        <li>
34            이메일 : <input type="text">@
35            <select>
36                <option value="naver">naver.com</option>
37                <option value="hanmail" selected>hanmail.net</option>
38                <option value="gmail">gmail.com</option>
39            </select>
40        </li>
41        <li>
42            성별 : <input type="radio" name="gender">
43            남성 <input type="radio" name="gender" checked> 여성
44        </li>
45        <li>
46            가입경로 : <input type="checkbox" name="h1" checked> 인
터넷
47            <input type="checkbox" name="h2"> 친구
48            <input type="checkbox" name="h3" checked> 기타
49        </li>
50        </ul>
51        <div>
52        <input type="submit" value="체출하기">
53        <input type="reset" value="입력취소">
54        </div>
55    </form>
56 </body>
57 </html>
```

8행 **$(":text, :password").css("border", "solid 1px pink");**

$(":text, :password")는 페이지에 존재하는 <input type="text"> 요소(24행, 28행, 34행)와 <input type="password"> 요소(31행)를 선택한다. 8행은 선택된 요소들에 1 픽셀 두께의 핑크색 실선을 그린다.

그림 9-13 ex9-13.html의 실행 결과

이 결과가 그림 9-13에 있는 핑크색 박스로 표시된 아이디, 이름, 비밀번호, 이메일 항목에 사용된 입력 창이다.

9행 **$(":button").css({ "background-color": "yellow",**
　　　**"border": "solid 1px black"});**

$(":button")은 〈input type="button"〉 요소(25행)를 선택한다. 9행은 '아이디중복 체크' 버튼 요소의 배경 색상을 노란색으로 하고 경계선을 실선, 1픽셀, 검정색으로 설정한다. 이 결과가 그림 9-13의 아이디 입력 창 오른쪽 옆에 있는 노란색 '아이디 중복 체크' 버튼이다.

10행 **$(":submit, :reset").css({ "background-color": "pink",**
　　　**"border": "solid 1px black"});**

$(":submit, :reset")은 각각 〈input type='submit'〉 요소(52행)와 〈input type="reset"〉 요소(53행)를 선택한다. 10행은 "제출하기"와 '입력취소' 버튼의 배경 색상을 핑크색으로 하고 경계선을 실선, 1픽셀, 검정색으로 설정한다. 이 결과가 그림 9-13의 제일 아래에 있는 '제출하기'와 '입력취소' 버튼이다.

11행 **$(":radio, :checkbox").wrap("<span style=**
**'background-color:yellow'>");**

$(":radio, :checkbox")는 각각 <input type="radio"> 요소(42, 43행)와 <input type="checkbox"> 요소(46~48행)를 선택한다.

wrap("")은 선택된 요소를 ""으로 감싼다.

제이쿼리 wrap() 메소드의 사용 형식은 다음과 같다.

$(선택자).wrap(HTML 요소)

wrap() 메소드는 제이쿼리 선택자에 대해 선택된 요소를 HTML 요소로 감싼다.

11행은 그림 9-13에 나타난 라디오 버튼과 체크박스에서와 같이 이 요소들의 배경 색상을 노란색으로 설정한다.

※ 그림 9-13에서 '여성', '인터넷', '기타' 항목이 빨간색 배경으로 설정된 것은 12행의 문장에 기인한다. 자세한 것은 아래 12행의 설명을 참고하기 바란다.

12행 **$("input:checked").wrap("");**

$("input:checked")는 <input> 요소에서 checked가 설정된 요소(43행, 46행, 48행)들을 선택한다. 따라서 12행은 '여성' 라디오 버튼 요소(43행)와 '인터넷'과 '기타' 항목의 체크박스 요소(46행과 48행)의 배경 색상을 빨간색으로 설정한다.

이 결과가 그림 9-13의 아래 부분에 빨간색 정사각형으로 표시된 라디오 버튼 하나와 체크박스 두 개이다.

13행 **$("option:selected").css("background-color", "red");**

$("option:selected")는 37행의 selected 속성이 설정된 <option> 요소를 선택한다. 따라서 13행은 이 선택 항목, 즉 'hanmail.net'의 배경 색상을 빨간색으로 설정한다.

이 결과가 그림 9-13의 이메일 부분의 오른쪽 선택 박스 항목 중 'hanmail.net'에 표시된 빨간색 박스이다.

## 요소 탐색

제이쿼리에서는 DOM 트리에서 현재 요소를 기준으로 특정 요소를 찾는 다양한 메소드를 제공한다. 이 중에서 parent(), find(), siblings() 메소드가 많이 사용되며 이번 절을 통하여 이 세 가지 메소드의 사용법을 익혀보자.

### 9.5.1 parent() 메소드

다음 예제에서는 제이쿼리의 parent() 메소드를 이용하여 현재 요소의 부모 요소를 찾아 그 요소의 CSS를 조작한다.

| 예제 9-14. parent() 메소드의 사용 예 | 09/ex9-14.html |
|---|---|

```
06  <script>
07  $(document).ready(function() {
08      $("span").parent().css("border", "solid 2px green");
09      $("li").parent().css("border", "solid 2px blue");
10      $("ul").parent().css("border", "solid 2px red");
11  });
12  </script>
13  </head>
14  <body>
15      <h2>parent() 메소드</h2>
16      <div>
17          <ul>
18              <li>항목 1</li>
19              <li><span>항목 2(span 요소)</span></li>
20          </ul>
21          <ul>
22              <li>항목 1</li>
23              <li>항목 2</li>
24          </ul>
25      </div>
26  </body>
```

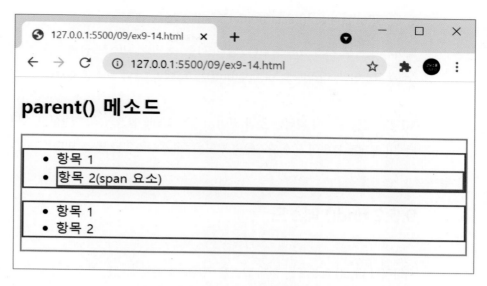

그림 9-14 ex9-14.html의 실행 결과

8행 **$("span").parent().css("border", "solid 2px green");**

$("span").parent()는 19행 〈span〉 요소의 부모를 찾는다. 여기서 〈span〉 요소의 부모는 19행의 〈li〉 요소이다. 따라서 8행은 이 〈li〉 요소에 초록색 경계선(2픽셀, 실선)을 그린다.

그림 9-14를 보면 '항목 2(span 요소)'에 초록색 경계선이 그려져 있음을 알 수 있다.

9행 **$("li").parent().css("border", "solid 2px blue");**

$("li").parent()는 18행과 19행에 있는 〈li〉 요소의 부모와 22행과 23행의 〈li〉 요소의 부모를 찾는다. 〈li〉 요소들(18행과 19행)의 부모는 17행의 〈ul〉 요소이다. 그리고 그 아래에 있는 〈li〉 요소들(22행과 23행)의 부모는 21행의 〈ul〉 요소이다.

따라서 9행은 17행과 21행의 〈ul〉 요소에 각각 파란색 경계선(실선, 2픽셀)을 그린다. 이 결과가 그림 9-14의 파란색 박스이다.

**10행** $("ul").parent().css("border", "solid 2px red");

페이지에는 두 개의 ⟨ul⟩ 요소(17행과 21행)가 있다. 이 요소들의 부모는 모두 16행의 ⟨div⟩ 요소이다. 따라는 $("ul").parent()는 16행의 ⟨div⟩ 요소를 찾는다.

10행은 그림 9-4에 나타난 것과 같이 ⟨div⟩ 요소에 빨간색 경계선(실선, 2픽셀)을 그린다. 이 예제를 통하여 ⟨ul⟩ 요소들의 부모는 ⟨div⟩ 요소임을 알 수 있다.

## 9.5.2 find() 메소드

제이쿼리 find() 메소드는 현재 요소를 기준으로 하위에 있는 특정 요소를 찾는 데 사용된다. 다음 예제를 통하여 find() 메소드의 사용법을 익혀보자.

예제 9-15. find() 메소드의 사용 예                          09/ex9-15.html

```
06  ⟨script⟩
07  $(document).ready(function() {
08      $("div").find("ul").css("background-color", "yellow");
09      $("div").find("li").css("border", "solid 2px red");
10      $("div").find("span").css("background-color", "skyblue");
11  });
12  ⟨/script⟩
13  ⟨/head⟩
14  ⟨body⟩
15      ⟨h2⟩find() 메소드⟨/h2⟩
16      ⟨div⟩
17        ⟨ul⟩
18          ⟨li⟩항목 1⟨/li⟩
19          ⟨li⟩⟨span⟩항목 2(span 요소)⟨/span⟩⟨/li⟩
20        ⟨/ul⟩
21        ⟨ul⟩
22          ⟨li⟩항목 1⟨/li⟩
23          ⟨li⟩항목 2⟨/li⟩
24        ⟨/ul⟩
25      ⟨/div⟩
26  ⟨/body⟩
```

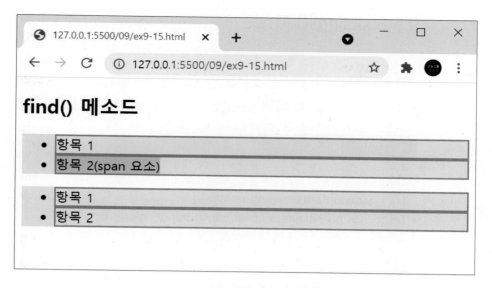

그림 9-15 ex9-15.html의 실행 결과

8행 **$("div").find("ul").css("background-color", "yellow");**

$("div").find("ul")은 16행의 ⟨div⟩ 하위에 있는 ⟨ul⟩ 요소를 찾는다. 8행은 이 ⟨ul⟩ 요소들의 배경 색상을 노란색으로 변경한다. 이 결과가 그림 9-15에 나타나 있는 두 개의 노란색으로 칠해진 박스이다.

9행 **$("div").find("li").css("border", "solid 2px red");**

9행은 ⟨div⟩ 하위에 있는 ⟨li⟩ 요소를 찾아 이 요소들에 빨간색 경계선(실선, 2픽셀)을 그린다. 이 결과가 그림 9-15에 나타난 네 개의 빨간색 경계선 박스이다.

10행 **$("div").find("span").css("background-color", "skyblue");**

10행은 ⟨div⟩ 하위에 있는 ⟨span⟩ 요소를 찾아 이 요소의 배경 색상을 하늘색으로 변경한다. 이 결과가 그림 9-15의 '항목 2(span 요소)'에 적용된 하늘색 배경 색상이다.

## 9.5.3 siblings() 메소드

제이쿼리 siblings() 메소드는 선택된 요소의 형제 요소들을 찾는 데 사용된다. 다음 예제를 통하여 siblings() 메소드의 사용법을 익혀보자.

| 예제 9-16. siblings() 메소드 사용 예 | 09/ex9-16.html |
|---|---|

```
06  <script>
07  $(document).ready(function() {
08      $("h3").siblings().css("background-color", "pink");
09  });
10  </script>
11  </head>
12  <body>
13      <h2>siblings() 메소드</h2>
14      <p>타인</p>
15      <div>
16          <p>형제 1</p>
17          <span>형제 2</span>
18          <h3>나</h3>
19          <h4>형제 3</h4>
20          <p>형제 4</p>
21      </div>
22  </body>
```

8행 **$("h3").siblings().css("background-color", "pink");**

$("h3").siblings()는 18행의 <h3> 요소의 형제 요소을 찾는다. 형제 요소는 16행, 17행, 19행, 20행의 네 요소이다. 따라서 8행은 그림 9-16에 나타난 것과 같이 형제요소인 '형제 1', '형제 2', '형제 3', '형제 4'의 배경 색상을 핑크색으로 변경한다.

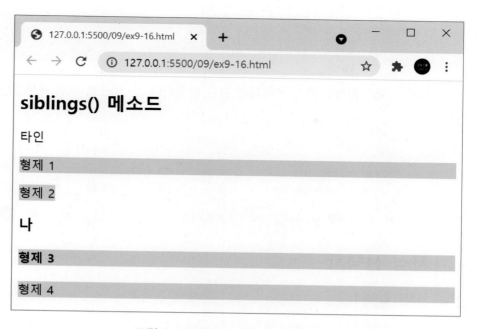

그림 9-16 ex9-16.html의 실행 결과

9-1. 다음은 제이쿼리의 자식 선택자에 관한 문제이다. 빈 박스를 채워 프로그램을 완성하시오.

¤ 브라우저 실행 결과

```
<script>
$(document).ready(function() {
    $("#box□p").□("background-color", "yellow");
});
</script>
</head>
<body>
    <h2>자식 선택자</h2>
    <div id="box">
        <p>단락 1입니다.</p>
        <div>
            <p>단락 2입니다.</p>
        </div>
        <p>단락 3입니다.</p>
    </div>
    <p>단락 4입니다.</p>
</body>
```

9-2. 다음은 제이쿼리의 후손 선택자에 관한 문제이다. 빈 박스를 채워 프로그램을 완성하시오.

¤ 브라우저 실행 결과

```
<script>
$(document).ready(function() {
   $("#box□").css({□          , □                         });
});
</script>
</head>
<body>
   <h2>후손 선택자</h2>
   <div id="box">
      <p>단락 1입니다.</p>
      <div>
         <p>단락 2입니다.</p>
         <div>
            <p>단락 3입니다.</p>
         </div>
      </div>
      <p>단락 4입니다.</p>
   </div>
   <p>단락 5입니다.</p>
</body>
```

9-3. 다음은 제이쿼리의 필터 선택자에 관한 문제이다. 빈 박스를 채워 프로그램을 완성하시오.

¤ 브라우저 실행 결과

```
<script>
$(document).ready(function() {
    $("div [    ]").css("background-color", "pink");
    $("div [    ]").css("[    ]", "[    ]");
});
</script>
</head>
<body>
    <div>
        <h2>필터 선택자</h2>
        <ul>
            <li>항목 1</li>
            <li>항목 2</li>
            <li>항목 3</li>
            <li>항목 5</li>
        </ul>
    </div>
</body>
```

9-4. 다음은 제이쿼리의 find() 메소드에 관한 문제이다. 빈 박스를 채워 프로그램을 완성하시오.

¤ 브라우저 실행 결과

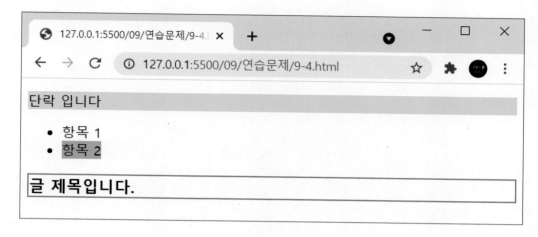

```
<script>
$(document).ready(function() {
    $("#box").find("  ").css("background-color", "yellow");
    $("#box").find("   ").css("border", "solid 2px red");
    $("#box").find("    ").css("background-color", "skyblue");
});
</script>
</head>
<body>
    <div id="box">
        <p>단락 입니다</p>
        <div>
            <ul>
                <li>항목 1</li>
                <li><span>항목 2</span></li>
            </ul>
        </div>
        <h3>글 제목입니다.</h3>
    </div>
</body>
```

# Chapter 10

# 이벤트와 효과

제이쿼리를 이용하면 웹 페이지에서 발생되는 이벤트를 쉽게 처리할 수 있다. 이번 장에서는 마우스, 키보드, 폼, 윈도우 등의 조작으로 인해 발생되는 이벤트를 제이쿼리로 처리하는 방법을 익힌다. 또한 페이지 요소들에 대해 숨기기, 감추기, 페이드, 슬라이드, 애니메이션 등의 다양한 효과를 주는 제이쿼리 메소드의 사용법에 대해서도 배운다.

## 10.1 이벤트란?

이벤트(Event)는 웹 페이지에서 사용자의 마우스나 키보드 조작에 의해 발생되는 사건을 말한다. 예를 들어 사용자가 키보드를 클릭하면 클릭 이벤트가 발생한다. 제이쿼리를 이용하면 웹 페이지에서 발생되는 이벤트를 쉽게 처리할 수 있다. 발생된 이벤트를 처리해 주는 함수를 이벤트 메소드(Event Method)라고 한다.

제이쿼리에서는 마우스 이벤트, 키보드 이벤트, 문서 이벤트, 브라우저 이벤트 등이 발생했을 때 이를 처리해주는 다양한 메소드를 제공한다.

제이쿼리에서 버튼을 클릭했을 때 '안녕하세요.'를 화면에 출력하는 다음의 예를 살펴보자.

---

**예제 10-1. 클릭 이벤트 사용 예**　　　　　　　　　　　　　　10/ex10-1.html

```
06   <script>
07   $(document).ready(function() {
08       $("#btn").click(function() {
09           $("#show").text("안녕하세요.");
10       });
11   });
12   </script>
13   </head>
14   <body>
15       <button id="btn">클릭!</button>
16       <p id="show"></p>
17   </body>
```

---

15행에 있는 버튼을 마우스로 클릭하면 8~10행에서 정의된 click() 메소드가 실행된다. 따라서 그림 10-2에서와 같이 화면에 '안녕하세요'가 출력된다.

8~10행에서 클릭 이벤트를 처리하는 과정을 좀 더 자세히 살펴보자.

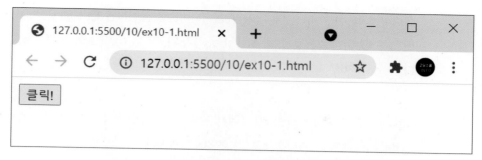

그림 10-1 ex10-1.html의 실행 결과(버튼 클릭 전)

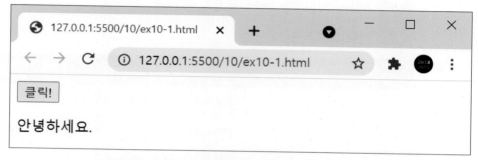

그림 10-2 ex10-1.html의 실행 결과(버튼 클릭 후)

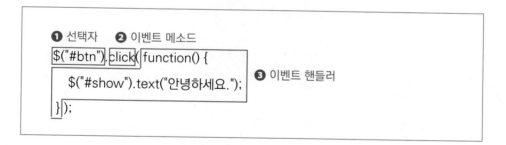

❶ 선택자

여기서 선택자 $("#btn")은 마우스 클릭 이벤트가 발생하는 요소, 즉 아이디 btn을 의미한다.

❷ 이벤트 메소드

발생된 이벤트를 처리하는 메소드를 의미한다. 여기서 click() 이벤트 메소드는 ❶의 요소에 클릭 이벤트가 발생하였을 때 동작한다.

❸ 이벤트 핸들러

이벤트 핸들러(Event Handler)는 발생된 이벤트를 처리하는 익명 함수를 말한다. 이 이벤트 핸들러에서 해당 이벤트를 처리하게 된다.

정리하면 ❶ $("#btn"), 즉 15행의 '클릭!' 버튼을 클릭하면 ❷ click() 이벤트 메소드 내에 있는 ❸ 이벤트 핸들러, 즉 $("#show")가 가리키는 〈p〉요소에 '안녕하세요.'를 삽입한다.

이러한 과정을 통하여 그림 10-1에서 '클릭!' 버튼을 클릭하면 그림 10-2에서와 같이 이 '클릭!' 버튼 아래에 '안녕하세요.'가 화면에 출력된다.

제이쿼리의 주요한 이벤트 메소드를 표로 정리하면 다음과 같다.

표 10-1 제이쿼리 이벤트 메소드

| 구분 | 이벤트 메소드 | 설명 |
|---|---|---|
| 마우스 이벤트 | click() | 선택 요소의 클릭 이벤트를 처리한다. |
| | dblclick() | 선택 요소의 더블 클릭 이벤트를 처리한다. |
| | mouseenter() | 선택 요소에 마우스 포인터가 들어갔을 때 발생되는 이벤트를 처리한다. |
| | mouseleave() | 선택 요소에서 마우스 포인터가 벗어났을 때 발생되는 이벤트를 처리한다. |
| 키보드 이벤트 | keypress() | 키보드 키가 눌러졌을 때 발생되는 이벤트를 처리한다. |
| | keydown() | 키보드 키가 눌러지고 있는 동안 발생되는 이벤트를 처리한다. |
| | keyup() | 키보드 키가 눌러졌다 뗄 때 발생되는 이벤트를 처리한다. |
| 폼 이벤트 | focus() | 〈input type="text"〉 등의 요소에 마우스 포커스가 생성될 때 발생되는 이벤트를 처리한다. |
| | blur() | 〈input type="text"〉 등의 요소에 마우스가 포커스 되어 있다가 포커스를 잃었을 때 발생되는 이벤트를 처리한다. |
| | change() | 〈input〉, 〈select〉 요소 등에서 값이 변경되었을 때 발생되는 이벤트를 처리한다. |
| 문서/윈도우 이벤트 | ready() | 문서 객체 모델(DOM)의 요소들이 모두 로드되었을 때 발생되는 이벤트를 처리한다. |
| | resize() | 브라우저 창의 크기가 변경되었을 때 발생되는 이벤트를 처리한다. |
| | scroll() | 스크롤바가 움직였을 때 발생되는 이벤트를 처리한다. |

이번 절에서는 앞의 표 10-1에 나타나 있는 마우스 이벤트, 키보드 이벤트, 폼 이벤트, 문서/브라우저 이벤트를 처리하는 방법에 대해 알아보자.

### 10.2.1 마우스 이벤트

다음 예제를 통하여 마우스를 조작할 때 발생되는 이벤트를 처리하는 click(), dblclick(), mouseenter(), mouseleave() 이벤트 메소드의 사용법을 익혀보자.

| 예제 10-2. 마우스 이벤트 사용 예 | 10/ex10-2.html |
|---|---|

```
06  <script>
07  $(document).ready(function() {
08     $("#btn1").click(function() {
09        $("#show").text("클릭했어요!");
10     });
11
12     $("#btn2").dblclick(function() {
13        $("#show").text("더블 클릭했어요!");
14     });
15
16     $("#box").mouseenter(function() {
17        $("#show").text("마우스 포인터가 들어왔어요!");
18     });
19
20     $("#box").mouseleave(function() {
21        $("#show").text("마우스 포인터가 벗어났어요!");
22     });
23  });
24  </script>
25  <style>
26  #box { width : 120px;    height: 30px;
27     margin-top: 10px;
28     background-color: yellow; }
29  </style>
```

```
30   </head>
31   <body>
32     <button id="btn1">클릭</button>
33     <button id="btn2">더블 클릭</button>
34     <div id="box">div 요소</div>
35
36     <p id="show"></p>
37   </body>
```

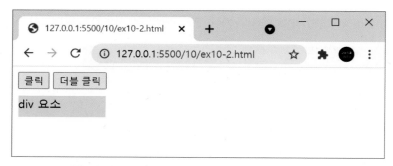

그림 10-3 ex10-2.html의 실행 결과(버튼 클릭 전)

그림 10-4 그림 10-3에서 '클릭' 버튼 클릭 후

그림 10-5 그림 10-3에서 '더블 클릭' 버튼 클릭 후

그림 10-6 그림 10-3에서 〈div〉 요소에 마우스
포인터가 들어갔을 때

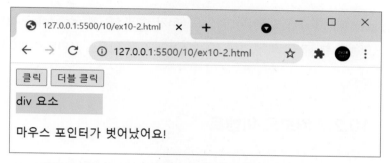

그림 10-7 그림 10-3에서 〈div〉 요소에서 마우스
포인터가 벗어났을 때

8~10행
```
$("#btn1").click(function() {
    $("#show").text("클릭했어요!");
});
```

32행의 '클릭' 버튼을 클릭하면 click() 이벤트 메소드의 이벤트 핸들러에 의해 그림
10-4에서와 같이 '클릭했어요!"가 출력된다.

12~14행
```
$("#btn2").dblclick(function() {
    $("#show").text("더블 클릭했어요!");
});
```

33행의 '더블 클릭' 버튼을 더블 클릭하면 dblclick() 이벤트 메소드의 이벤트 핸들러에
의해 그림 10-5에 나타난 것과 같이 '더블 클릭했어요!"가 출력된다.

16~18행    $("#box").mouseenter(function() {
            $("#show").text("마우스 포인터가 들어왔어요!");
        });

34행의 〈div〉 요소, 즉 그림 10-3의 노란색 박스 영역에 마우스가 포인트가 들어갔을 때 mouseenter() 이벤트 메소드의 이벤트 핸들러에 의해 그림 10-6에서와 같이 '마우스 포인터가 들어왔어요!'가 출력된다.

20~22행    $("#box").mouseleave(function() {
            $("#show").text("마우스 포인터가 벗어났어요!");
        });

34행의 〈div〉 요소에서 마우스 포인터가 벗어났을 때 mouseleave() 이벤트 메소드의 이벤트 핸들러에 의해 그림 10-7에서와 같이 '마우스 포인터가 벗어났어요!'가 출력된다.

## 10.2.2 키보드 이벤트

다음은 keydown(), keyup(), keypress() 등의 키보드 이벤트가 사용되는 예제이다. 이 예제를 통하여 키보드 이벤트 처리 방법을 익혀보자.

| 예제 10-3. 키보드 이벤트 사용 예 | 10/ex10-3.html |
|---|---|

```
06  <script>
07  $(document).ready(function() {
08      $("p:eq(0) input").keydown(function(){
09          $(this).css("background-color", "yellow");
10      });
11
12      $("p:eq(0) input").keyup(function(){
13          $(this).css("background-color", "pink");
14      });
15
16      $("p:eq(1) input").keypress(function(){
17          $(this).css("background-color", "skyblue");
18      });
19  });
20  </script>
```

```
21  </head>
22  <body>
23    <p>- 아이디 : <input type="text"></p>
24    <p>- 비밀번호 : <input type="password"></p>
25  </body>
```

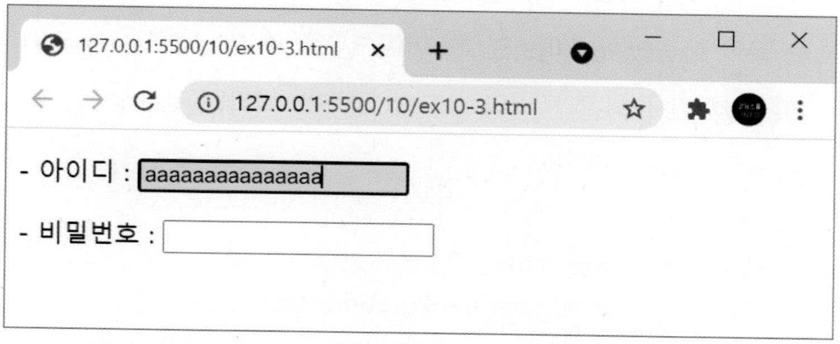

그림 10-8 ex10-3.html의 실행 결과(키보드 키를 누르고 있는 동안)

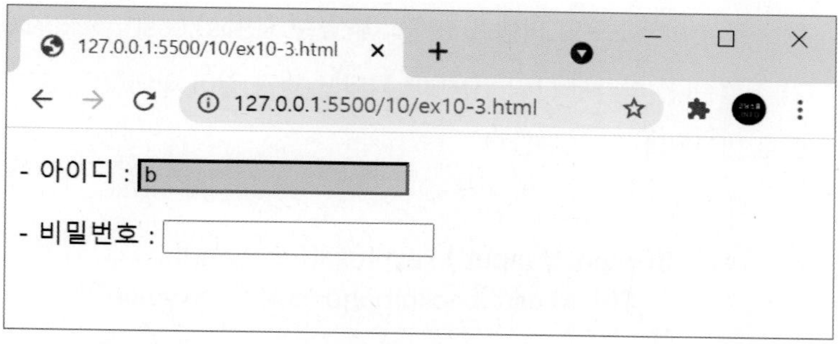

그림 10-9 그림 10-8에서 키보드 키를 눌렀다 뗐을 때

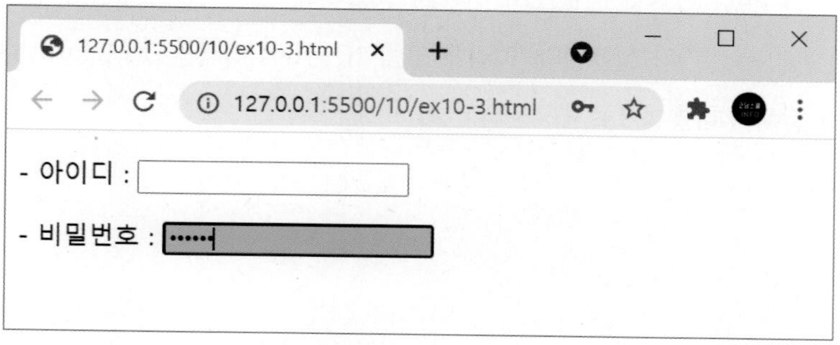

그림 10-10 그림 10-8에서 키보드 키를 눌렀을 때

8~10행
```
$("p:eq(0) input").keydown(function(){
    $(this).css("background-color", "yellow");
});
```

$("p:eq(0) input")은 23행의 첫 번째 〈p〉 요소의 〈input〉 요소를 선택한다.

※ 선택자 :eq(0)에 대해서는 321쪽을 참고하기 바란다.

8행은 선택된 요소, 즉 그림 10-8의 아이디 입력 창에서 키보드 키가 눌러진 상태에 있는 동안 keydown() 메소드의 이벤트 핸들러에 있는 $(this).css("background-color", "yellow")가 실행된다. 따라서 그림 10-8에 나타난 것과 같이 아이디 입력 창의 배경색이 노란색으로 변경된다.

12~14행
```
$("p:eq(0) input").keyup(function(){
    $(this).css("background-color", "pink");
});
```

12행은 선택된 요소, 즉 그림 10-9의 아이디 입력 창에서 키보드 키를 눌렀다가 뗄 경우에 keyup() 메소드의 이벤트 핸들러에 있는 $(this).css("background-color", "pink")가 실행된다. 따라서 그림 10-9에 나타난 것과 같이 아이디 입력 창의 배경색이 핑크색으로 변경된다.

16~18행
```
$("p:eq(1) input").keypress(function(){
    $(this).css("background-color", "skyblue");
});
```

16행은 선택된 요소, 즉 그림 10-10의 비밀번호 입력 창에서 키보드 키를 누르면 keypress() 메소드의 이벤트 핸들러에 있는 $(this).css("background-color", "skyblue")가 실행된다. 따라서 그림 10-10에 나타난 것과 같이 비밀번호 입력 창의 배경색이 하늘색으로 변경된다.

## 10.2.3 폼 이벤트

폼 이벤트는 웹 페이지의 폼 양식에서 발생되는 이벤트를 말한다. 다음 예제를 통하여 폼 이벤트를 처리하는 제이쿼리 메소드 사용법에 대해 알아보자.

| 예제 10-4. 폼 이벤트 메소드 사용 예 | 10/ex10-4.html |
|---|---|

```
06  <script>
07  $(document).ready(function() {
08      $("input").focus(function(){
09          $(this).css("background-color", "yellow");
10      });
11
12      $("input").blur(function(){
13          $(this).css("background-color", "pink");
14      });
15
16      $("select").change(function(){
17          $("#show").text("선택 박스의 값이 바뀌었어요!");
18      });
19  });
20  </script>
21  </head>
22  <body>
23    <p>- 아이디 : <input type="text"></p>
24    <select>
25      <option>2020</option>
26      <option>2021</option>
27      <option>2022</option>
28      <option>2023</option>
29    </select>
30
31    <p id="show"></p>
32  </body>
```

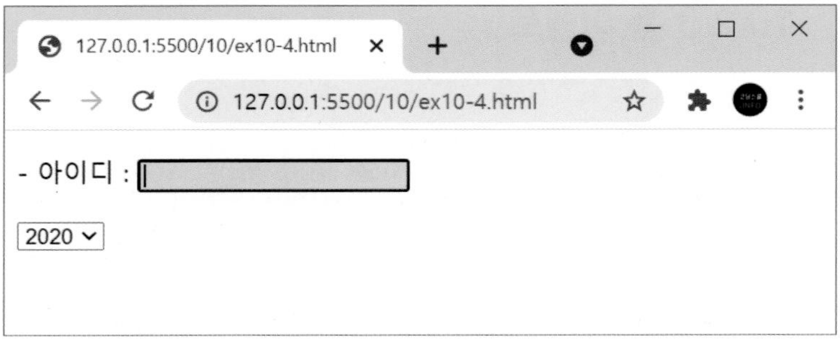

그림 10-11 ex10-4.html의 실행 결과(포커스가 생성될 때)

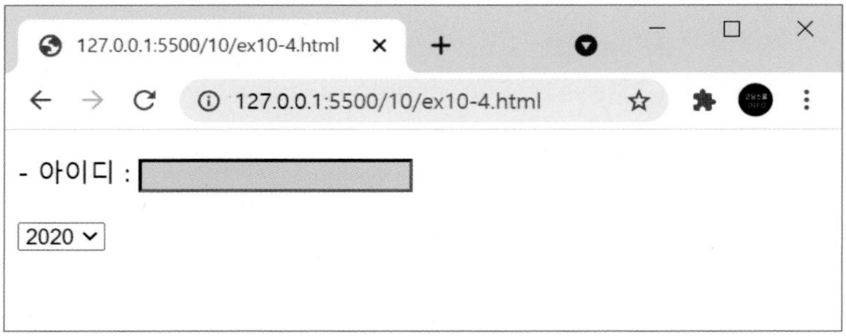

그림 10-12 ex10-4.html의 실행 결과(포커스가 사라졌을 때)

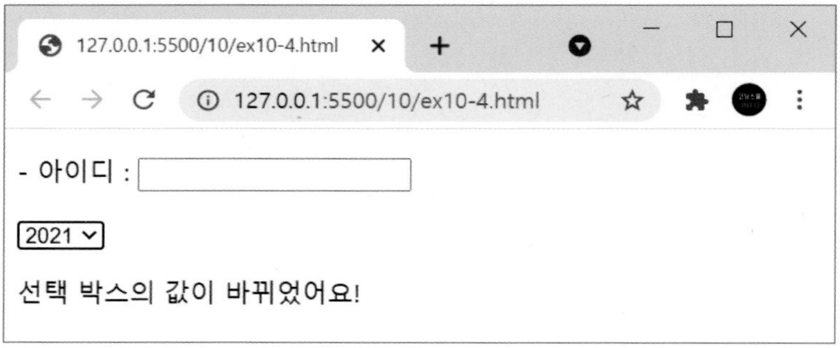

그림 10-13 ex10-4.html의 실행 결과(값이 바뀌었을 때)

8~10행    $("input").focus(function(){
              $(this).css("background-color", "yellow");
          });

그림 10-11의 아이디 입력 창에 마우스 포커스가 생성될 때 focus() 메소드의 이벤트 핸
들러에 있는 $(this).css("background-color", "yellow")가 실행된다. 따라서 아이디
입력 창의 배경 색상이 노란색으로 변경된다.

12~14행 $("input").blur(function(){
    $(this).css("background-color", "pink");
});

그림 10-12에서 아이디 입력 창에 있는 마우스 포커스가 사라졌을 때 blur() 메소드의
이벤트 핸들러가 실행되어 아이디 입력 창의 배경 색상이 핑크색으로 된다.

16~18행 $("select").change(function(){
    $("#show").text("선택 박스의 값이 바뀌었어요!");
});

그림 10-13의 〈select〉 요소에서 새로운 값을 선택하였을 때 change() 이벤트 메소드
의 이벤트 헨들러에 의해 '선택 박스의 값이 바뀌었어요!'가 출력된다.

## 10.2.4 윈도우 이벤트

윈도우 이벤트는 브라우저 창의 크기를 조절하거나 스크롤 바를 이동하였을 때 발생하는
이벤트이다. 다음 예제를 통하여 브라우저 창의 크기를 조절할 때의 이벤트를 처리하는
resize() 이벤트 메소드의 사용법을 익혀보자.

| 예제 10-5. resize() 이벤트 메소드의 사용 예 | 10/ex10-5.html |
|---|---|

```
06  <script>
07  $(document).ready(function() {
08      $(window).resize(function(){
09          $("span:eq(0)").text(window.innerWidth);
10          $("span:eq(1)").text(window.innerHeight);
11      });
12  });
13  </script>
14  </head>
15  <body>
16      <p>브라우저 창 크기 : <span></span> <span></span></p>
17  </body>
```

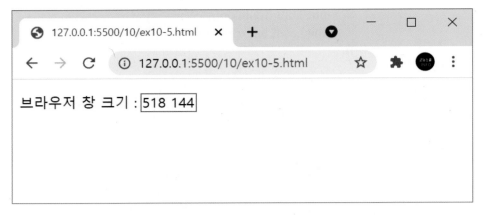

그림 10-14 ex10-5.html의 실행 결과(창의 크기를 조절하였을 때)

8~11행
```
$(window).resize(function(){
    $("span:eq(0)").text(window.innerWidth);
    $("span:eq(1)").text(window.innerHeight);
});
```

브라우저 창의 사이즈가 조절되었을 때 발생되는 이벤트를 처리하는 resize() 메소드를 설정한다. 창의 크기가 변경되면 resize() 메소드의 이벤트 핸들러에 있는 9행과 10행의 문장이 실행된다.

따라서 그림 10-14의 빨간색 박스 안에 나타난 것과 같이 창의 너비와 높이를 화면에 표시한다. 여기서 window.innerWidth와 window.innerHeight는 각각 브라우저 창의 너비와 높이를 의미한다.

※ window.innerWidth와 window.innerHeight에 대해서는 212쪽을 참고하기 바란다.

이번에는 브라우저 창에서 스크롤 바가 움직였을 때 발생되는 이벤트를 처리하는 scroll()
이벤트 메소드의 사용법을 익혀보자.

| 예제 10-6. scroll() 이벤트 메소드 사용 예 | 10/ex10-6.html |
| --- | --- |

```
06  <script>
07  $(document).ready(function() {
08      $(window).scroll(function(){
09          $("#show").text("스크롤 바가 이동되었어요!");
10      });
11  });
12  </script>
13  </head>
14  <body>
15      <div style="width:2500px; overflow:auto;
              background-color:yellow;">
16          희망은 가난한 사람의 빵이다.<br>
17          말 없는 발이 천리간다.<br>
18          피는 물보다 진하다.
19      </div>
20
21      <p id="show"></p>
22  </body>
```

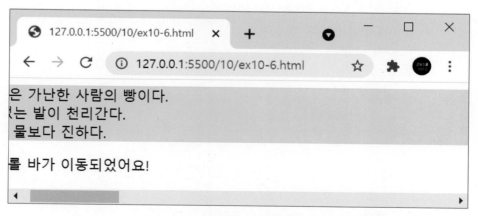

그림 10-15 ex10-6.html의 실행 결과(스크롤 바를 이동시켰을 때)

8~10행    $(window).scroll(function(){
          $("#show").text("스크롤 바가 이동되었어요!");
         });

브라우저 창의 스크롤 바가 이동했을 때 발생되는 이벤트를 처리하는 scroll() 메소드를 설정한다. 스크롤 바가 움직이면 scroll() 메소드의 이벤트 핸들러에 있는 9행의 $("#show").text("스크롤 바가 이동되었어요!")가 실행된다.

따라서 그림 10-15에서 가로 스크롤 바를 오른쪽으로 이동시키면 '스크롤 바가 이동되었어요!'란 메시지가 화면에 출력된다.

## 10.3 이벤트 등록

앞의 10.2절에서는 하나의 이벤트가 발생할 때 그에 해당되는 이벤트 메소드에 발생된 이벤트를 처리하였다. 예를 들어 사용자가 마우스를 클릭하면 click 이벤트가 발생되는데 이 click 이벤트를 처리하는 이벤트 메소드는 click() 메소드이다. 비슷한 예로 mouseenter 이벤트가 발생되면 이 이벤트를 처리하는 메소드가 바로 mouseenter()이다.

제이쿼리에서는 on() 메소드를 이용하면 발생되는 이벤트를 이벤트 핸들러에 직접 등록할 수 있다.

이번 절을 통하여 on() 메소드로 하나 또는 다수의 이벤트를 직접 등록하는 방법을 익혀보자.

### 10.3.1 한 이벤트 등록하기

다음 예제는 on() 메소드를 이용하여 하나의 click 이벤트를 처리하는 이벤트 핸들러를 등록하여 처리하는 프로그램 예이다. 이 예제를 통하여 on() 메소드로 하나의 이벤트를 등록하는 방법에 대해 알아보자.

| 예제 10-7. on() 메소드로 하나의 이벤트 등록 예 | 10/ex10-7.html |
|---|---|

```
06  〈script〉
07  $(document).ready(function() {
08      $("button").on("click", function(){
09          $("p").addClass("yellow");
10      });
11  });
12  〈/script〉
13  〈style〉
14  .yellow { background-color: yellow; }
15  〈/style〉
16  〈/head〉
17  〈body〉
```

```
18    <p>
19       티끌모아 태산이다.
20    </p>
21
22    <button>클릭!</button>
23  </body>
```

그림 10-16 ex10-7.html의 실행 결과(버튼 클릭 후)

8~10행

```
$("button").on("click", function(){
    $("p").addClass("yellow");
});
```

22행의 <button> 요소, 즉 그림 10-16의 '클릭!' 버튼을 클릭하면 click 이벤트 핸들러에 있는 $("p").addClass("yellow")가 실행된다. addClass("yellow")는 <p> 요소에 클래스 "yellow"를 설정한다. 따라서 14행에서 정의된 .class의 CSS 명령에 의해 그림 10-16에 나타난 것과 같이 <p> 요소의 배경이 노란색으로 변경된다.

이와 같이 on() 메소드는 하나의 이벤트를 이벤트 핸들러에 등록하여 이벤트를 처리할 수 있다.

on() 메소드로 하나의 이벤트를 등록하는 형식은 다음과 같다.

```
$(선택자).on("이벤트", function(){
    // 이벤트 핸들러 코드
});
```

## 10.3.2 다수 이벤트 등록하기

다음 예제를 통하여 on() 메소드를 이용하여 다수의 이벤트를 등록하는 방법에 대해 알아보자.

| 예제 10-8. on() 메소드로 다수의 이벤트 등록 예 | 10/ex10-8.html |
| --- | --- |

```
06  <script>
07  $(document).ready(function() {
08    $("p").on({
09      mouseenter: function(){
10        $(this).css("background-color", "yellow");
11      },
12      mouseleave: function(){
13        $(this).css("background-color", "pink");
14      },
15      click: function(){
16        $(this).css("background-color", "skyblue");
17      },
18      dblclick: function(){
19        $(this).css("background-color", "red");
20      }
21    });
22  });
23  </script>
24  </head>
25  <body>
26    <p style="border: solid 1px black;">
27      말 없는 발이 천리간다.
28    </p>
29  </body>
```

9~21행에서는 26행의 ⟨p⟩ 요소에 대해 on() 메소드를 이용하여 mouseenter, mouseleave, click, dblclick 이벤트들을 각각 이를 처리하는 이벤트 핸들러에 등록한다.

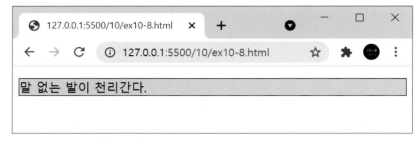

그림 10-17 ex10-8.html의 실행 결과(mouseenter 이벤트 발생)

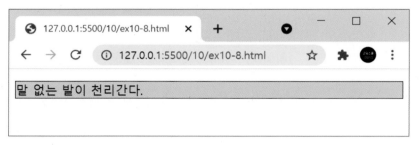

그림 10-18 ex10-8.html의 실행 결과(mouseleave 이벤트 발생)

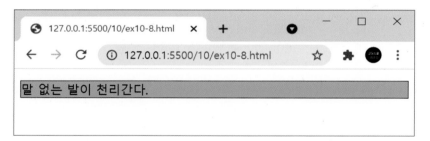

그림 10-19 ex10-8.html의 실행 결과(click 이벤트 발생)

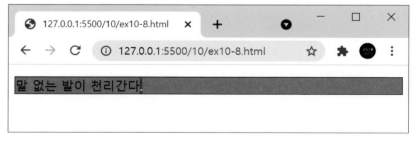

그림 10-20 ex10-8.html의 실행 결과(dblclick 이벤트 발생)

on() 메소드를 이용하여 다수의 이벤트를 이벤트 핸들러에 등록하는 형식은 다음과 같다.

```
$(선택자).on({
        이벤트1: function(){
                // 이벤트 핸들러 코드
        },
        이벤트2: function(){
                // 이벤트 핸들러 코드
        },
        이벤트3: function(){
                // 이벤트 핸들러 코드
        },
        ...
    }
});
```

9~11행    **mouseenter: function(){**
          **$(this).css("background-color", "yellow");**
          **},**

그림 10-17에 나타난 것과 같이 〈p〉 요소에 mouseenter 이벤트가 발생하였을 때 $(this).css("background-color", "yellow")에 의해 요소의 배경색이 노란색으로 변경된다.

12~20행

그림 10-18, 그림 10-19, 그림 10-20은 각각 〈p〉 요소에 mouseleave, click, dblclick 이벤트가 발생하였을 때 css() 메소드를 이용하여 요소의 배경 색상을 변경한다.

## 10.4 제이쿼리 효과

제이쿼리를 이용하면 페이지 요소에 대해 보이기(Show), 감추기(Hide), 토글(Toggle), 페이드(Fade), 슬라이드(Slide) 등의 다양한 효과를 줄 수 있다.

많이 사용되는 제이쿼리 효과에 관련된 메소드를 표로 정리하면 다음과 같다.

표 10-2 제이쿼리 효과

| 구분 | 효과 메소드 | 설명 |
|------|-----------|------|
| 기본 효과 | show() | 선택된 요소를 보여준다. |
| | hide() | 선택된 요소를 감춘다. |
| | toggle() | 선택된 요소의 보이기와 감추기 상태를 되풀이한다. |
| 페이드 효과 | fadeIn() | 선택된 요소에 페이드 인(서서히 나타남) 효과를 준다. |
| | fadeOut() | 선택된 요소에 페이드 아웃(서서히 사라짐) 효과를 준다. |
| | fadeTo() | 선택된 요소에 주어진 투명도까지 페이드 인/페이드 아웃을 한다. |
| | fadeToggle() | 선택된 요소가 페이드 인과 페이드 아웃을 되풀이한다. |
| 슬라이드 효과 | slideUp() | 선택된 요소에 슬라이드 업(위 방향으로 슬라이드) 효과를 준다 |
| | slideDown() | 선택된 요소가 슬라이드 다운(아래 방향으로 슬라이드) 효과를 준다. |
| | slideToggle() | 선택된 요소가 슬라이드 업과 슬라이드 다운을 되풀이 한다. |

## 10.4.1 기본 효과

다음 예제를 통하여 제이쿼리의 기본적인 효과를 주는 데 사용되는 hide(), show(), toggle() 메소드의 사용법에 대해 알아보자.

```
06  <script>
07  $(document).ready(function() {
08      $("#btn1").click(function(){
09          $("p").hide();
10      });
11
12      $("#btn2").click(function(){
13          $("p").show();
14      });
15
16      $("#btn3").click(function(){
17          $("p").toggle();
18      });
19  });
20  </script>
21  </head>
22  <body>
23      <button id="btn1">hide()</button>
24      <button id="btn2">show()</button>
25      <button id="btn3">toggle()</button>
26
27      <p style="background-color:yellow;">
28          어려울 때 친구가 진정한 친구다.
29      </p>
30  </body>
```

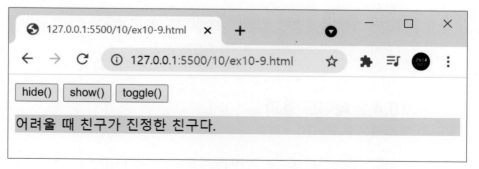

그림 10-21 ex10-9.html의 실행 결과(버튼 클릭 전)

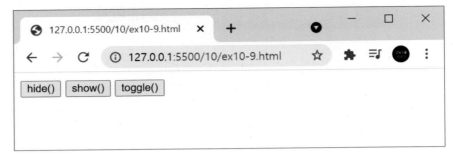

그림 10-22 ex10-9.html의 실행 결과('hide()' 버튼 클릭 후)

8~10행
```
$("#btn1").click(function(){
    $("p").hide();
});
```

그림 10-21에서 첫 번째 버튼인 'hide()' 버튼을 클릭하면 노란색 박스로 표시되어 있는 단락이 그림 10-22에서와 같이 화면에서 감추어진다.

12~14행
```
$("#btn2").click(function(){
    $("p").show();
});
```

그림 10-22에서 두 번째 버튼인 'show()' 버튼을 클릭하면 그림 10-21에서와 같이 노란색으로 표시된 단락이 화면에 다시 보여진다.

16~18행
```
$("#btn3").click(function(){
    $("p").toggle();
});
```

그림 10-21에서 세 번째 버튼인 'toggle()' 버튼은 이 버튼을 클릭할 때마다 노란색 박스로 표시된 단락이 보이기와 감추기를 되풀이 한다.

## 10.4.2 페이드 효과

페이드 인(Fade In) 효과는 페이지에서 요소가 서서히 보여지는 것을 말한다. 반대로 페이드 아웃(Fade Out) 효과는 요소가 서서히 사라지는 효과를 말한다.

다음 예제를 통하여 페이드 효과에 사용되는 fadeIn()과 fadeOut() 메소드의 사용법에 대해 알아보자.

| 예제 10-10. fadeIn()과 fadeOut() 메소드의 사용 예 | 10/ex10-10.html |
|---|---|

```
06  <script>
07  $(document).ready(function() {
08      $("#btn1").click(function(){
09          $("p").fadeOut();
10      });
11
12      $("#btn2").click(function(){
13          $("p").fadeIn();
14      });
15  });
16  </script>
17  </head>
18  <body>
19      <button id="btn1">fadeOut()</button>
20      <button id="btn2">fadeIn()</button>
21
22      <p style="background-color:skyblue;">
23          책과 친구는 적고, 좋아야 한다.
24      </p>
25  </body>
```

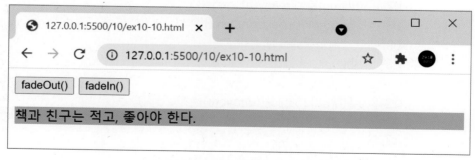

그림 10-23 ex10-10.html의 실행 결과

8~10행
```
$("#btn1").click(function(){
    $("p").fadeOut();
});
```

그림 10-23에서 'fadeOut()' 버튼을 클릭하면 파란색 박스로 표시된 단락이 화면에서 서서히 사라진다.

12~14행
```
$("#btn2").click(function(){
    $("p").fadeIn();
});
```

그림 10-23에서 'fadeIn()' 버튼을 클릭하면 파란색 박스로 표시된 단락이 화면에 서서히 나타난다.

이 예제를 통하여 fadeIn()과 fadeOut() 메소드는 각각 선택된 요소를 화면에서 서서히 사라지게 하거나 서서히 나타나게 하는 데 사용된다는 것을 알 수 있다.

## 10.4.3 슬라이드 효과

슬라이드 업(Slide Up) 효과는 요소가 위 방향으로 슬라이드되면서 사라지는 효과를 말한다. 반대로 슬라이드 다운(Slide Down) 효과는 요소가 아래 방향으로 슬라이드되면서 나타나는 효과를 말한다.

다음 예제를 통하여 슬라이드에 사용되는 slideUp()과 slideDown() 메소드의 사용법을 익혀보자.

| 예제 10-11. slideUp()과 slideDown() 메소드의 사용 예 | 10/ex10-11.html |
|---|---|

```
06    <script>
07    $(document).ready(function() {
08        $("#btn1").click(function(){
09            $("p").slideUp();
10        });
11
12        $("#btn2").click(function(){
13            $("p").slideDown();
14        });
15    });
16    </script>
17    </head>
18    <body>
19        <button id="btn1">slideUp()</button>
```

```
20      <button id="btn2">slideDown()</button>
21
22      <p style="background-color:yellow;">
23          인내가 세상을 정복한다.<br>
24          인내가 세상을 정복한다.<br>
25          인내가 세상을 정복한다.<br>
26      </p>
27  </body>
```

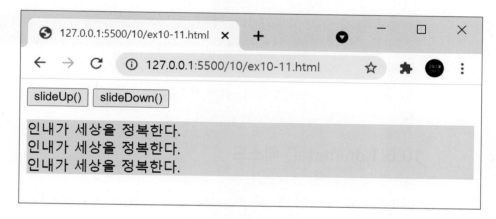

그림 10-24 ex10-11.html의 실행 결과

8~10행  **$("#btn1").click(function(){**
        **$("p").slideUp();**
        **});**

그림 10-24에서 'slideUp()' 버튼을 클릭하면 노란색 박스로 표시된 단락이 위 방향으로 슬라이드되면서 화면에서 사라진다.

12~14행  **$("#btn2").click(function(){**
         **$("p").slideDown();**
         **});**

그림 10-24에서 'slideDown()' 버튼을 클릭하면 단락이 아래 방향으로 슬라이드되면서 화면에 천천히 나타난다.

# 애니메이션 효과

제이쿼리를 이용하면 페이지 요소에 대해 요소의 크기, 투명도, 경계선, 위치 등에 애니메이션 효과를 줄 수 있다.

제이쿼리 애니메이션에서 사용되는 animate()와 stop() 메소드를 표로 정리하면 다음과 같다.

표 10-3 제이쿼리 애니메이션 메소드

| 메소드 | 설명 |
|--------|------|
| animate() | 선택된 요소에 애니메이션 효과를 준다. |
| stop() | 선택된 요소에서 진행중인 애니메이션을 멈춘다. |

## 10.5.1 animate() 메소드

다음 예제를 통하여 기본적인 animate() 메소드의 사용법에 대해 알아보자.

예제 10-12. animate() 메소드의 기본 사용법      10/ex10-12.html

```
06  <script>
07  $(document).ready(function() {
08      $("#btn1").click(function(){
09          $("div").animate({left: "300px"}, 3000);
10      });
11
12      $("#btn2").click(function(){
13          $("div").animate({left: "0"});
14      });
15  });
16  </script>
17  <style>
18  div {
19      background-color: pink;
20      width: 100px;
21      height: 100px;
```

```
22      position: absolute;        // 애니메이션에서 요소의 위치를 이동시키기
//위해서는 position 속성을 relative, fixed, absolute 중 하나로 설정하여야 한다.
23    }
24  </style>
25  </head>
26  <body>
27    <p>
28      <button id="btn1">Animation</button>
29      <button id="btn2">Reset</button>
30    </p>
31    <div></div>
32  </body>
```

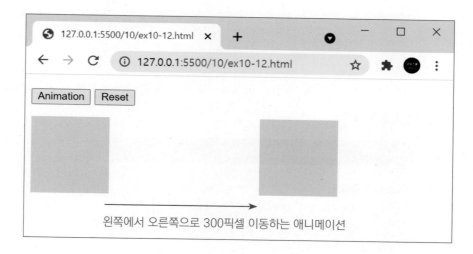

왼쪽에서 오른쪽으로 300픽셀 이동하는 애니메이션

**그림 10-25** ex10-12.html의 실행 결과

8~10행  
```
$("#btn1").click(function(){
    $("div").animate({left: "300px"}, 3000);
});
```

그림 10-25에서 'Animation' 버튼을 클릭하면 31행의 핑크색 박스로 표시된 〈div〉 요소가 왼쪽에서 300픽셀 떨어진 거리로 이동하는 애니메이션이 발생한다. 3000은 애니메이션 효과가 진행되는 시간을 의미한다. 단위는 밀리세컨드(Millisecond)이다. 1 밀리세컨드는 1/1000초이다.

즉 이 예제에서는 핑크색 박스가 3초 동안 300 픽셀만큼 이동한다.

8~10행    $("#btn2").click(function(){
             $("div").animate({left: "0"});
         });

그림 10-25에서 'Reset' 버튼을 클릭하면 핑크색 〈div〉 요소가 왼쪽에서 0픽셀 떨어진 거리, 즉 왼쪽의 시작점으로 이동한다.

animate() 메소드의 사용 형식은 다음과 같다.

$("선택자").animate(스타일, 실행시간)

에니메이션 스타일을 설정하는 속성에는 left, right, top, bottom, width, height, margin, padding 등이 있다. 그리고 애니메이션 실행 시간에는 밀리세컨드 (Millisecond) 단위를 사용한다. 만약 실행 시간을 설정하지 않으면 기본 값인 400 밀리세컨드가 적용된다.

이번에는 예제 10-12의 기본 애니메이션 효과에 몇 가지 속성을 더 추가 적용한 다음의 예를 살펴보자.

예제 10-13. animate() 메소드의 사용 예                     10/ex10-13.html

```
06   <script>
07   $(document).ready(function() {
08     $("#btn1").click(function(){
09       $("div").animate({
10         left: "300px",
11         height: "200px",
12         width: "200px"
13       }, 3000);
14       $("div").css("background-color", "blue");
15     });
16
17     $("#btn2").click(function(){
18       $("div").animate({
19         left: "0",
20         height: "100px",
```

```
21            width: "100px"
22        });
23        $("div").css("background-color", "red")
24    });
25  });
26  </script>
27  <style>
28  div {
29      background-color: red;
30      width: 100px;
31      height: 100px;
32      position: absolute;
33  }
34  </style>
35  </head>
36  <body>
37    <p>
38      <button id="btn1">Animation</button>
39      <button id="btn2">Reset</button>
40    </p>
41    <div></div>
42  </body>
```

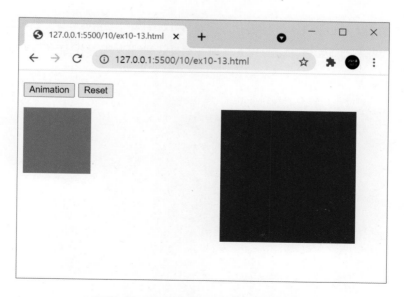

그림 10-26 ex10-13.html의 실행 결과

```
$("div").animate({
    left: "300px",
    height: "200px",
    width: "200px"
}, 3000);
```

그림 10-26에서 'Animation' 버튼을 클릭하면 빨간색 박스로 표시된 〈div〉 요소가 왼쪽에서 300픽셀 떨어진 곳으로 이동하고, 높이와 너비가 각각 200픽셀, 200픽셀로 변경되는 애니메이션이 발생한다. 애니메이션 진행 시간은 3000 밀리세컨드이다.

위와 같이 animate() 메소드의 스타일을 설정하는 속성이 여러 개일 경우에는 콤마(,)로 분리하여 삽입한다.

14행    $("div").css("background-color", "blue");

〈div〉 요소의 배경 색상을 파란색으로 변경한다.

9~13행
```
$("div").animate({
    left: "0",
    height: "100px",
    width: "100px"
});
$("div").css("background-color", "red");
```

그림 10-26에서 'Reset' 버튼을 클릭하면 박스가 왼쪽에서 0인 원점으로 이동하고 크기가 원래대로 변경되고, 박스의 배경 색상도 원래의 빨간색으로 변경된다.

## 10.5.2 stop() 메소드

다음 예제를 통하여 진행 중인 애니메이션을 멈추게하는 stop() 메소드의 사용법에 대해 알아보자.

```
06  <script>
07  $(document).ready(function() {
08      $("#btn1").click(function(){
09          $("div").animate({width: "300px"}, 3000);
10          $("div").animate({height: "300px"}, 3000);
11      });
12
13      $("#btn2").click(function(){
14          $("div").stop();
15      });
16  });
17  </script>
18  <style>
19  div {
20      background-color: pink;
21      width: 100px;
22      height: 100px;
23      position: absolute;
24  }
25  </style>
26  </head>
27  <body>
28      <p>
29          <button id="btn1">Animation</button>
30          <button id="btn2">Stop</button>
31      </p>
32      <div></div>
33  </body>
```

그림 10-27 ex10-14.html의 실행 결과

13~15행 ```
$("#btn2").click(function(){
    $("div").stop();
});
```

그림 10-27에서 'Stop' 버튼을 클릭하면 8~10행에 의해 진행 중인 핑크색 박스의 애니메이션이 멈춰진다.

이와 같이 stop() 메소드는 선택된 요소가 진행 중인 애니메이션 동작을 멈추고자 할 때 사용된다.
```

10-1. 다음은 제이쿼리 이벤트 메소드에 관한 문제이다. 물음에 답하시오.

1) 선택 요소의 클릭 이벤트를 처리하는 데 사용되는 메소드는?
(                    )

2) 선택 요소의 더블 클릭 이벤트를 처리하는 데 사용되는 메소드는?
(                    )

3) 선택 요소에 마우스 포인터가 들어갔을 때 발생되는 이벤트를 처리하는 데 사용되는 메소드는? (                    )

4) 선택 요소에서 마우스 포인터가 벗어났을 때 발생되는 이벤트를 처리하는 데 사용되는 메소드는? (                    )

5) 키보드 키가 눌러졌을 때 발생되는 이벤트를 처리하는 데 사용되는 메소드는?
(                    )

6) 키보드 키가 눌러지고 있는 동안 발생되는 이벤트를 처리하는 데 사용되는 메소드는?
(                    )

7) 키보드 키가 눌러졌다 뗄 때 발생되는 이벤트를 처리하는 데 사용되는 메소드는?
(                    )

8) 〈input type="text"〉 등의 요소에 마우스 포커스가 생성될 때 발생되는 이벤트를 처리하는 데 사용되는 메소드는?    (                    )

9) 〈input type="text"〉 등의 요소에 마우스가 포커스 되어 있다가 포커스를 잃었을 때 발생되는 이벤트를 처리하는 데 사용되는 메소드는?
(                    )

10) 〈input〉, 〈select〉 요소 등에서 값이 변경되었을 때 발생되는 이벤트를 처리하는 데 사용되는 메소드는?    (                    )

11) 문서 객체 모델(DOM)의 요소들이 모두 로드되었을 때 발생되는 이벤트를 처리하는 데 사용되는 메소드는?    (                    )

12) 브라우저 창의 크기가 변경되었을 때 발생되는 이벤트를 처리하는 데 사용되는 메소드는?    (                    )

10-2. 다음은 제이쿼리를 이용하여 요소를 숨기거나 보여주는 프로그램이다. 빈 박스를 채워 프로그램을 완성하시오.

¤ 브라우저 실행 결과

```
<head>
<meta charset="UTF-8">
<script src="https://code.jquery.com/jquery-1.12.4.js"></script>
<script>
$(document).ready(function() {
   $("#btn1").click(function(){
      $("p").□();                // 단락 숨기기
   });

   $("#btn2").click(function(){
      $("p").□();                // 단락 보이기
   });
});
</script>
</head>
<body>
   <button id="btn1">숨기기</button>
   <button id="btn2">보이기</button>

   <p style="background-color:skyblue;">
      단락입니다.
   </p>
</body>
```

10-3. 다음은 제이쿼리를 이용하여 요소에 애니메이션 효과를 주는 프로그램이다. 빈 박스를 채워 프로그램을 완성하시오.

¤ 브라우저 실행 결과

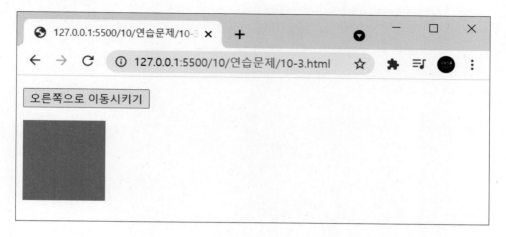

```
<script>
$(document).ready(function() {
    $("#btn1").click(function(){
        $("  ").  ({left: "300px"}, 3000);        // 오른쪽으로 300픽셀 이동
    });
});
</script>
<style>
div {
    background-color: red;
    width: 100px;
    height: 100px;
      : absolute;
}
</style>
</head>
<body>
    <p>
        <button id="btn1">오른쪽으로 이동시키기</button>
    </p>
    <div></div>
</body>
```

# Chapter 11

# 실전! 제이쿼리

이 장에서는 지금까지 배운 제이쿼리 선택자와 메소드를 이용하여 실제 웹에서 많이 사용되는 아코디언 패널, 이미지 슬라이더, 드롭다운 메뉴, 부드러운 스크롤링, 햄버거 슬라이드 아코디언 메뉴 등을 만드는 방법을 익힌다. 또한 제이쿼리 UI를 활용하여 다양한 위젯을 만드는 방법, 제이쿼리 플러그인의 기본 사용법, 플러그인을 활용하여 웹의 위젯을 제작하는 방법에 대해 알아본다.

**제이쿼리 위젯**

웹의 위젯(Widget)은 웹 페이지에 존재하는 롤오버 버튼, 달력, 이미지 슬라이더, 드롭다운 메뉴, 아코디언 패널, 다이얼로그 박스 등의 기능을 제공하는 도구 모음이다.

제이쿼리를 이용하면 자바스크립트보다 훨씬 쉽고 편리하게 위젯을 만들 수 있다.

이번 절을 통하여 제이쿼리로 드롭다운 메뉴, 이미지 슬라이더, 아코디언 패널, 부드러운 스크롤링 등의 위젯을 만드는 방법에 대해 알아보자.

## 11.1.1 아코디언 패널

아코디언 패널은 다음 그림 11-1에 나타난 것과 같이 패널을 클릭하면 아코디언 악기와 같이 패널의 내용이 아래로 펼쳐지는 위젯을 말한다.

다음 예제를 통하여 아코디언 패널을 만드는 방법에 대해 알아보자.

그림 11-1 아코디언 패널(ex11-1.html의 실행 결과)

```
01  <!DOCTYPE html>
02  <html>
03  <head>
04  <meta charset="UTF-8">
05  <script src="https://code.jquery.com/jquery-1.12.4.js"></script>
06  <style>
07  a {
08      text-decoration: none;
09  }
10  .accordion {
11      margin: 30px;
12  }
13  .accordion dt, .accordion dd  {
14      padding: 10px;
15      border: 1px solid #cccccc;
16  }
17  .accordion dt:last-of-type, .accordion dd:last-of-type {
18      border-bottom: 1px solid #cccccc;
19  }
20  .accordion dt a, .accordion dd a {
21      display: block;
22      color: black;
23      font-weight: bold;
24  }
25  .accordion dd {
26      border-top: 0;
27      font-size: 14px;
28      line-height: 150%;
29  }
30  </style>
31  <script>
32  $(document).ready(function () {
33      var allPanels = $(".accordion > dd");
34      allPanels.hide();
35
36      $(".accordion > dt > a").click(function() {
37          allPanels.slideUp();
```

```
38          $(this).parent().next().slideDown();
39        });
40    });
41    </script>
42    </head>
43    <body>
44      <dl class="accordion">
45        <dt><a href="#">웹이란?</a></dt>
46        <dd>웹은 'World Wide Web'의 약어로서 간단하게 WWW로
47            표현한다. 웹이란 인터넷에 연결된 컴퓨터를 통해 전
48            세계 사람들이 정보를 제공하고 공유할 수 있는 사이버
49            공간을 의미한다.</dd>
50
51        <dt><a href="#">웹 브라우저</a></dt>
52        <dd>웹 사이트에 구축된 웹 페이지, 즉 HTML 문서를 볼
53            수 있는 응용 프로그램을 의미한다.인터넷 익스플로러,
54            크롬, 사파리, 파이어폭스 등의 프로그램이 여기에 속한다.</dd>
55
56        <dt><a href="#">웹 호스팅</a></dt>
57        <dd>인터넷 전문 업체에서 자신이 보유한 웹 서버와
58            네트워크를 이용하여 개인 또는 기관에게 홈페이지를
59            구축할 수 있도록 서버 상에 사용자 계정과 디스크
60            공간을 임대해주는 서비스를 의미한다.</dd>
61      </dl>
62    </body>
63    </html>
```

33,34행   var allPanels = $(".accordion > dd");
         allPanels.hide();

각 아코디언 패널의 내용(46행, 52행, 57행)을 숨긴다.

36~39행   $(".accordion > dt > a").click(function() {
         allPanels.slideUp();
            $(this).parent().next().slideDown();
         });

아코디언 패널(45행, 51행, 56행)을 클릭하면 allPanels.slideUp()으로 열려있는 모든 패널의 내용을 위 방향으로 슬라이드해서 닫는다.

$(this).parent().next().slideDown()은 클릭한 요소 부모의 다음 요소(패널 다음에 있는 형제 요소), 즉 해당 패널의 내용을 아래 방향으로 슬라이드해서 연다.

---

**TIP**　next() 메소드

제이쿼리 next() 메소드는 선택된 요소의 다음 형제 요소를 반환한다. 예를 들어 $(".start").next()는 start 클래스의 다음 형제 요소를 반환한다.

---

## 11.1.2 이미지 슬라이더

이미지 슬라이더는 다음 그림 11-2에 나타난 것과 같이 이미지의 양쪽 끝에 있는 버튼을 클릭하면 이미지가 자연스럽게 슬라이드되면서 다른 이미지로 이동하는 위젯이다.

그림 11-2 이미지 슬라이더(ex11-2.html의 실행 결과)

```
01  <!DOCTYPE html>
02  <html>
03  <head>
04  <meta charset="UTF-8">
05  <script src="https://code.jquery.com/jquery-1.12.4.js"></script>
06  <style>
07  * {
08    margin: 0;
09    padding: 0;
10  }
11  li {
12      list-style-type: none;
13  }
14  #slider {
15    position: relative;
16    overflow: hidden;
17    margin: 50px auto 0 auto;
18  }
19  #slider ul {
20    position: relative;
21  }
22  #slider ul li {
23    position: relative;
24    float: left;
25    width: 800px;
26    height: 533px;
27  }
28  a.prev, a.next {
29    position: absolute;
30    top: 40%;
31    z-index: 999;
32    display: block;
33    padding: 4% 3%;
34    background: #333333;
35    color: #fff;
36    text-decoration: none;
37    opacity: 0.6;
```

```
38      cursor: pointer;
39    }
40    a.next {
41      right: 0;
42    }
43    </style>
44    <script>
45    $(document).ready(function () {
46        var slideCount = $("#slider ul li").length;
47        var slideWidth = $("#slider ul li").width();
48        var slideHeight = $("#slider ul li").height();
49        var slideTotalWidth = slideCount * slideWidth;
50
51        $("#slider").css({ width: slideWidth, height: slideHeight });
52        $("#slider ul").css({ width: slideTotalWidth,
              marginLeft: - slideWidth });
53        $("#slider ul li:last-child").prependTo("#slider ul");
54
55        function moveLeft() {
56            $("#slider ul").animate({
57                left: + slideWidth
58            }, 300, function () {
59                $("#slider ul li:last-child").prependTo("#slider ul");
60                $("#slider ul").css("left", "");
61            });
62        };
63
64        function moveRight() {
65            $("#slider ul").animate({
66                left: - slideWidth
67            }, 300, function () {
68                $("#slider ul li:first-child").appendTo("#slider ul");
69                $("#slider ul").css("left", "");
70            });
71        };
72
73        $("a.prev").click(function () {
74            moveLeft();
75        });
```

```
76
77        $("a.next").click(function () {
78            moveRight();
79        });
80    });
81    </script>
82    </head>
83    <body>
84        <div id="slider">
85        <a href="#" class="next">>></a>
86        <a href="#" class="prev"><<</a>
87        <ul>
88        <li><img src="img/image1.jpg"></li>
89        <li><img src="img/image2.jpg"></li>
90        <li><img src="img/image3.jpg"></li>
91        <li><img src="img/image4.jpg"></li>
92        <li><img src="img/image5.jpg"></li>
93        </ul>
94    </div>
95    </body>
96    </html>
```

46~49행   **var slideCount = $("#slider ul li").length;**
          **var slideWidth = $("#slider ul li").width();**
          **var slideHeight = $("#slider ul li").height();**
          **var slideTotalWidth = slideCount * slideWidth;**

slideCount, slideWidth, slideHeight는 각각 88~92행에 있는 <li> 요소의 개수, 너비, 높이를 나타낸다. 그리고 slideTotalWidth는 다섯 개의 슬라이드의 너비를 다 더한 값을 의미한다.

51행   **$("#slider").css({ width: slideWidth, height: slideHeight });**

84행 <div> 요소의 너비와 높이를 각각 slideWidth와 slideHeight로 설정한다.

52,53행   **$("#slider ul").css({ width: slideTotalWidth,**
          **marginLeft: − slideWidth });**
          **$("#slider ul li:last-child").prependTo("#slider ul");**

87행 전체 이미지를 담은 〈ul〉 요소의 왼쪽 마진을 −sildeWidth로 설정한 다음, 〈ul〉 요소의 제일 왼쪽에 마지막 슬라이드 이미지를 삽입한다. 이렇게 함으로써 첫 번째 슬라이드 이미지에서 왼쪽 버튼을 클릭했을 때 마지막 슬라이드 이미지로 이동할 수 있다.

---

**TIP**  prependTo() 메소드 ─────────────────────────

prependTo() 메소드는 선택된 요소의 앞에 요소를 삽입한다. 예를 들어 $("〈span〉안녕하세요.〈/span〉").prependTo("p")는 〈p〉 요소의 제일 앞 부분에 '〈span〉안녕하세요.〈/span〉'를 삽입한다.

---

55~62행
```
function moveLeft() {
    $("#slider ul").animate({
        left: + slideWidth
    }, 300, function () {
        $("#slider ul li:last-child").prependTo("#slider ul");
        $("#slider ul").css("left", "0");
    });
};
```

moveLeft() 함수는 슬라이드 이미지를 왼쪽으로 이동시킨다. $("#slider ul li:last-child").prependTo("#slider ul")는 52행에서와 마찬가지로 〈ul〉 요소의 제일 왼쪽에 마지막 슬라이드 이미지를 삽입한다. 그리고 〈ul〉 요소의 left 속성을 0으로 초기화한다.

55~62행
```
function moveRight() {
    $("#slider ul").animate({
        left: − slideWidth
    }, 300, function () {
        $("#slider ul li:first-child").appendTo("#slider ul");
        $("#slider ul").css("left", "0");
    });
};
```

moveRight() 함수는 앞의 moveLeft() 함수와 거의 유사한 방법으로 동작한다. 이는 이미지 슬라이드를 오른쪽으로 이동시키는 역할을 수행한다. $("#slider ul li:first-child").appendTo("#slider ul")는 〈ul〉 요소의 제일 뒤에 첫 번째 슬라이드 이미지를 추가한다.

appendTo() 메소드는 선택된 요소의 제일 뒤에 요소를 추가한다. 예를 들어
$("⟨span⟩안녕하세요.⟨/span⟩").appendTo("p")는 ⟨p⟩ 요소의 제일 뒤에 '⟨span⟩
안녕하세요.⟨/span⟩'를 추가한다.

### 11.1.3 드롭다운 메뉴

드롭다운 메뉴는 그림 11-3에 나타난 것과 같이 메뉴를 클릭하면 서브 메뉴가 아래로 펼
쳐지는 메뉴를 말한다. 드롭다운 메뉴를 만드는 방법에 대해 알아보자.

그림 11-3 드롭다운 메뉴(x11-3.html의 실행 결과)

| 예제 11-3. 간단한 드롭다운 메뉴 | 11/ex11-3.html |
|---|---|

```
01  ⟨!DOCTYPE html⟩
02  ⟨html⟩
03  ⟨head⟩
04  ⟨meta charset="UTF-8"⟩
05  ⟨script src="https://code.jquery.com/jquery-1.12.4.js"⟩⟨/script⟩
06  ⟨style⟩
07  * {
08    padding: 0;
09    margin: 0;
10  }
```

```css
11   ul {
12     list-style-type: none;
13   }
14   .navigation {
15     height: 60px;
16     background: #333333;
17   }
18   .logo {
19     float: left;
20     margin-top: 20px;
21   }
22   .logo a, .logo a:visited {
23     color: #ffffff;
24     text-decoration: none;
25   }
26   .nav_container {
27     width: 900px;
28     margin: 0 auto;
29   }
30   nav {
31     float: right;
32   }
33   nav ul li {
34     float: left;
35     position: relative;
36   }
37   nav ul li a, nav ul li a:visited {
38     display: block;
39     padding: 0 20px;
40     line-height: 60px;
41     background: #333333;
42     color: #ffffff;
43     text-decoration: none;
44   }
45   nav ul li a:hover, nav ul li a:visited:hover {
46     background:#27cbef;
47     color: #ffffff;
48   }
```

```
49  nav ul li ul li {
50    width: 190px;
51  }
52  nav ul li ul li a {
53    padding: 15px;
54    line-height: 20px;
55  }
56  .nav_dropdown {
57    position: absolute;
58    display: none;
59  }
60  </style>
61  <script>
62  $(document).ready(function () {
63      // 드롭다운 메뉴를 클릭하면, 서브 메뉴를 토글시킨다.
64      $("nav ul li a:not(:only-child)").click(function(e) {
65        $(this).siblings(".nav_dropdown").toggle();
66        // 드롭다운 메뉴 선택 시 다른 드롭다운 메뉴는 숨기기
67        $(".nav_dropdown").not($(this).siblings()).hide();
68        e.stopPropagation();
69      });
70      // 드롭 다운 메뉴 외 다른 곳 클릭 시 .nav_dropdown 클래스 숨기기
71      $("html").click(function() {
72        $(".nav_dropdown").hide();
73      });
74  });
75  </script>
76  </head>
77  <body>
78    <section class="navigation">
79      <div class="nav_container">
80        <div class="logo">
81          <a href="#">로고</a>
82        </div>
83        <nav>
84          <ul>
85            <li>
86              <a href="#">웹 강좌 ▼</a>
```

```
 87            <ul class="nav_dropdown">
 88              <li>
 89                <a href="#">HTML/CSS</a>
 90              </li>
 91              <li>
 92                <a href="#">자바스크립트</a>
 93              </li>
 94              <li>
 95                <a href="#">제이쿼리</a>
 96              </li>
 97            </ul>
 98          </li>
 99          <li>
100            <a href="#">커뮤티티 ▼</a>
101            <ul class="nav_dropdown">
102              <li>
103                <a href="#">공지 게시판</a>
104              </li>
105              <li>
106                <a href="#">자유 게시판</a>
107              </li>
108              <li>
109                <a href="#">QNA 게시판</a>
110              </li>
111            </ul>
112          </li>
113          <li>
114            <a href="#">이용 안내</a>
115          </li>
116        </ul>
117      </nav>
118    </div>
119  </section>
120  </body>
121  </html>
```

**64행** **$('nav ul li a:not(:only-child)').click(function(e) {**

여기서 제이쿼리 선택자 a:not(:only-child)는 단 하나의 자식만으로 구성되지 않은 〈a〉 요소, 즉 86행과 100행의 '웹 강좌 ▼'와 '커뮤니티 ▼' 요소를 선택한다.

※ 제이쿼리 필터 선택자 :not과 :only-child에 대해서는 309쪽 표 9-3을 참고하기 바란다.

**65행** **$(this).siblings('.nav_dropdown').toggle();**

$(this).siblings(".nav_dropdown")은 클릭한 현재 요소의 형제 요소인 nav_dropdown 클래스를 선택한다. 따라서 65행은 '웹 강좌 ▼' 또는 '커뮤니티 ▼'를 클릭했을 때 .nav-dropdown 클래스에 대해 보이기와 감추기를 되풀이한다. 이것이 바로 드롭다운 메뉴의 기능이다.

**67행** **$('.nav_dropdown').not($(this).siblings()).hide();**

$('nav_dropdown').not($(this.siblings()))는 선택된 요소, 즉 클릭된 요소의 형제 요소가 아닌 nav_dropdown 클래스를 의미한다. 이것은 바로 선택된 서브 메뉴외의 서브 메뉴를 선택하고 hide() 메소드로 이 메뉴를 닫는다.

67행은 선택된 서브 메뉴 외의 메뉴들은 모두 닫는 역할을 수행한다.

**68행** **e.stopPropagation();**

stopPropagation() 메소드는 부모 요소들에 64행의 클릭 이벤트가 전파되는 것을 막는 데 사용된다. 만약 부모 요소에 클릭 이벤트가 전파되면 드롭다운 기능이 제대로 동작하지 않는다.

---

**TIP** stopPropagation() 메소드 ─────────────────────────

stopPropagation() 메소드는 부모 요소들에 이벤트가 전파되는 것을 막아서 부모 요소에 이벤트 헨들러가 실행되지 않게 한다.

---

**64행** **$("html").click(function() {**
　　　　　**$(".nav_dropdown").hide();**
　　**});**

페이지에서 드롭다운 메뉴 외에 다른 곳을 클릭하면 펼쳐져 있는 서브 메뉴, 즉 nav_
dropdown 클래스를 숨긴다.

## 11.1.4 부드러운 스크롤링

부드러운 스크롤링(Smooth Scrolling)은 그림 11-4에 나타난 것과 같이 각 메뉴를 클
릭하면 페이지가 부드럽게 스크롤링되면서 해당 콘텐츠로 이동하는 것을 말한다. 부드러
운 스크롤링을 만드는 방법에 대해 알아보자.

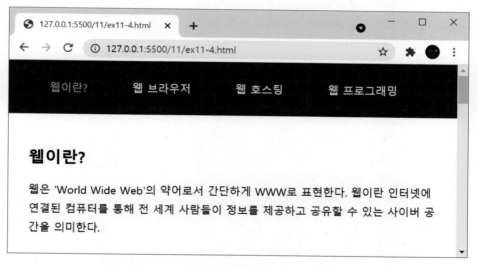

그림 11-4 부드러운 스크롤링(x11-4.html의 실행 결과)

| 예제 11-4. 부드러운 스크롤링 | 11/ex11-4.html |
| --- | --- |

```
01  <!DOCTYPE html>
02  <html>
03  <head>
04  <meta charset="UTF-8">
05  <script src="https://code.jquery.com/jquery-1.12.4.js"></script>
06  <style>
07  body {
08      margin: 0;
09      padding: 110px 30px 30px;
10  }
```

```
11    p {
12        line-height: 180%;
13    }
14    section {
15        margin-bottom: 300px;
16    }
17    nav {
18        width: 100%;
19        top: 0;
20        left: 0;
21        background: #404c5f;
22        position: fixed;
23        padding: 30px;
24    }
25    nav a {
26        padding: 20px 30px;
27        color: #fff;
28        text-decoration: none;
29    }
30    nav a:hover, nav a:focus {
31        color: white;
32    }
33    nav a.active {
34        color: orange;
35    }
36    </style>
37    <script>
38    $(document).ready(function () {
39        $(".nav a").click(function(){
40            $(".active").removeClass("active");
41            $(this).addClass("active");
42
43            $("html, body").stop().animate({
44                scrollTop: $($(this).attr('href')).offset().top - 120
45            }, 300);
46        });
47    });
48    </script>
49    </head>
```

```
50  <body>
51    <nav class="nav">
52      <a id="menu1" href="#link1" class="active">웹이란?</a>
53      <a id="menu2" href="#link2">웹 브라우저</a>
54      <a id="menu3" href="#link3">웹 호스팅</a>
55      <a id="menu3" href="#link4">웹 프로그래밍</a>
56    </nav>
57
58    <section id="link1">
59      <h1>웹이란?</h1>
60      <p>웹은 'World Wide Web'의 약어로서 간단하게 WWW로
61          표현한다. 웹이란 인터넷에 연결된 컴퓨터를 통해 전
62          세계 사람들이 정보를 제공하고 공유할 수 있는 사이버
63          공간을 의미한다.</p>
64    </section>
65
66    <section id="link2">
67      <h2>웹 브라우저</h2>
68      <p>웹 사이트에 구축된 웹 페이지, 즉 HTML 문서를 볼
69          수 있는 응용 프로그램을 의미한다.인터넷 익스플로러,
70          크롬, 사파리, 파이어폭스 등의 프로그램이 여기에 속한다.</p>
71    </section>
72
73    <section id="link3">
74      <h2>웹 호스팅</h2>
75      <p>웹 사이트에 구축된 웹 페이지, 즉 HTML 문서를 볼
76          수 있는 응용 프로그램을 의미한다.인터넷 익스플로러,
77          크롬, 사파리, 파이어폭스 등의 프로그램이 여기에 속한다.</p>
78    </section>
79
80    <section id="link4">
81      <h2>웹 프로그래밍</h2>
82      <p>웹 사이트의 기능을 구현하기 위하여 HTML/CSS와
83          웹 프로그래밍 언어(자바스크립트, PHP, JSP 등)를 이용하여
84          프로그램을 작성하는 것을 의미한다.</p>
85    </section>
86  </body>
87  </html>
```

43~45행   `$("html, body").stop().animate({`
      `scrollTop: $($(this).attr("href")).offset().top − 120`
  `}, 300);`

$(this).attr("href")는 52~55행 〈a〉 요소의 href 속성 값을 얻는다. 예를 들어 53행의 〈a〉 요소를 클릭하면 href의 속성 값은 '#link2'이다. 따라서 44행은 다음과 같이 된다.

```
scrollTop: $("#link2").offset().top − 120
```

$("#link2").offset().top은 66행 〈section〉 요소의 상단 위치 top을 의미한다. 따라서 그림 11-5에 나타난 것과 같이 스크롤 바의 수직 위치를 $("#link2").offset().top − 120으로 설정하면 이 〈section〉 요소가 상단 메뉴 아래 놓이게 된다.

그림 11-5 '웹 브라우저' 메뉴 클릭 시 스크롤 바 수직 위치

**TIP**   offset() 메소드

offset() 메소드는 선택된 요소의 상대적 위치를 나타내는 좌표 값을 구하는 데 사용된다. offset().top은 수직 방향의 좌표를 나타내고, offset().left는 수평 방향의 좌표를 나타낸다.

## 11.1.5 햄버거 슬라이드 아코디언 메뉴

햄버거 슬라이드 아코디언 메뉴(Hamburger Slide Accordion Menu)는 그림 11-6과 그림 11-7에 나타난 것과 같이 좌측 상단 햄버거 모양의 아이콘을 클릭하면 메뉴가 슬라이드 되면서 나타나는 메뉴를 말한다.

햄버거 슬라이드 아코디언 메뉴를 만드는 방법에 대해 알아보자.

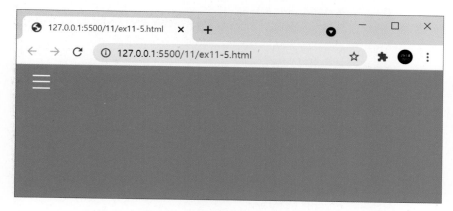

그림 11-6 햄버거 슬라이드 아코디언 메뉴(ex11-5.html의 실행 결과)

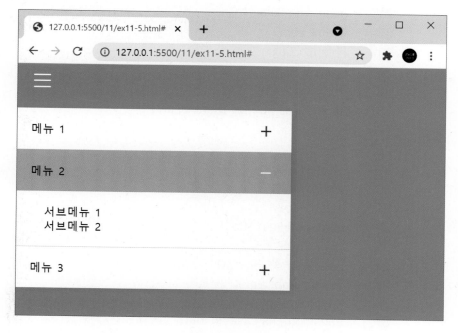

그림 11-7 좌측 상단 햄버거 메뉴 아이콘을 클릭했을 때

```
01   <!DOCTYPE html>
02   <html>
03   <head>
04   <meta charset="UTF-8">
05   <script src="https://code.jquery.com/jquery-1.12.4.js"></script>
06   <style>
07   body {
08      background: #0eb1d5;
09   }
10   ul {
11      list-style-type: none;
12   }
13   a {
14      text-decoration: none;
15      color: black;
16   }
17   #wrapper {
18      cursor: pointer;
19   }
20   #wrapper #hambuger_menu {
21      position: relative;
22      width: 25px;
23      height: 20px;
24      margin: 15px;
25   }
26   #wrapper #hambuger_menu span {
27      opacity: 1;
28      left: 0;
29      display: block;
30      width: 100%;
31      height: 2px;
32      border-radius: 10px;
33      color: black;
34      background-color: white;
35      position: absolute;
36      transform: rotate(0deg);
37      transition: .4s ease-in-out;
38   }
```

```css
39  #wrapper #hambuger_menu span:nth-child(1) {
40      top: 0;
41  }
42  #wrapper #hambuger_menu span:nth-child(2) {
43      top: 9px;
44  }
45  #wrapper #hambuger_menu span:nth-child(3) {
46      top: 18px;
47  }
48  #wrapper #hambuger_menu.open span:nth-child(1) {
49      transform: translateY(9px) rotate(135deg);
50  }
51  #wrapper #hambuger_menu.open span:nth-child(2) {
52      opacity: 0;
53      transform: translateX(-60px);
54  }
55  #wrapper #hambuger_menu.open span:nth-child(3) {
56      transform: translateY(-9px) rotate(-135deg);
57  }
58  #container .menu_list .submenu {
59      padding-top: 20px;
60      padding-bottom: 20px;
61  }
62  #container .menu_list {
63      padding-left: 0;
64      display: block;
65      position: absolute;
66      width: 400px;
67      background: white;
68      box-shadow: rgba(100,100,100,0.2) 6px 2px 10px;
69      z-index: 999;
70      overflow-y: auto;
71      overflow-x: hidden;
72      left: -100%;
73  }
74  #container .menu_list li.toggle {
75      font-size: 16px;
76      padding: 20px;
```

```css
77      border-top: 1px solid #dbdcd2;
78  }
79  #container .menu_list li:first-of-type {
80      border-top: 0;
81  }
82  .toggle, .submenu_content {
83      cursor: pointer;
84      font-size: 16px;
85      position: relative;
86      letter-spacing: 1px;
87  }
88  .submenu_content {
89      display: none;
90  }
91  .toggle a:before, .toggle a:after {
92      content: "";
93      display: block;
94      position: absolute;
95      top: 50%;
96      right: 30px;
97      width: 15px;
98      height: 2px;
99      margin-top: -1px;
100     background-color: #5a5858;
101     transform-origin: 50% 50%;
102     transition: all 0.3s ease-out;
103 }
104 .toggle a:before {
105     transform: rotate(-90deg);
106     opacity: 1;
107     z-index: 2;
108 }
109 .toggle.active_menu {
110     background: orange;
111     transition: all 0.3s ease;
112 }
113 .toggle a.active:before {
114     transform: rotate(0deg);
115     background: #fff;
```

```
116    }
117    .toggle a.active:after {
118        transform: rotate(180deg);
119        background: #fff;
120        opacity: 0;
121    }
122    </style>
123    <script>
124    $(document).ready(function () {
125        function slideMenu() {
126            var activeState = $("#container .menu_list").hasClass("active");
127            $("#container .menu_list").animate({left: activeState ? "0%" :
                   "-100%"}, 400);
128        }
129
130        $("#wrapper").click(function(event) {
131          event.stopPropagation();
132          $("#hambuger_menu").toggleClass("open");
133          $("#container .menu_list").toggleClass("active");
134          slideMenu();
135        });
136
137        $(".menu_list").find(".toggle").click(function() {
138          $(this).next().toggleClass("open").slideToggle("fast");
139          $(this).toggleClass("active_menu").find(".menu_link").
                   toggleClass("active");
140
141          $(".menu_list .submenu_content").not($(this).next()).
                   slideUp("fast").removeClass("open");
142          $(".menu_list .toggle").not(jQuery(this)).removeClass(
                   "active_menu").find(".menu_link").removeClass("active");
143        });
144    });
145    </script>
146    </head>
147    <body>
148        <div id="container">
149            <div id="wrapper">
```

```
150          <div id="hambuger_menu"><span></span>
                <span></span><span></span></div>
151        </div> <!-- wrapper -->
152        <ul class="menu_list">
153        <li id="nav1" class="toggle">
154          <a class="menu_link" href="#">메뉴 1</a>
155        </li> <!-- toggle -->
156        <ul class="submenu submenu_content">
157          <li><a href="#">서브메뉴 1</a></li>
158          <li><a href="#">서브메뉴 2</a></li>
159          <li><a href="#">서브메뉴 3</a></li>
160        </ul> <!-- submenu-->
161        <li id="nav2" class="toggle">
162          <a class="menu_link" href="#">메뉴 2</a>
163        </li> <!-- toggle -->
164        <ul class="submenu submenu_content">
165          <li><a href="#">서브메뉴 1</a></li>
166          <li><a href="#">서브메뉴 2</a></li>
167        </ul> <!-- submenu -->
168        <li id="nav3" class="toggle">
169          <a class="menu_link" href="#">메뉴 3</a>
170        </li> <!-- toggle -->
171        <ul class="submenu submenu_content">
172          <li><a href="#">서브메뉴 1</a></li>
173          <li><a href="#">서브메뉴 2</a></li>
174          <li><a href="#">서브메뉴 3</a></li>
175        </ul>  <!-- submenu -->
176      </ul>   <!-- menu_list -->
177    </div> <!-- container -->
178 </body>
179 </html>
```

125~128행    function slideMenu() {
                var activeState = $("#container .menu_list").hasClass("active");
                $("#container .menu_list").animate({left: activeState ? "0%" :
                    "-100%"}, 400);
            }

slideMenu() 함수는 그림 11-6 좌측 상단 햄버거 메뉴 아이콘을 클릭했을 때 154행 menu_list 클래스가 슬라이드 되면서 나타나게 한다. 변수 activeState는 hasClass() 메소드에 의해 .menu_list가 active 클래스를 가졌으면 true, 그렇지 않으면 false 값을 가진다.

animate({left: activeState ? "0%" : "-100%"}, 400)에서 activeState가 true 값을 가지면 left : '0%'가 되어 메뉴가 우측으로 슬라이드되면서 나타난다. 그렇지 않으면 left : '-100%'로 되어 메뉴가 좌측으로 슬라이드되면서 감춰진다. 400은 애니메이션 진행 시간을 나타낸다.

---

**TIP** hasClass() 메소드 ————————————————————————

hasClass() 메소드는 선택된 요소가 특정 클래스를 가졌으면 true, 그렇지 않으면 false 값을 반환한다. 예를 들어 $("p").hasClass("intro")는 〈p〉 요소가 intro 클래스를 가졌으면 true, 그렇지 않으면 false 값을 가진다.

---

130~135행
```
$("#wrapper").click(function(event) {
    event.stopPropagation();
    $("#hambuger_menu").toggleClass("open");
    $("#container .menu_list").toggleClass("active");
    slideMenu();
});
```

$("#hambuger_menu").toggleClass("open")은 open 클래스를 토글되게 하여 햄버거 메뉴가 열린 상태에서는 다음 그림 11-8에서와 같이 햄버거 메뉴가 X 모양으로 표시되게 한다.

**햄버거 메뉴가 열린 상태**

그림 11-8 햄버거 메뉴가 열린 상태

> **TIP** toggleClass() 메소드

toggleClass() 메소드는 선택된 요소에 특정 클래스를 더하고 빼는 것을 되풀이 한다. 예를 들어 $("p").toggleClass("main")은 〈p〉 요소에 'main' 클래스를 더하고 빼는 것을 되풀이한다.

137,138행     **$(".menu_list").find(".toggle").click(function() {**
                    **$(this).next().toggleClass("open").slideToggle("fast");**

그림 11-8에서 '메뉴 1'(153행), '메뉴 2'(161행), '메뉴 3'(168행) 중의 하나를 클릭하면 아코디언 메뉴가 펼쳐진다. 예를 들어 '메뉴 1'을 클릭하면 $(this).next(). toggleClass("open").slideToggle("fast")에 의해 그 다음에 있는 submenu 클래스(156행)를 슬라이드시키면서 아래 방향으로 서브 메뉴가 펼쳐진다.

※ next() 메소드는 다음의 형제 요소를 찾는 데 사용되며 자세한 설명은 387쪽을 참고하기 바란다.

141행     **$(".menu_list .submenu_content").not($(this).next()).**
               **slideUp("fast").removeClass("open");**

not($(this).next()).slideUp("fast").removeClass("open")은 클릭하지 않은 메뉴들은 위 방향으로 슬라이드 업하고 open 클래스를 삭제한다.

## 11.2 제이쿼리 UI란?

UI는 'User Interface'의 약어로 사용자 인테페이스라고 한다. 사용자 인터페이스는 넓은 의미에서 사용자가 컴퓨터를 편리하게 사용할 수 있는 환경을 제공하는 것을 말한다. 웹에서 UI는 사용자가 편리하게 웹을 이용할 수 있도록 페이지의 요소을 꾸미고 요소를 화면에 배치, 즉 레이아웃하는 작업을 의미한다.

제이쿼리 UI는 웹 페이지 요소(버튼, 이미지, 배너, 아이콘, 박스, 텍스트 등)에 드래그, 크기 조절, 효과, 애니메이션 등을 주는 데 사용되는 제이쿼리 라이브러리이다. 제이쿼리 UI를 이용하면 웹 페이지를 프로페셔널하게 만들 수 있다.

제이쿼리 UI는 자바스크립트와 CSS 두 부분으로 구성된다. 제이쿼리 UI의 자바스크립트 부분에서는 페이지 요소에 애니메이션을 포함한 다양한 효과를 줄 수 있다. 그리고 제이쿼리 UI의 CSS 부분에서는 사용자가 요소들에 대해 일일이 CSS 코드를 작성하지 않아도 간단하게 요소의 스타일을 설정할 수 있다.

제이쿼리 UI를 가져와서 사용하는 방법에는 다음의 두 가지가 있다.

### ❶ 제이쿼리 UI 다운로드 받기

제이쿼리 UI는 다음의 URL에 접속하여 공식 사이트에서 원하는 테마(Theme)를 직접 다운로드 받아 사용할 수 있다.

```
http://jqueryui.com
```

### ❷ 제이쿼리 UI 제공 CDN 이용하기

제이쿼리 UI 라이브러리를 제공하는 CDN 사이트(http://code.jquery.com)를 이용하면 라이브러리를 다운로드 받지 않고 인터넷을 통하여 UI 라이브러리를 이용할 수 있다.

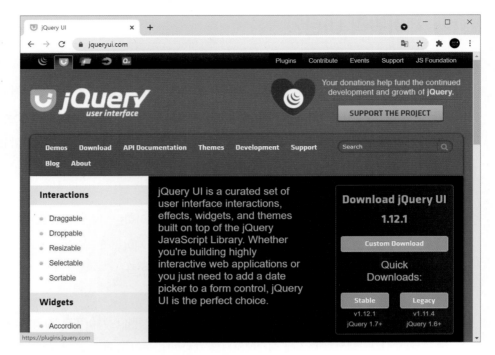

그림 11-9 제이쿼리 UI 사이트(http://jqueryui.com)

다음은 제이쿼리 CDN 사이트를 이용하여 제이쿼리 라이브러리를 가져오는 예이다.

```
<script src="https://code.jquery.com/jquery-1.12.4.js"></script>
<script src="https://code.jquery.com/ui/1.12.1/jquery-ui.js"></script>
<link rel="stylesheet" href="//code.jquery.com/ui/1.12.1/themes/base/
jquery-ui.css">
```

※ CDN에 대한 자세한 설명은 271쪽을 참고하기 바란다.

**제이쿼리 UI 활용**

11.1절에서는 제이쿼리를 이용하여 웹의 UI를 직접 만들어 보았다. 제이쿼리 UI(http://jquery.com)에서 제공하는 다양한 메소드들을 이용하면 요소의 드래그 기능, 창 크기 조절, 텍스트 정렬 등의 기능을 구현할 수 있다. 또한 제이쿼리 UI는 다양한 형태의 위젯을 제작할 수 있는 기능을 제공한다.

이번 절을 통하여 제이쿼리 UI를 활용하는 방법에 대해 알아보자.

## 11.3.1 요소 드래그 이동

제이쿼리 UI를 이용하면 페이지 내에 있는 이미지와 같은 요소를 드래그하여 이동시킬 수 있다. 그림 11-10에서와 같이 이미지에 드래그 기능을 부여하는 방법에 대해 알아보자.

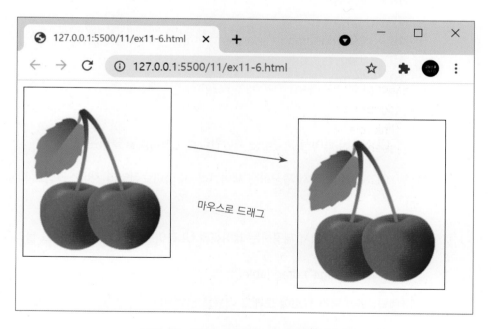

그림 11-10 ex11-6.html의 실행 결과

```
01  <!DOCTYPE html>
02  <html>
03  <head>
04  <meta charset="UTF-8">
05  <script src="https://code.jquery.com/jquery-1.12.4.js"></script>
06  <script src="https://code.jquery.com/ui/1.12.1/jquery-ui.js">
    </script>
07  <link rel="stylesheet" href="//code.jquery.com/ui/1.12.1/themes/
    base/jquery-ui.css">
08  <script>
09  $(document).ready(function() {
10     $("#image").draggable();
11  });
12  </script>
13  <style>
14  #image img { border: solid 1px black; }
15  </style>
16  </head>
17  <body>
18     <div id="image"><img src="img/fruit1.png"></div>
19  </body>
20  </html>
```

5행  CDN 사이트에서 제공하는 제이쿼리 라이브러리를 불러온다.

6행  CDN 사이트에서 제공하는 제이쿼리 UI 라이브러리의 자바스크립트 파일을 불러온다.

7행  CDN 사이트에서 제공하는 제이쿼리 UI 라이브러리의 CSS 파일을 불러온다.

10행  **$("#image").draggable();**

18행의 <div> 박스 요소에 드래그 기능을 부여한다.


앞의 그림 11-10에서 왼쪽 이미지를 마우스로 드래그하면 이미지 박스가 이동되는 것을 확인할 수 있다.

이것을 가능하게 해주는 것이 바로 제이쿼리 UI 라이브러리 파일(6행) 안에 정의되어 있는 draggable() 메소드이다.

## 11.3.2 창 크기 조절

제이쿼리 UI에서는 〈div〉, 〈textarea〉 등의 요소에 대해 창 크기를 마우스로 조절할 수 있는 기능을 제공한다.

그림 11-11과 그림 11-12에 보여진 것과 같이 〈textarea〉 요소에 크기 조절 기능을 부여하는 방법에 대해 알아보자.

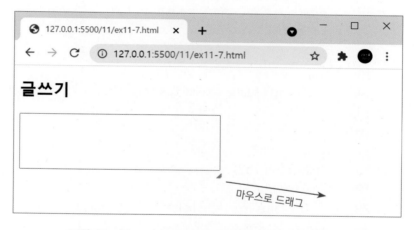

그림 11-11 ex11-7.html의 실행 결과(크기 조절 전)

그림 11-12 ex11-7.html의 실행 결과(크기 조절 후)

```
01   〈!DOCTYPE html〉
02   〈html〉
03   〈head〉
04   〈meta charset="UTF-8"〉
05   〈script src="https://code.jquery.com/jquery-1.12.4.js"〉〈/script〉
06   〈script src="https://code.jquery.com/ui/1.12.1/jquery-ui.js"〉
         〈/script〉
07   〈link rel="stylesheet" href="//code.jquery.com/ui/1.12.1/themes/
         base/jquery-ui.css"〉
08   〈script〉
09   $(document).ready(function() {
10       $("#box textarea").resizable();
11   });
12   〈/script〉
13   〈style〉
14   #image img { border: solid 1px black; }
15   〈/style〉
16   〈/head〉
17   〈body〉
18       〈h2〉글쓰기〈/h2〉
19       〈div id="box"〉
20           〈textarea rows="5" cols="40"〉〈/textarea〉
21       〈/div〉
22   〈/body〉
23   〈/html〉
```

10행　**$("#box textarea").resizable();**

resizable() 메소드는 20행 〈textarea〉 요소의 크기를 마우스로 조절할 수 있는 기능을
부여한다.

앞의 그림 11-11에 나타나 있는 〈textarea〉 요소의 오른쪽 아래 끝을 마우스로 드래그
하면 그림 11-12에서와 같이 박스의 크기를 조절할 수 있다.

요소의 크기가 변경될 때 애니메이션 효과를 주려면 다음과 같이 resizable() 메소드에 옵션으로 animate 항목에 true 값을 설정하면 된다.

```
$("#box textarea").resizable({
    animate: true
});
```

### 11.3.3 탭 버튼

탭 버튼은 그림 11-13에 나타난 것과 같이 상단에 있는 탭 형태로 된 버튼을 말한다. 탭 버튼을 누르면 그림 11-14에서와 같이 탭 버튼에 해당되는 내용이 출력된다.

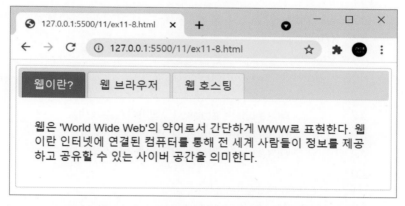

그림 11-13 ex11-8.html의 실행 결과(탭 버튼 클릭 전)

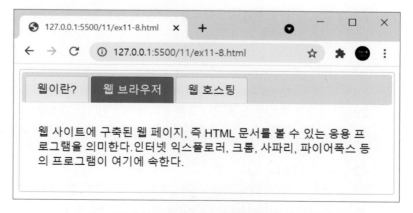

그림 11-14 '웹 브라우저' 버튼 클릭 후의 화면

```
01  <!DOCTYPE html>
02  <html>
03  <head>
04  <meta charset="UTF-8">
05  <script src="https://code.jquery.com/jquery-1.12.4.js">
        </script>
06  <script src="https://code.jquery.com/ui/1.12.1/jquery-ui.js">
        </script>
07  <link rel="stylesheet" href="//code.jquery.com/ui/1.12.1/themes/
    base/jquery-ui.css">
08  <script>
09  $(document).ready(function() {
10      $("#tab_button").tabs();
11  });
12  </script>
13  </head>
14  <body>
15    <div id="tab_button">
16      <ul>
17        <li><a href="#tabs-1">웹이란?</a></li>
18        <li><a href="#tabs-2">웹 브라우저</a></li>
19        <li><a href="#tabs-3">웹 호스팅</a></li>
20      </ul>
21      <div id="tabs-1">
22        <p>웹은 'World Wide Web'의 약어로서 간단하게 WWW로
23          표현한다. 웹이란 인터넷에 연결된 컴퓨터를 통해 전
24          세계 사람들이 정보를 제공하고 공유할 수 있는 사이버
25          공간을 의미한다. </p>
26      </div>
27      <div id="tabs-2">
28        <p>웹 사이트에 구축된 웹 페이지, 즉 HTML 문서를 볼
29          수 있는 응용 프로그램을 의미한다.인터넷 익스플로러,
30          크롬, 사파리, 파이어폭스 등의 프로그램이 여기에 속한다.</p>
31      </div>
32      <div id="tabs-3">
33        <p>인터넷 전문 업체에서 자신이 보유한 웹 서버와
34          네트워크를 이용하여 개인 또는 기관에게 홈페이지를
```

```
35            구축할 수 있도록 서버 상에 사용자 계정과 디스크
36            공간을 임대해주는 서비스를 의미한다.〈/p〉
37      〈/div〉
38    〈/div〉
39  〈/body〉
40  〈/html〉
```

**10행**  **$("#tab_button").tabs();**

tabs() 메소드는 15행의 #tab_button에 탭 버튼 기능을 부여한다. 각각의 탭 버튼을 클릭하면 그 버튼에 해당되는 내용이 출력된다.

만약 탭 버튼에 마우스를 올렸을 때 그 버튼에 해당되는 내용을 표시하게 하려면 다음과 같이 tabs() 메소드의 event 옵션을 'mouseover' 로 설정하면 된다.

```
$( "#tabs" ).tabs({
    event: "mouseover"
});
```

## 11.3.4 데이트피커

데이트피커(Datepicker)는 그림 11-15에 나타난 것과 같이 입력 창에 마우스를 클릭하면 날짜를 선택할 수 있게 하는 위젯이다. 달력에서 연월일을 선택하면 그림 11-16에서와 같이 선택된 날짜가 입력 창에 텍스트로 표시된다.

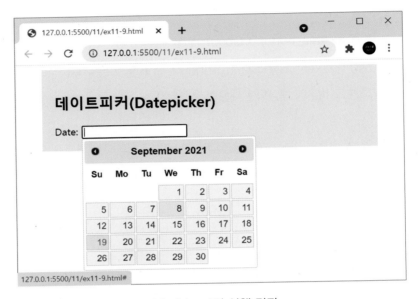

그림 11-15 ex11-9.html의 실행 결과

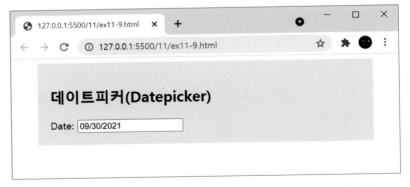

그림 11-16 그림 11-15에서 2021년9월30일을 선택했을 때

```
01  <!DOCTYPE html>
02  <html>
03  <head>
04  <meta charset="UTF-8">
05  <script src="https://code.jquery.com/jquery-1.12.4.js"></script>
06  <script src="https://code.jquery.com/ui/1.12.1/jquery-ui.js">
        </script>
07  <link rel="stylesheet" href="//code.jquery.com/ui/1.12.1/themes/
    base/jquery-ui.css">
08  <style>
09  .container {
10      width: 500px;
11      padding: 20px;
12      margin: auto;
13      background: #eeeeee;
14    }
15  </style>
16  <script>
17  $(document).ready(function () {
18      $("#datepicker").datepicker();
19  });
20  </script>
21  </head>
22  <body>
23    <div class="container">
24      <h2>데이트피커(Datepicker)</h2>
25      <form>
26        Date: <input id="datepicker">
27      </form>
28    </div>
29  </body>
30  </html>
```

18행 **$("#datepicker").datepicker();**

datepicker() 메소드는 26행의 <input> 요소, 즉 그림 11-15의 입력 창에 마우스를 클릭하면 달력이 나타나게 한다.

달력에서 원하는 날짜를 선택하면 앞의 그림 11-16에서와 같이 선택된 연월일을 월/일/년 형태로 표시한다.

이와 같이 제이쿼리 UI의 datepicker() 메소드를 이용하면 데이트피커 위젯을 간단하게 만들 수 있다.

만약 다음 그림 11-17에서와 같이 빨간색 박스로 표시된 월과 년의 선택 박스를 삽입하려면 다음과 같이 changeMonth와 changeYear 옵션을 모두 true로 설정한다.

```
$( "#datepicker" ).datepicker({
  changeMonth: true,
  changeYear: true
});
```

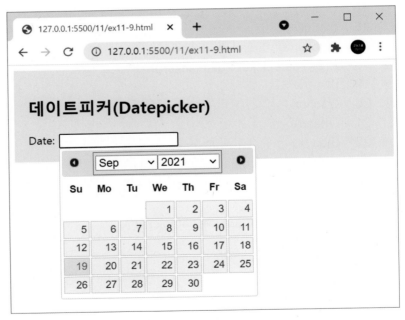

그림 11-17 데이트피커에 월과 년의 선택 박스 삽입

## 11.3.5 인터랙티브 메뉴

인터랙티브 메뉴(Interactive Menu)는 메뉴에 대해 마우스 클릭과 같은 조작을 하면 서브 메뉴가 펼쳐지는 메뉴를 말한다. 그림 11-18에서 메뉴를 클릭하면 우측으로 서브 메뉴가 나타난다. 이러한 인터랙티브 메뉴를 만드는 방법에 대해 알아보자.

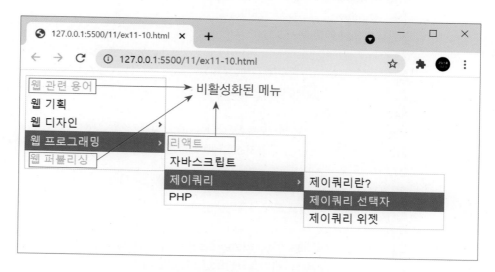

그림 11-18 ex11-10.html의 실행 결과

예제 11-10. 인터랙티브 메뉴 사용 예                                11/ex11-10.html

```
01    <!DOCTYPE html>
02    <html>
03    <head>
04    <meta charset="UTF-8">
05    <script src="https://code.jquery.com/jquery-1.12.4.js"></script>
06    <script src="https://code.jquery.com/ui/1.12.1/jquery-ui.js">
         </script>
07    <link rel="stylesheet" href="//code.jquery.com/ui/1.12.1/themes/
      base/jquery-ui.css">
08    <script>
09    $(document).ready(function () {
10        $("#menu").menu();
11    });
12    </script>
```

```
13   <style>
14   .ui-menu {
15       width: 200px;
16   }
17   </style>
18   </head>
19   <body>
20     <ul id="menu">
21       <li class="ui-state-disabled"><div>웹 관련 용어</div></li>
22       <li><div>웹 기획</div></li>
23       <li><div>웹 디자인</div>
24         <ul>
25           <li><div>포토샵</div></li>
26           <li><div>일러스트레이터</div></li>
27         </ul>
28       </li>
29       <li><div>웹 프로그래밍</div>
30        <ul>
31          <li class="ui-state-disabled"><div>리액트</div></li>
32          <li><div>자바스크립트</div></li>
33          <li><div>제이쿼리</div>
34            <ul>
35              <li><div>제이쿼리란?</div></li>
36              <li><div>제이쿼리 선택자</div></li>
37              <li><div>제이쿼리 위젯</div></li>
38            </ul>
39          </li>
40          <li><div>PHP</div></li>
41        </ul>
42      </li>
43      <li class="ui-state-disabled"><div>웹 퍼블리싱</div></li>
44     </ul>
45   </body>
46   </html>
```

10행    $("#menu").menu();

$("#menu").menu()는 20행의 〈ul〉 요소, 즉 메뉴 목록을 클릭하면 서브 메뉴가 우측으로 펼쳐지는 사이드 펼침 메뉴를 만드는 데 사용된다.

14~16행    .ui-menu {
        width: 200px;
    }

20행의 menu 아이디, 즉 메뉴 목록의 너비를 설정하는 데 사용된다.

21,31,43행    〈li class="ui-state-disabled"〉

〈li〉 요소의 class 속성 값을 'ui-state-disabled'로 설정하면 그림 11-18의 빨간색 박스에 나타난 것과 같이 메뉴들이 비활성화된다.

## 11.4 제이쿼리 플러그인

제이쿼리 플러그인(jQuery Plugin)은 이미지 슬라이더, 데이트피커, 내비게이션 메뉴, 비디오 플레이어, 이미지 갤러리, 파일 업로드, 데이터 테이블 등의 위젯을 제이쿼리로 미리 구현해 놓은 제이쿼리 라이브러리를 말한다.

앞의 11.3절에서 배운 제이쿼리 UI(http://jqueryui.com)에서 사용한 위젯들도 모두 제이쿼리 플러그인에 포함된다.

사용자들은 인터넷 검색을 통하여 제이쿼리 플러그인을 제공하는 웹 사이트에서 접속하여 원하는 플러그인을 다운로드 받아 사용할 수 있다.

### 11.4.1 플러그인 제공 사이트

제이쿼리 플러그인은 구글, 네이버 등의 사이트에서 'image slider jquery plugin', 'datepicker jquery plugin' 등과 같이 키워드로 검색하여 플러그인 제공 사이트에 접속한 다음 원하는 플러그인을 다운로드 받을 수 있다.

또한 제이쿼리 플러그인 제공 사이트들을 소개해주는 다음과 같은 사이트를 통해서도 제이쿼리 플러그인에 대한 정보를 얻을 수 있다.

**1** 제이쿼리 스크립트(그림 11-19)

```
http://jqueryscript.net
```

**2** 프런트앤드 스크립트(그림 11-20)

```
http://frontendscript.com
```

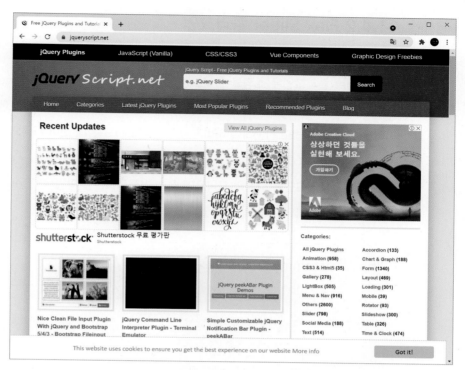

그림 11-19 http://jqueryscript.net

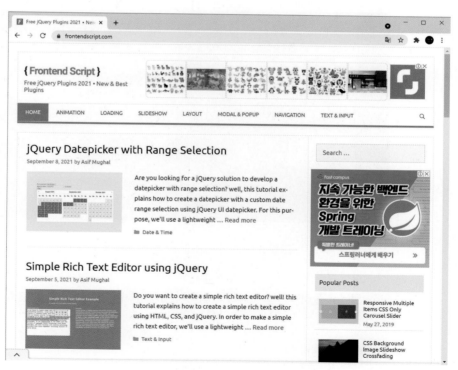

그림 11-20 http://frontendscript.com

## 11.4.2 Flex Slider 플러그인

Flex Slider 플러그인은 쇼핑몰 플러그인 사이트인 우커머스(WooCommerce)에서 제공하는 이미지 슬라이더(Image Slider)이다. 이 플러그인은 모바일 사이트에서도 최적화되어 있고 사용 방법도 간편하여 이미지 슬라이더를 만드는 데 많이 사용되고 있다.

Flex Slider 플러그인은 다음의 사이트에 접속하면 플러그인 파일을 다운로드 받을 수 있으며 이미지 슬라이더 데모도 볼 수 있다.

http://woocommerce.com/flexslider

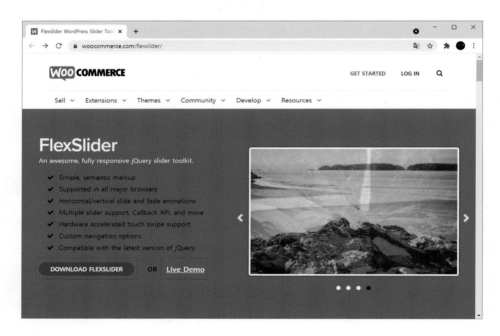

그림 11-21 FlexSlider 플러그인 제공 사이트

Flex Slider 플러그인을 이용하여 이미지 슬라이더를 만드는 과정을 설명하면 다음과 같다.

**1** Flex Slider 플러그인 다운로드 받기

그림 11-21의 FlexSlider 플러그인 사이트 메인 화면에서 'DOWNLOAD FLEXSLIDER' 버튼을 클릭하여 플러그인 프로그램의 압축 파일을 다운로드 받는다.

**2** JS 파일과 CSS 파일을 작업 폴더에 복사하기

다운로드 받은 압축 파일의 압축을 푼 다음 'FlexSlider' 폴더 안에 있는 'jquery. flexslider.js' 파일은 작업 폴더의 'js' 폴더에, 'flexslider.css' 파일은 작업 폴더의 'css' 폴더에 복사한다.

**3** HTML 문서에서 JS 파일과 CSS 파일 연결하기

작업 폴더에 있는 HTML 문서의 〈head〉 안에서 다음과 같이 2번 과정에서 복사해놓은 JS 파일과 CSS 파일을 불러온다.

```
<script src="js/jquery.flexslider.js"></script>
<link rel="stylesheet" href="css/flexslider.css" type="text/css">
```

**4** 제이쿼리 플러그인 사용하기

실제로 제이쿼리 코드가 들어갈 영역에 다음과 같이 Flex Slider 플러그인에서 제공하는 메소드를 사용한다.

```
$("선택자").flexslider({
        // 옵션 설정
});
```

앞에서 설명한 과정을 거쳐 완성된 이미지 슬라이더는 그림 11-22와 같다.

그림 11-22 FlexSlider 플러그인으로 구현한 이미지 슬라이더
(ex11-11.html의 실행 결과)

그림 11-22의 이미지 슬라이더를 구현하는 데 사용된 프로그램 소스는 다음과 같다.

예제 11-11. FlextSlider로 구현한 이미지 슬라이더　　　　　　11/ex11-11.html

```
01  〈!DOCTYPE html〉
02  〈html〉
03  〈head〉
04  〈meta charset="UTF-8"〉
05  〈script src="https://code.jquery.com/jquery-1.12.4.js"〉〈/script〉
06  〈script src="js/jquery.flexslider.js"〉〈/script〉
07  〈link rel="stylesheet" href="css/flexslider.css" type="text/css"〉
08  〈script〉
```

```
09    $(document).ready(function () {
10      $(".flexslider").flexslider();
11    });
12  </script>
13  </head>
14  <body>
15    <div class="flexslider">
16      <ul class="slides">
17        <li>
18          <img src="img/slide1.jpg">
19        </li>
20        <li>
21          <img src="img/slide2.jpg">
22        </li>
23        <li>
24          <img src="img/slide3.jpg">
25        </li>
26      </ul>
27    </div>
28  </body>
29  </html>
```

6행 Flex Slider 플러그인의 자바스크립트 파일(jquery.flexslider.js)을 불러온다.

7행 Flex Slider 플러그인의 CSS 파일(flexslider.css)을 불러온다.

### 15행  〈div class="flexslider"〉
〈div〉 요소에 클래스 flexslider를 설정한다.

### 16행  〈ul class="slides"〉
슬라이더에 사용된 이미지를 담은 〈ul〉 요소에 클래스 slides를 설정한다.

### 10행  $(".flexslider").flexslider();
$(".flexslider")는 15~27행의 flexslider 클래스, 즉 〈div〉 요소를 선택한다. flexslider() 메소드는 선택된 〈div〉 요소에 그림 11-22에 나타난 것과 같은 이미지 슬라이더 기능을 제공한다.

이번에는 Flex Slider 플러그인의 메소드에 옵션을 설정하여 다음 그림 11-23에 나타난 것과 같이 컨베이어 벨트 형태의 이미지 슬라이더를 구현하는 방법에 대해 알아보자.

그림 11-23 컨베이어 벨트 형태의 이미지 슬라이더
(ex11-12.html의 실행 결과)

예제 11-12. 컨베이어 벨트 형태로 구현된 이미지 슬라이더      11/ex11-12.html

```
01  <!DOCTYPE html>
02  <html>
03  <head>
04  <meta charset="UTF-8">
05  <script src="https://code.jquery.com/jquery-1.12.4.js"></script>
06  <script src="js/jquery.flexslider.js"></script>
07  <link rel="stylesheet" href="css/flexslider.css" type="text/css">
08  <script>
09  $(document).ready(function () {
10      $(".flexslider").flexslider({
11      animation: "slide",
12      animationLoop: false,
13      itemWidth: 200,
14      itemMargin: 5
15      });
16  });
17  </script>
18  </head>
```

```
19  〈body〉
20    〈div class="flexslider carousel"〉
21      〈ul class="slides"〉
22        〈li〉
23          〈img src="img/slide1.jpg"〉
24        〈/li〉
25        〈li〉
26          〈img src="img/slide2.jpg"〉
27        〈/li〉
28        〈li〉
29          〈img src="img/slide3.jpg"〉
30        〈/li〉
31        〈li〉
32          〈img src="img/slide4.jpg"〉
33        〈/li〉
34        〈li〉
35          〈img src="img/slide5.jpg"〉
36        〈/li〉
37        〈li〉
38          〈img src="img/slide6.jpg"〉
39        〈/li〉
40      〈/ul〉
41    〈/div〉
42  〈/body〉
43  〈/html〉
```

**20행**  **〈div class="flexslider carousel"〉**

〈div〉 요소에 flexslider 클래스와 carousel 클래스를 설정한다. 클래스 carousel은 컨베이어 벨트 형태의 이미지 슬라이더 기능을 부여하기 위해 사용된 것이다.

**10~15행**  **$(".flexslider").flexslider({**
**animation: "slide",**
**animationLoop: false,**
**itemWidth: 200,**
**itemMargin: 5**
**});**

컨베이어 벨트 형태의 이미지 슬라이더를 구현하기 위해 flexslider() 메소드에 사용된 옵션을 표로 정리하면 다음과 같다.

표 11-1 flexslider() 메소드의 옵션

| 옵션 | 설명 |
| --- | --- |
| animation | 애니메이션 형태를 설정한다. 'slide' : 일반적인 이미지 슬라이드, 'fade' : 페이드 인/페이드 아웃 이미지 슬라이드로 동작한다. |
| animationLoop | 애니메이션 루프 기능(마지막과 첫 번째 이미지 슬라이드가 서로 연결되어 애니메이션이 진행)을 부여한다. ' true' : 애니메이션 루프 작동, 'false' : 애니메이션 루프가 작동하지 않는다. |
| itemWidth | 컨베이어 벨트 형태(Carousel)의 이미지 슬라이드에서 이미지 슬라이드의 너비를 설정한다. |
| itemMargin | 컨베이어 벨트 형태(Carousel)의 이미지 슬라이드에서 이미지 슬라이드 사이의 마진을 설정한다. |

## 11.4.3 Scroll Progress Bar 플러그인

웹 브라우징을 하다 보면 다음 그림 11-24에서와 같이 브라우저 주소 창 바로 아래 스크롤 바의 진행 상태를 알려주는 바가 존재하는 페이지가 있다. 이것을 스크롤 프로그레스 바(Scroll Progress Bar)라고 한다.

이번 절을 통하여 제이쿼리 플러그인을 이용하여 스크롤 프로그레스 바 기능을 구현하는 방법을 익혀보자.

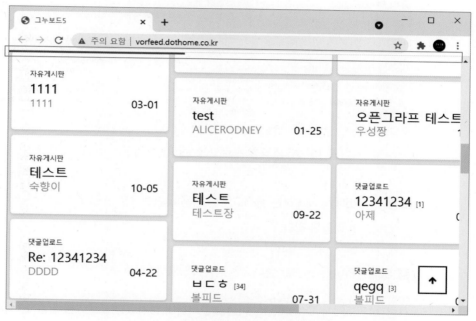

그림 11-24 스크롤 프로그레스 바 기능이 있는 사이트 예시
(http://vorfeed.dothome.co.kr)

제이쿼리 스크립트 사이트(http://jqueryscript.net)에 접속한 다음 'page scroll progress bar'로 검색하여 'jQuery plugin For Page Scroll Progress Bar' 항목을 선택한다.

플러그인 목록 중에서 다음 그림 11-25의 스크롤 프로그레스 바 플러그인 페이지에 접속한다. 이 페이지에서 제공하는 스크롤 프로그레스 바를 구현하는 방법에 대해 알아보자.

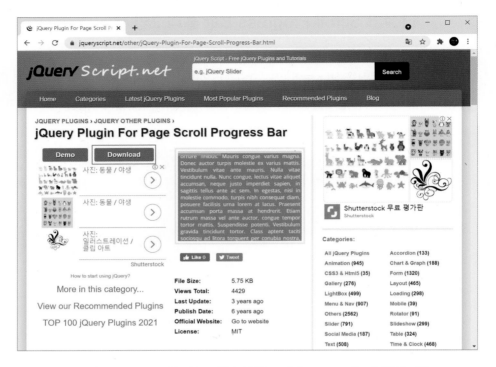

그림 11-25 스크롤 프로그레스 바(Scroll Progress Bar) 플러그인

그림 11-25에서 제공하는 플러그인을 이용하여 스크롤 프로그레스 바를 제작하는 과정을 설명하면 다음과 같다.

**1** Scroll Progress Bar 플러그인 다운로드 받기

그림 11-25에서 'Download' 버튼을 클릭하여 플러그인 프로그램의 압축 파일을 다운로드 받는다.

**2** JS 파일을 작업 폴더에 복사하기

다운로드 받은 압축 파일의 압축을 푼 다음 'jQuery-Plugin-For-Page-Scroll-Progress-Bar' 폴더 안에 있는 'jquery-scrollbar.js' 파일을 작업 폴더의 'js' 폴더에 복사한다.

**❸** HTML 문서에서 JS 파일과 CSS 파일 연결하기

HTML 문서의 〈head〉 안에 다음과 같이 2번 과정에서 복사해 놓은 JS 파일을 불러온다.

```
〈script src="js/jquery-scrollbar.js"〉〈/script〉
```

**❹** 제이쿼리 플러그인 사용하기

실제로 제이쿼리 코드가 들어갈 영역에 다음과 같이 스크롤 프로그레스 바 플러그인에서
제공하는 메소드를 사용한다.

```
$("선택자").onscroll({
        // 옵션 설정
});
```

위에서 설명한 과정을 거쳐 완성된 스크롤 프로그레스 바는 다음 그림 11-26에 나타나
있다.

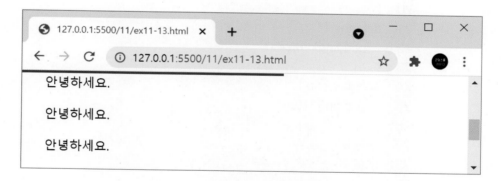

그림 11-26 완성된 스크롤 프로그레스 바
(ex11-13의 실행 결과)

위 그림 11-26의 스크롤 프로그레스 바를 구현하는 데 사용된 프로그램 소스는 다음과
같다.

```
01  <!DOCTYPE html>
02  <html>
03  <head>
04  <meta charset="UTF-8">
05  <script src="https://code.jquery.com/jquery-1.12.4.js"></script>
06  <script src="js/jquery-scrollbar.js"></script>
07  <script>
08  $(document).ready(function () {
09      $("#progress-bar").onscroll({
10          backgroundColor: 'purple',
11          height: '3px',
12          position: 'fixed'
13      })
14  });
15  </script>
16  <style>
17  *{
18      margin: 0;
19      padding: 0;
20  }
21  #container {
22      padding: 20px;
23  }
24  #container p {
25      padding: 10px;
26  }
27  </style>
28  </head>
29  <body>
30      <div id="progress-bar"></div>
31      <div id="container">
32          <p>안녕하세요.</p>
33          <p>안녕하세요.</p>
34          <p>안녕하세요.</p>
35          <p>안녕하세요.</p>
36          <p>안녕하세요.</p>
37          <p>안녕하세요.</p>
```

```
38          <p>안녕하세요.</p>
39          <p>안녕하세요.</p>
40          <p>안녕하세요.</p>
41          <p>안녕하세요.</p>
42       </div>
43    </body>
44 </html>
```

30행   **<div id="progress-bar"></div>**

<div> 요소에 progress-bar 아이디를 설정한다. progress-bar 아이디는 스크롤 프로그레스 바 기능을 부여하기 위해 사용된 것이다.

10~15행   **$("#progress-bar").onscroll({**
              **backgroundColor: 'purple',**
              **height: '3px',**
              **position: 'fixed'**
          **})**

probress-bar 아이디, 즉 30행의 <div> 요소에 사용된 onscroll() 메소드는 그림 11-26에 나타난 스크롤 프로그레스 바 기능을 구현하는 데 사용된다.

onscroll() 메소드에 사용된 옵션을 표로 정리하면 다음과 같다.

표 11-2 onscroll() 메소드의 옵션

| 옵션 | 설명 |
| --- | --- |
| backgroundColor | 스크롤 프로그레스 바의 배경 색상을 설정한다. |
| height | 스크롤 프로그레스 바의 높이를 설정한다. |
| position | 스크롤 프로그레스 바의 positon 속성을 설정한다. 속성 값 'fixed'는 프로그레스 바를 현재 위치에 고정시킨다. |

11-1. 다음의 제이쿼리 메소드에 대한 설명이다. 물음에 답하시오.

1) $(".start").next()의 의미에 대해 설명하시오

2) $("〈span〉안녕하세요.〈/span〉").prependTo("p")의 의미에 대해 설명하시오.

3) $("〈span〉안녕하세요.〈/span〉").appendTo("p")의 의미에 대해 설명하시오.

4) stopPropagation() 메소드에 대해 아는대로 설명하시오.

5) offset() 메소드의 역할과 offset().top에 대해 설명하시오.

6) $("p").hasClass("intro")의 의미에 대해 설명하시오.

7) $("p").toggleClass("main")의 의미에 대해 설명하시오.

11-2. 다음은 제이쿼리를 이용하여 이미지 슬라이더를 만드는 프로그램 소스의 일부이다.
밑줄 친 부분을 채워 프로그램을 완성하시오.

```
〈script〉
$(document).ready(function () {
    var slideCount = $("#slider ul li").length;
    var slideWidth = $("#slider ul li").width();
    var slideHeight = $("#slider ul li").height();
    var slideTotalWidth = slideCount * slideWidth;

    $("#slider").css({ width:[        ], height:[        ]});
    $("#slider ul").css({ width:[        ], marginLeft: - slideWidth });
    $("#slider ul li:last-child").prependTo("#slider ul");

    function moveLeft() {
        $("#slider ul").[        ]({
            left: + slideWidth
        }, 300, function () {
            $("#slider ul li:last-child").prependTo("#slider ul");
            $("#slider ul").css("left", "0");
        });
    };
```

```
      function moveRight() {
         $("#slider ul").            ({
            left: − slideWidth
         }, 300, function () {
            $("#slider ul li:first−child").appendTo("#slider ul");
            $("#slider ul").css("left", "0");
         });
      };


      $("a.prev").click(function () {
                      ();
      });


      $("a.next").click(function () {
                      ();
      });
   });
</script>
</head>
<body>
   <div id="slider">
   <a href="#" class="next">〉〉</a>
   <a href="#" class="prev">〈〈</a>
   <ul>
     <li><img src="img/image1.jpg"></li>
     <li><img src="img/image2.jpg"></li>
     <li><img src="img/image3.jpg"></li>
     <li><img src="img/image4.jpg"></li>
     <li><img src="img/image5.jpg"></li>
   </ul>
   </div>
</body>
```

# 부록

# 연습문제 정답

## 1장. 자바스크립트와 개발 환경

**1-1**. 라

**1-2**. 다

**1-3**. 라

**1-4**. 가

**1-5**. 가

**1-6**. 나

**1-7**. 가

## 2장. 자바스크립트 기본 문법

**2-1**. 개나리

**2-2**. 2

**2-3**. 30

**2-4**.

```
〈script〉
    var cm = Number(prompt("센티미터를 입력하세요."));
    var inch;

    inch = cm * 2.54;

    document.write("센티미터 : " + cm + "cm");
    document.write("=〉 인치 : " + inch + "inch");
〈/script〉
```

**2-5**.

```
〈script〉
    var r = Number(prompt("원의 반지름을 입력하세요."));
    var area;
```

```
    area = r * r * 3.14;

    document.write("반지름 : " + r + "<br>");
    document.write("원의 넓이는 " + area + " 입니다.");
</script>
```

## 3장. 조건문

### 3-1.

```
<script>
    var buy;        // 구매 금액
    var discount;   // 할인 금액
    var rate;       // 할인율
    var pay;        // 지불 금액

    buy = prompt("구매 금액을 입력해 주세요.");

    if (buy >= 10000 && buy < 50000) {
        rate = 5;
    } else if (buy >= 50000 && buy < 300000) {
        rate = 7.5;
    } else if (buy >= 300000) {
        rate = 10;
    }
    else {
        rate = 0;
    }

    discount = buy * (rate/100);
    pay = buy - discount;

    document.write("- 구매 금액 : " + buy + "원<br>");
```

```
        document.write("- 할인율 : " + rate + "%<br>");
        document.write("- 할인 금액 : " + discount + "원<br>");
        document.write("지불 금액은 : " + pay + "원입니다.");
    </script>
```

**3-2.**

```
<script>
    var unit;          // 물의 온도 단위
    var temp;           // 물의 온도
    var state;          // 물의 상태(고체, 액체, 기체)

    unit = Number(prompt("온도 단위를 입력해 주세요(1:섭씨, 2:화씨)."));
    temp = Number(prompt("온도를 입력해 주세요."));

    if (unit == 2) {
        temp = (temp - 32) * 5 / 9;     // 화씨 => 섭씨 변환
    }

    if (temp < 0) {
        state = "고체";
    }
    else if (temp < 100) {
        state = "액체";
    }
    else {
        state = "기체";
    }

    document.write("물의 섭씨 온도 : " + temp + "도<br>");
    document.write("물의 상태는 " + state + "입니다.");
</script>
```

**3-3.**

```
<script>
    var height;      // 키
    var weight;      // 몸무게
    var std;         // 표준 체형 판단 기준

    height = Number(prompt("키를 입력해 주세요."));
    weight = Number(prompt("몸무게를 입력해 주세요."));

    std = (height - 100) * 0.9;

    document.write("키 : " + height + "cm<br>");
    document.write("몸무게 : " + weight + "kg<br>");

    if (weight > std) {
        document.write("다이어트가 필요할 수 있습니다!");
    }
    else {
        document.write("표준(또는 마른) 체형입니다!");
    }
</script>
```

## 4장. 반복문

**4-1.**

```
<body>
<div id="result"></div>
<script>
    var contents;
    var c, f;        // c: 섭씨, f: 화씨
```

```
        contents = "--------------------<br>"
        contents += "섭씨   화씨<br>"
        contents += "--------------------<br>"
        for (c=0; c<=30; c+=5) {
            f = c * 9.0/5.0 + 32.0;
            contents += c + "      " + f + "<br>";
        }
        contents += "--------------------<br>"

        document.getElementById("result").innerHTML = contents;
</script>
</body>
```

**4-2.**

```
<body>
<div id="result"></div>
<script>
    var contents;
    var c, f;      // c: 섭씨, f: 화씨

    contents = "--------------------<br>"
    contents += "섭씨   화씨<br>"
    contents += "--------------------<br>"

    c = 0;
    while (c <= 30) {
        f = c * 9.0/5.0 + 32.0;
        contents += c + "      " + f + "<br>";
        c += 5;
    }
    contents += "--------------------<br>"
```

```
      document.getElementById("result").innerHTML = contents;
</script>
</body>
```

**4-3.**

```
<body>
<div id="result"></div>
<script>
    var num = 1
    var sum = 0

    while (num <= 100) {
        if (num%2 == 1) {
            sum += num;
        }
        num++;
    }
    document.getElementById("result").innerHTML = "1~100의 홀수 합계 : " +
sum;
</script>
</body>
```

**4-4.**

```
<body>
<div id="result"></div>
<script>
    var sum = 0;
    var contents = "";
```

**4-4.**

```
    for (var num=100; num<=120; num++) {
        if (num%3 != 0) {
            sum += num;
            contents += num + "까지의 합 : " + sum + "<br>";
        }
    }
    document.getElementById("result").innerHTML = contents;
</script>
</body>
```

**4-5.**

```
<!DOCTYPE html>
<html>
<head>
<meta charset="UTF-8">
<style>
table { border-collapse: collapse; }
th, td { border: solid 1px gray; }
th { padding: 5px; background-color: #eeeeee}
td { padding:5px; text-align: center; }
</style>
</head>
<body>
<div id="result"></div>
```

```
<script>
    var contents;
    var kg, g, pound, ounce;

    contents = "<h3>무게 단위 환산표</h3>"
    contents += "<table>";
    contents += "<tr><th>킬로그램</th><th>그램</th>";
    contents += "<th>파운드</th><th>온스</th></tr>";

    for (kg=1; kg<=10; kg += 2) {
        g = kg * 1000;
        pound = kg * 2.204623;
        ounce = kg * 35.273962;

        pound = pound.toFixed(2);
        ounce = ounce.toFixed(2);

        contents += "<tr>";
        contents += "<td>" + kg + "</td>";
        contents += "<td>" + g + "</td>";
        contents += "<td>" + pound + "</td>";
        contents += "<td>" + ounce + "</td>";
        contents += "</tr>";
    }
    contents +="</table>";

    document.getElementById("result").innerHTML = contents;
</script>
</body>
</html>
```

4-6.

```
<script>
    for (var i=1; i<=5; i++) {
        for (var j=1; j<=(5-i); j++) {
            document.write(" ");
        }
        for (var j=1; j<=10; j++) {
            document.write("*");
        }
        document.write("<br>");
    }
</script>
```

4-7.

```
<script>
    for (var i=1; i<=9; i++) {
        for (var j=1; j<=i; j++) {
            document.write(i + " ");
        }
        document.write("<br>");
    }
</script>
```

4-8.

```
<script>
    for (var i=9; i>=1; i--) {
        for (var j=1; j<=i; j++) {
            document.write(i + " ");
        }
```

```
        document.write("<br>");
    }
</script>
```

## 5장. 함수

**5-1.**

30

20

**5-2.**

price − (price * (discount/100)) + shipping

price, discount, shipping

discount

pay

**5-3.**

price, discount, shipping

price

discount

shippuing

pay

get_pay

**5-4.**

<tr>

</table>

result

contents

show_member

## 6장. 자바스크립트 객체

**6-1.**

```
<script>
  var member = {
    id : "kskim",
    name : "김기수",
    email : "kskim@korea.com"
  };
  document.write("아이디 : " + member.id + "<br>");
  document.write("이름 : " + member.name + "<br>");
  document.write("이메일 : " + member.email);
</script>
```

**6-2.**

Employee

person1.name

person1.position

person1.age

person1.salary

person2.name

person2.position

person2.age

person2.salary

**6-3.**

changeTextColor

obj

obj

changeBgColor

this

**6-4.**

```
<script>
    function openWin() {
        window.open("popup.html", "myWin", "width=500, height=500,
scrollbars=no");
    }
</script>
</head>
<body>
    <button onclick="openWin()">새 창 열기</button>
</body>
```

## 7장. 내장 객체

**7-1.**

−35

−35.3

−35.267

**7-2.**

1) toString()

2) push()

3) pop()

4) splice()

5) slice()

6) sort()

**7-3.**

수박,참외

오렌지,포도,수박

**7-4.**

laugh

bless

**7-5.**

9

9

8

27

7

**7-6.**

Date

getFullYear

getMinutes

result

str

## 8장. 제이쿼리 기초

**8-1.**

text

html

val

email

**8-2.**

append

prepend

before

after

**8-3.**

css

addClass

title2

## 9장. 제이쿼리 선택자

**9-1.**

〉

css

**9-2.**

p

"color": "red"

"text-decoration":"underline"

**9-3.**

li:first

li:last

border

solid 1px red

**9-4.**

p

h3

span

## 10장. 이벤트와 효과

**10-1.**

1) click()

2) dblclick()

3) mouseenter()

4) mouseleave()

5) keypress()

6) keydown()

7) keyup()

8) focus()

9) blur()

10) change()

11) ready()

12) resize()

**10-2.**

hide

show

**10-3.**

div

animate

position

## 11장. 실전! 제이쿼리

**11-1.**

1) class 속성 값이 'start'인 요소의 다음 형제 요소를 반환한다.

2) 〈p〉 요소의 제일 앞 부분에 '〈span〉안녕하세요.〈/span〉'를 삽입한다.

3) 〈p〉 요소 내 제일 뒤에 '〈span〉안녕하세요.〈/span〉'를 추가한다.

4) stopPropagation() 메소드는 부모 요소들에 이벤트가 전파되는 것을 막아서 부모 요소에 이벤트 헨들러가 실행되지 않게 한다.

5) offset() 메소드는 선택된 요소의 상대적 위치를 나타내는 좌표 값을 구하는 데 사용된다. offset().top은 수직 방향의 좌표를 나타내고, offset().left는 수평 방향의 좌표를 나타낸다.

6) 〈p〉 요소가 'intro' 클래스를 가졌으면 true, 그렇지 않으면 false 값을 가진다.

7) 〈p〉 요소에 'main' 클래스를 더하고 빼는 것을 되풀이한다.

**11-2.**

slideWidth

slideHeight

slideTotalWidth

animate

animate

moveLeft

moveRight